航天科技图书出版基金资助出版

防空导弹飞行控制系统仿真测试技术

张春明　主编

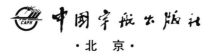

中国宇航出版社

·北京·

图书在版编目（CIP）数据

防空导弹飞行控制系统仿真测试技术/张春明主编 . --北京:中国宇航出版社，2014.6

ISBN 978 - 7 - 5159 - 0691 - 1

Ⅰ.①防… Ⅱ.①张… Ⅲ.①防空导弹—飞行控制系统—系统仿真—测试技术 Ⅳ.①TJ761.1

中国版本图书馆 CIP 数据核字（2014）第 114640 号

责任编辑	阎　列	
责任校对	祝延萍	封面设计　文道思

出 版
发 行　**中国宇航出版社**

社　址　北京市阜成路 8 号　　　邮　编　100830
　　　　（010）68768548
网　址　www.caphbook.com
经　销　新华书店
发行部　（010）68371900　　　（010）88530478(传真)
　　　　（010）68768541　　　（010）68767294(传真)
零售店　读者服务部　　　　　北京宇航文苑
　　　　（010）68371105　　　（010）62529336
承　印　北京画中画印刷有限公司
版　次　2014 年 6 月第 1 版　　2014 年 6 月第 1 次印刷
规　格　880×1230　　　　　开　本　1/32
印　张　13.125　　　　　　字　数　365 千字
书　号　ISBN 978 - 7 - 5159 - 0691 - 1
定　价　98.00 元

航天科技图书出版基金简介

航天科技图书出版基金是由中国航天科技集团公司于2007年设立的，旨在鼓励航天科技人员著书立说，不断积累和传承航天科技知识，为航天事业提供知识储备和技术支持，繁荣航天科技图书出版工作，促进航天事业又好又快地发展。基金资助项目由航天科技图书出版基金评审委员会审定，由中国宇航出版社出版。

申请出版基金资助的项目包括航天基础理论著作，航天工程技术著作，航天科技工具书，航天型号管理经验与管理思想集萃，世界航天各学科前沿技术发展译著以及有代表性的科研生产、经营管理译著，向社会公众普及航天知识、宣传航天文化的优秀读物等。出版基金每年评审1~2次，资助10~20项。

欢迎广大作者积极申请航天科技图书出版基金。可以登录中国宇航出版社网站，点击"出版基金"专栏查询详情并下载基金申请表；也可以通过电话、信函索取申报指南和基金申请表。

网址：http://www.caphbook.com

电话：(010) 68767205，68768904

编写说明

飞行控制系统作为防空导弹的核心组成部分，承担着稳定导弹姿态、快速精确响应导引指令，控制导弹准确飞向目标的功能。仿真测试技术是飞行控制系统的重要辅助设计与检验手段，在飞行控制系统工程研制中占有重要地位。

鉴于目前系统性介绍飞行控制系统仿真测试技术的专业书籍甚少，作为控制系统总体研究单位，上海航天局第八〇三研究所得到航天科技图书出版基金资助，在结合自身多年工程设计与研制经验的基础上，推出《防空导弹飞行控制系统仿真测试技术》一书，供相关专业科技工作者及其他读者研究飞行控制系统设计与仿真测试技术之用。

本书系统地总结和归纳了飞行控制系统建模、设计及仿真测试技术的相关内容。从防空导弹飞行控制系统基本概念入手，介绍了飞行控制系统数学建模方法和仿真技术，结合工程实践阐述了基于 Windows 的准实时仿真系统和基于 VxWorks/RTX 的实时仿真系统的原理及软件开发过程，详细叙述了伺服系统测试、敏感元件测试、飞行控制系统仿真及综测的测试内容与测试方法，并介绍了试验管理要求和飞行控制系统仿真技术的发展方向。

本书总结了长期工程研制工作的经验，概括飞行控制系统设计与仿真测试的共性问题，着重工程实践与理论结合，注重方式、方法的介绍，避免冗长的公式推导与证明过程。书中配有大量的图、表、设计程序等，供读者学习参考。

本书编写过程中，得到了各级领导和科技人员的大力支持。在此对各级领导、相关科技人员以及对本书编撰出版作出贡献的所有参与者表示由衷的感谢。

　　由于编者水平有限，书中缺点、错误与不妥之处在所难免，敬请专家、同行及读者提出宝贵意见。

编　者

2014 年 5 月

目　录

第1章 防空导弹飞行控制系统综述

1.1 飞行控制系统的定义

防空导弹是指由地面、空中、舰船或者潜艇发射，拦截空中目标的导弹。防空导弹飞行控制系统（flight control system）是指以防空导弹为被控对象的控制系统，承担着稳定导弹姿态、快速精确响应指令、控制导弹准确飞向目标的核心功能，是导弹制导控制系统的重要组成部分。

在防空导弹飞行控制专业领域，由控制单元、敏感元件和伺服系统组成的自动控制装置通常被称为自动驾驶仪（autopilot），它的作用是通过敏感元件获得导弹运动信息，与制导指令进行综合，按照一定的控制规律操纵伺服系统动作，从而改变导弹飞行过程中的受力情况，实现对导弹飞行轨迹的准确控制。

1.2 飞行控制系统的功能

作为导弹制导控制系统的重要组成部分，飞行控制系统的功能是稳定导弹绕质心的角运动，并根据制导指令准确而快速地操纵导弹的飞行。具体功能可分为以下两个部分。

（1）改善导弹性能

防空导弹飞行空域广、速度变化大、作战环境复杂，导致导弹的动力学特性在飞行过程中发生剧烈变化，影响导弹性能。相应地，为降低这些因素的影响，飞行控制系统的功能为：

1）增大弹体绕质心角运动的阻尼；

2）对静不稳定导弹进行稳定，使其成为等效的静稳定导弹；

3）降低导弹结构弹性特性的影响；

4）在导弹的使用空域内，减小动力学特性变化对导弹动态特性的影响。

（2）响应制导指令

防空导弹的飞行通常可分为两个阶段：姿态控制段和过载控制段。

姿态控制段，飞行控制系统的功能为：快速抑制干扰，稳定弹体姿态；准确响应姿态角指令，保证导弹的姿态和飞行弹道满足要求。

过载控制段，飞行控制系统的功能为：按照制导控制指令的要求，稳定、快速、准确地响应过载指令，控制导弹飞行。

1.3　飞行控制系统的组成

防空导弹飞行控制系统主要包括作为控制对象的导弹、实现控制策略的控制单元、测量导弹运动信息的敏感元件和作为弹上执行机构的伺服系统，如图 1-1 中实线部分所示。

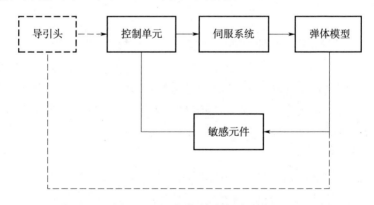

图 1-1　飞行控制系统原理图

通常防空导弹由制导舱、电子舱、战斗部、发动机舱、控制舱（或舵机舱）等舱段连接而成，某正常式布局导弹的组成如图 1-2 所示。敏感元件一般位于电子舱或控制舱，控制单元位于电子舱或控制舱，伺服系统中常见的舵系统位于控制舱（或舵机舱）。

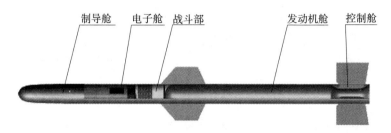

图 1-2　防空导弹的组成

1.3.1　控制单元

控制单元作为飞控系统的核心，其作用是接收制导指令和其他飞行状态信息，接收敏感元件敏感的弹体运动信息，经过稳定控制解算，输出执行机构的控制指令，使舵机偏转或使其他执行机构动作。控制单元的输入包括制导指令（姿态指令或过载指令）、飞行状态信息（高度、速度、动压、合成攻角等）和敏感元件输出的角速度、加速度信息；控制单元的输出为舵系统或其他伺服机构的控制指令。控制单元外围环境如图 1-3 所示。控制单元由控制单元硬件及固化其中的飞行控制软件组成。

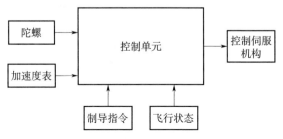

图 1-3　控制单元的接口框图

1.3.1.1　控制单元硬件

控制单元硬件是实现飞行控制算法的平台，作为弹上信息处理中枢负责与敏感元件、伺服系统进行信号的传输和交换，完成飞行控制律的解算等功能。早期控制单元硬件由模拟电路实现，但随着计算机技术的发展应用，控制单元已呈数字化发展趋势，形成以 TI 数字信号处理器（DSP）为主流芯片的格局，下面对模拟式控制单元和数字式控制单元分别进行介绍。

（1）模拟式控制单元

模拟式控制单元由解调电路、解算电路、综合电路、放大电路和校正网络组成，如图 1 - 4 所示。

图 1 - 4　模拟式控制单元

解调电路用于将传感器的交流输出信号转换成直流信号，以便于综合和运算。解算电路用于实现飞行控制律的解算，如乘法、除法及积分等。综合电路用于实现信号的相加或相减。放大电路对信号进行电压、电流或者功率放大。校正网络是实现一定形式的传递函数或者数学模型的四端网络，其作用是在控制回路中形成某种形式的动力学环节，在所需要的频率范围内改变系统的幅相特性，或者调整系统零点、极点的位置分布，从而改善系统的动态性能或对控制信号进行滤波，使回路满足品质指标，达到优化设计的目的。

（2）数字式控制单元

数字式控制单元也称为弹上计算机，由中央处理器（CPU）内核/时钟及中断系统模块、存储器模块、电源模块、仿真模块、智能通信接口模块、开关量输入模块、开关量输出模块及模拟量输出模块等模块组成，如图 1-5 所示。

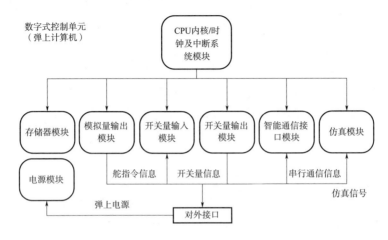

图 1-5 数字式控制单元组成框图

①CPU 内核/时钟及中断系统模块

该模块实现程序指令执行、系统时钟倍频及系统中断控制和响应功能。CPU 芯片一般选用以下几种型号。

（a）SJM320C6713

SJM320C6713 为 TI 浮点型 DSP，主频可达 200 MHz，电源电压 3.3 V，体系结构采用超长指令字（VLIW）结构，具有 8 个功能单元和 32 个 32 位字长通用目标寄存器，每个指令周期执行多达 8 条指令，内部有锁相环，支持时钟倍频，片载 264 kbyte RAM，片载 2 通道 32 位通用定时器，片载 2 通道 MCBSP 接口，片载 2 通道 I2C 接口，具有 4×256 Mbyte 外部存储器接口。

（b）TMS320F2812

TMS320F2812 为 TI 定点型 DSP，主频可达 150 MHz，内核电压 1.8 V，IO 电压 3.3 V，具有算术逻辑单元和 8 个 32 位辅助寄存器，每个指令周期执行多达 8 条指令，内部有锁相环，支持时钟倍频，片载 18 kbyte×16 位 RAM，片载 128 kbyte×16 位 FLASH，片载 3 通道 32 位通用定时器，片载 1 通道 MCBSP 接口，片载 2 通道 SCI 接口，片载 1 通道 CAN 接口，片载 16 通道 12 位 AD，片载 2 通道事件管理器，具有 1 Mbyte×16 位系统外部接口。

（c）SMQ320C32

SMQ320C32 为 TI 浮点型 DSP，主频可达 50 MHz，电源电压 5 V，具有 8 个 32 位字长扩展精度寄存器，8 个 32 位字长辅助寄存器。片载 512×32 位 RAM，片载 2 通道 32 位通用定时器，片载 1 通道串行接口，具有 8 Mbyte 外部存储器接口。

（d）LPC2106

LPC2106 为 32 位 ARM7 处理器，主频可达 60 MHz，内核电压 1.8 V，IO 电压 3.3 V，内部有锁相环，支持时钟倍频，片载 64 kbyte RAM，片载 128 kbyte FLASH，片载 2 通道 32 位通用定时器，片载 2 通道 16C550 接口，片载 1 通道 I2C 接口，片载 1 通道 SPI 接口。

②存储器模块

该模块中 FLASH 用于存放监控程序和飞行控制程序，RAM 用于存放监控程序或者飞行程序临时数据，或者存放各级测试程序。

③电源模块

电源模块用于将弹上一次电源 27 V 转换成二次电源 5 V 或者 3.3 V，用于给各芯片模块供电。

④仿真模块

仿真模块用于飞行控制软件或者测试程序的开发调试。该模块的 JTAG 接口通过仿真器将数字式控制单元与仿真测试计算机连接，以完成飞行控制软件的在线开发及调试工作。

⑤智能通信接口模块

该模块实现弹上计算机与其他弹上设备（陀螺、加速度计组合、制导指令计算机及遥测通信设备）数字信息交互功能，采用 RS422 电平标准。智能串行接口能完成对多帧数据的接收解析和装定发送功能。数据传输通信协议如表 1-1 所示。

表 1-1　数据传输通信协议

帧头	控制字	数据链				校验值	帧尾
××	长度	数据 1	数据 2	……	数据 n	和校验	××

接收和发送数据前，配置智能串行接口的帧头、长度及帧尾满足下述通讯协议要求。

1）帧头：双字节，可以软件设定；

2）长度：一个字节，是除去帧头之后的字节数之和，可以软件设定；

3）校验和："控制字"和"数据链"字段的累加和；

4）帧尾：双字节，可以软件设定。

接收数据时，当接收帧就绪信号有效时，智能异步串行接口接收缓冲区（深度为 128 byte）数据内容如表 1-2 所示。

表 1-2　缓冲区数据内容

帧头	数据链				帧尾
××	数据 1	数据 2	……	数据 n	××

智能异步串行接口将链路上串行数据转换为并行数据，同时经过奇偶校验检测、帧校验检测后，完整的应用数据帧存放入接收缓冲区，即该缓冲区内存放的数据帧是已经经过硬件链路错误检测、数据帧校验的正确数据帧，应用程序读取出该数据帧后无须再进行帧校验即可使用。智能异步串行接口接收数据原理框图如图 1-6 所示。

发送数据时，当发送缓冲区空时，向智能异步串行接口发送缓冲区（深度为 128 byte）写入应用数据内容如表 1-3 所示。

表 1-3　写入缓冲区内容

数据链			
数据 1	数据 2	……	数据 n

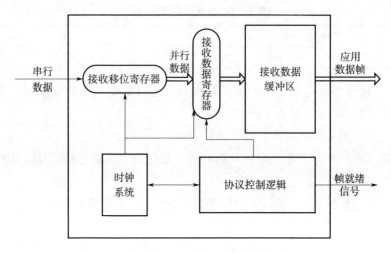

图 1-6　智能异步串行接口接收数据原理框图

向发送缓冲区存入应用数据帧后，智能异步串行接口将发送缓冲区数据链装定帧头、数据长度、校验和及帧尾形成通信协议要求的数据帧，并自动将该帧数据发送到链路上。智能异步串行接口发送数据原理框图如图 1-7 所示。

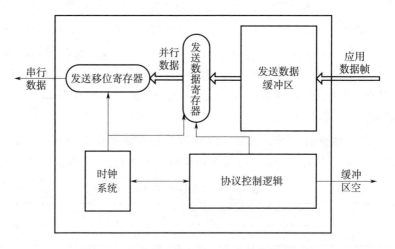

图 1-7　智能异步串行接口发送数据原理框图

智能异步串行接口一般采用 FPGA 设计实现。

⑥开关量输入模块

开关量输入模块用于采样某些状态信息，TTL 电平。

开关量输入模块一般采用 FPGA 实现，也可以使用 DSP 芯片片载的 GPIO。

⑦开关量输出模块

开关量输出模块用于输出某些控制信息，TTL 电平。

开关量输出模块一般采用 FPGA 实现，也可以使用 DSP 芯片片载的 GPIO。

⑧模拟量输出模块

模拟量输出模块用于向伺服系统输出控制指令，共 4 路。

（3）数字式控制单元与模拟式控制单元特点比较

数字式控制单元与模拟式控制单元比较具有如下特点。

①控制精度高

数字式控制单元接收数字形式的陀螺/加速度计输出及制导指令/飞行状态信息，仅存在信息传输前定点化的截断误差，信息传输过程中无精度损失。在获取输入信息后，均为数字化定点或者浮点计算，不存在精度损失，计算得出的控制指令与理论的输出值基本一致。而模拟式控制单元由于接收模拟信号及器件本身的精度误差导致输出的控制指令精度偏低。

②系统修改升级方便

数字式控制单元的控制律解算是由软件实现的，控制解算算法更改仅需更改飞行控制软件即可，控制单元硬件无须改动。但模拟式控制单元的控制律解算算法更改只能通过更改相关硬件来满足系统需求，更改周期长，且成本高。

③易于采用先进的控制算法

随着飞行控制系统复杂度增加，以及快速机动、高可靠性要求的不断提高，控制解算算法日趋复杂，变结构控制等先进控制算法亦被引入用于提高控制品质。先进控制算法要求控制参数随时间及不同工况变化，控制回路有复杂的积分环节、微分环节及结构滤波环节，软件实现非常方便，但模拟电路很难实现上述功能。

④系统抗干扰能力强，工作可靠性高

由于采用数字化设计模式，数字式控制单元接收数字量信息，并采用 DSP 完成控制算法解算，不存在模拟式控制单元易受电磁干扰、误触发、误动作等现象。

⑤系统尺寸小，质量轻

采用数字化设计，数字式控制单元体积、质量比模拟式控制单元明显减小，后续采用 SOC 等先进技术可将控制单元体积、质量进一步减小，来满足导弹轻质、小型化的要求。

⑥信息延迟

数字式控制单元接收数字信息，由于数字信息的发送具有周期性，同时在数据链路传输过程中有时间损耗，因此数字信息相对于模拟信息存在信息相位延迟现象。信息相位延迟可以通过系统合理设计、提高信息采样频率及传输频率等方法加以解决。

1.3.1.2　飞行控制算法

对于数字化控制单元，飞行控制算法是通过飞行控制软件以数字控制的形式实现的。

1.3.1.2.1　数字控制基本原理

数字控制系统是一种以数字计算机为控制器去控制具有连续工作状态的被控对象的闭环控制系统。对于数字控制系统，采样周期和离散化方法的选择对整个系统性能的影响最大。

（1）采样周期

数字计算机在对系统进行实时控制时，每隔 T 秒进行一次控制修正，T 称为采样周期。

设计数字式飞行控制系统，首先需要选择采样周期。如设计未获满意结果，需要对采样周期进行再选择。采样周期的选择主要与以下因素有关。

①经济性

采样周期越小，对计算机计算速度的要求越高。因此，在满足系统性能要求的条件下，应当选择尽可能大的采样周期。

②被采样信号的变化速率

根据采样定理，采样频率必须高于被采样信号所含最高频率的 2 倍，但实际上对被采样信号频率的估计往往比较困难。这时常用被采样信号所在回路的闭环带宽衡量被采样信号的变化速度，并且采样频率取为回路闭环带宽的 4～10 倍以上。

当要求数字控制器同时实现对弹体弹性振型的镇定时，弹体姿态速率信号的采样频率必须为弹性振型频率的 2 倍以上。这时要求的采样频率可能很高，如果计算机的计算速度难以承受，或不愿为数字计算机支付更高的代价，可在速率陀螺输出信号被采样之前，让它通过一个模拟式陷波器，用模拟式陷波器实现弹性振型的镇定。这样，采样频率的选择就可不考虑弹性振型频率。

③计算机字长的约束

由于计算机字长的限制，控制器系数在计算机中实现时，势必存在量化误差，造成控制器的零点和极点发生偏移，从而影响系统的动态性能。在计算机字长一定的条件下，采样周期越小，系数量化误差对系统动态特性的影响就越大。因此，在计算机字长一定的条件下，从系统性能方面考虑，采样周期也不是越小越好。

④系统抗干扰性能的考虑

因为在采样间隔内控制量无法改变，数控系统无法像连续系统那样及时抑制干扰对系统输出的影响，造成系统抗干扰能力下降。采样周期的选择，应将系统输出对干扰的响应限制在允许的范围内。

⑤弹体参数变化的考虑

在飞行过程中，作为受控对象的弹体，其动力学特性将在一定的范围内变化。采样周期的选择必须适合弹体动力学特性参数的整个变化范围。

⑥系统设计方法的影响

系统设计方法不同，所需的采样周期也不同。与连续域－离散域设计方法相比较，离散域设计方法允许采用较大的采样周期。在连续域－离散域设计中采用的离散化方法不同，所需的采样周期也有所不同。如果在连续域内进行回路设计时，忽略了数模转换器的影响，那么在进行离散化变化时，所需的采样周期要更小些。

（2）离散化方法

将连续控制系统的控制器转化为数字控制器的过程称为控制器的离散化。

在离散化过程中，首先应注意的是要满足稳定性原则，即一个稳定的连续控制器离散化后，也应是一个稳定的数字控制器。其次，数字控制器在关键频段内的频率特性，应与连续控制器相近，这样才能起到预期的控制效果。

常用的离散化方法有脉冲不变法、保持器等效法、双线性变换法（又称 Tustin 法）等，不同方法具有各自的特点和使用场合，将在后面章节中详细介绍。其中，双线性变换法因以下特点，在数字控制系统设计中被广泛应用。

1）允许采用较大的采样周期；

2）变换得到模型分子、分母阶次相同，且稳定增益不变；

3）具有串联性，允许用简单的低阶环节组成复杂的高阶系统；

4）变换后得到的脉冲传递函数的频率特性与原连续系统的频率特性相接近。

1.3.1.2.2　飞行控制软件

飞行控制软件是飞行控制算法的工程实现。飞行控制软件的运行载体为数字式控制单元硬件，主要功能是完成控制单元硬件的设置和初始化，进行数据接收和发送，实现控制算法的解算。其中，硬件的设置包括系统时钟的设置、定时器设置、定时和中断的设置；数据接收和发送包括 D/A 转换、串口通信等；控制算法的解算包括飞行控制系统控制参数的解算、控制回路（俯仰、偏航、滚动）的解算等。飞行控制软件外围环境如图 1-8 所示，飞行控制软件的体系结构如图 1-9 所示，飞行控制软件流程如图 1-10 所示。

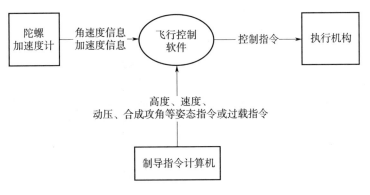

图 1-8　飞行控制软件外围环境图

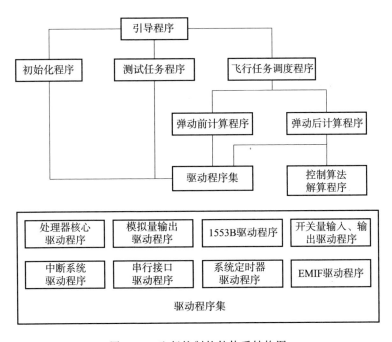

图 1-9　飞行控制软件体系结构图

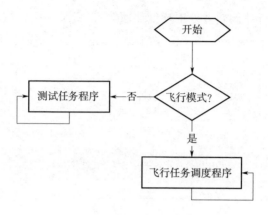

图 1-10　飞行控制软件流程图

（1）引导程序

作为飞行控制软件的入口，用于确定程序执行的分支，通过接收到的运行模式字（可以通过串行接口接收，亦可通过开关量输入接收），引导程序进入测试分支或者飞行分支。

（2）初始化程序

用于初始化系统时钟、中断系统、模拟量输入输出、EMIF、串行接口及 1553B 接口等硬件设备，同时用于软件环境的初始化，包括全局变量初始化等。

（3）测试任务程序

用于飞行控制软件固化到控制单元硬件后的系统级测试，包括飞行控制系统半实物仿真测试。飞行控制系统半实物仿真测试有两种测试方式：一种为测试任务程序中含有测试分支，该测试分支实现飞行控制系统动态和静态测试功能，同时该分支作为飞行控制软件的组成部分一起固化到控制单元硬件；另外一种为测试分支仅含有少量语句，用于接收地面上传代码的语句，由上传的代码实现飞行控制系统动态和静态测试，该种测试方式飞行控制软件中多余代码很少，但要求控制单元硬件 RAM 区空间余量较大。

（4）飞行任务调度程序

用于实现飞行程序任务调度，首先执行弹动前计算程序，接收到"弹动"信号后转入弹动后计算程序，直至执行完飞行任务，其流程如图 1-11 所示。

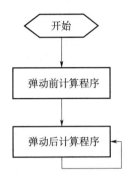

图 1-11　飞行任务调度程序流程图

（5）弹动前计算程序

完成接收陀螺和加速度计信息、发控信息，输出弹动前状态及遥测信息，监测"弹动"信号，收到"弹动"信息后转入弹动后计算程序。

（6）弹动后计算程序

完成接收陀螺和加速度计信息、发控信息，控制算法解算、输出控制指令及输出遥测信息。

（7）控制算法解算程序

完成飞行控制系统控制参数的解算、控制回路（俯仰、偏航、滚动）的解算等。

（8）驱动程序集

驱动程序集由处理器核心驱动程序、中断系统驱动程序、模拟量输出驱动程序、串行接口驱动程序、1553B 驱动程序、系统定时器驱动程序、开关量输入输出驱动程序及 EMIF 驱动程序等模块组成，分别实现系统时钟、中断系统、模拟量输出、串行接口、1553B接口、系统定时器、开关量输入输出及存储器接口的初始化、通道模式配置、通道输出等功能。

1.3.1.3　飞控系统对控制单元的技术要求

（1）控制单元硬件

本节针对数字式控制单元硬件提出需求，模拟式控制单元不在这里赘述。控制系统对控制单元硬件的要求包括对处理器芯片、存储器、对外接口等模块的要求，最终形成控制单元硬件（弹上计算机）任务书。

①处理器芯片选型

处理器芯片选型主要技术指标为主频和片载资源。由于飞控系统控制算法复杂，处理器芯片选型一般选用 TI 公司的高速定点或者浮点数字信号处理器；对于浮点处理能力稍弱的定点处理器，可以选择 ARM 等芯片作为协处理器提高整体处理能力。

早期飞控系统控制律算法相对简单，同时对控制单元硬件体积要求限制不多，处理器芯片采用 TI 公司 C32 型处理器。该处理器为浮点 DSP，主频最高为 50 MHz，片载资源有限，RAM、FLASH、串行接口、DA、DIO 等设备均需外扩。

随着导弹轻质小型化需求的提出及先进控制技术的应用，对控制单元的处理器芯片要求越来越高。为了满足小型化需求，处理器芯片片载外设资源的多少成为选型的关键因素之一。同时，先进控制技术的应用，对处理器芯片的主频要求也越来越高，因此 TI 公司的 6X 系列处理器及 2X 系列处理器成为目前控制单元硬件处理器的主流产品。其中，6X 系列处理器为高速浮点处理器，主频可达 200 MHz，片载高速 RAM 单元、多通道缓冲串行接口等；2X 系列处理器为高速定点处理器，主频高达 150 MHz，片载高速 RAM、FLASH、事件管理器、SCI 等。6X 系列处理器更适用于高速浮点运算，而 2X 系列处理器由于具有事件管理器模块，非常适用于电机控制，同时片载资源丰富。

具有 ARM7 内核的 LPC2106 处理器，主频最高 60 MHz，可以作为 DSP 的协处理器，用于完成控制单元与其他弹上设备的数字信息交互功能，以节省 DSP 芯片的处理器资源。

随着小型化需求的进一步提高，基于 SPARC V8 架构的 soc 芯片将成为控制单元硬件平台的发展趋势。soc 芯片不但具有高速浮点处理器内核，主频可达 150 MHz，同时片载 FPGA、AD、DA、RAM、FLASH、串行接口、1553B 接口、GPIO 等设备，功能非常强大，一块芯片即可实现原来板级完成的功能。

②存储器

存储器分为 RAM（random access memory，随机存储器）、FLASH（flash memory，闪存）及 ROM 等，在此仅介绍弹上计算机常用的 RAM 和 FLASH 两种存储器。RAM 访问速度快，是存储单元的内容可按需随意取出或存入且存取的速度与存储单元的位置无关的存储器，该种存储器在断电时将丢失其存储内容，因此主要用于存储短时间使用的程序；FLASH 访问速度比 RAM 慢，但比 EPROM 快，擦写方便，是一种不挥发性存储器，与 RAM 等挥发性存储器不同，在断电的条件下也能够长久地保持数据。

存储器主要技术指标为存储容量及等待时间。要求 RAM 存储器速度比较快，一般为零等待；容量大小的选取首先取决于飞控软件可执行代码的大小，同时考虑软件或者系统调试、测试时可能增加的插桩代码，RAM 容量至少是飞控软件可执行代码的 3 倍以上。FLASH 存储器容量选取的规则与 RAM 容量选取规则一致。一般情况下，RAM 存储器空间不小于 128 kbyte，FLASH 存储器空间不小于 128 kbyte。在结构空间允许的情况下，可以适当选择空间余量比较大的存储器。

③对外接口

对外接口是控制单元硬件与外部设备进行交互的通道。对外接口种类繁多，有按位传输的异步串行接口、按帧传输的同步串行接口、传输并行数据的并行接口、传输逻辑数据的开关量接口及传输模拟量的模拟量输入输出接口等，可以按照控制系统需求，确定适用于本系统的控制单元硬件接口。下面仅就异步串行接口、开关量接口及模拟量输出接口进行举例说明。

异步串行接口主要技术指标为通道数、波特率、误码率及智能化程度。通道数为控制单元与其他弹上设备进行串行通信的通道个数，遵循 RS422 标准，如控制单元与陀螺/加速度计组合、制导指令计算机及遥测设备间进行串行通信，则通道数为 3；传输波特率与选用的电平标准及传输距离有关，弹上一般采用统一标准 614 400 bit/s；误码率一般要求小于 10^{-6}；如果串行接口为智能接口，则需明确发送、接收缓冲区深度及传输的通信协议。

开关量接口技术指标为通道数、电平标准。开关量输入通道数根据系统需求来确定，有接地/悬空特殊要求的需明确。电平标准一般采用 TTL 电平标准。开关量输出技术指标选取规则与开关量输入选取规则相同。

模拟量输出接口技术指标为输出范围、分辨率、精度及转换时间，控制单元模拟量输出范围通常为 $-10\sim+10$ V。由于 DA 的输出精度是决定控制系统精度的因素之一，因此分辨率一般为 16 位，精度小于等于 5 mV，转换时间为小于 10 μs。

（2）控制单元软件

控制系统对控制单元软件的要求包括对软件的功能要求、性能要求、接口要求、数据处理要求及配置管理要求等，最终形成控制单元软件（飞行控制软件）任务书。

①功能要求

功能要求提出飞行控制软件需要完成的功能特性，如初始化硬件及软件环境，完成引导功能，完成测试功能，完成弹动前计算功能、弹动后计算功能、数据通信功能等。

②性能要求

性能要求提出飞行控制软件的解算周期，控制系统算法解算精度、时间空间余量等要求。飞行控制软件的解算周期是根据飞行控制系统算法中规定的采样周期确定的，典型值为 2.5 ms。

控制系统算法解算精度即控制律软件算法的计算精度，软件控制律算法精度是指控制律算法软件实现后与 MATLAB 数字仿真间存在的误差，该误差仅仅是由于不同的实现工具间编译环境、运行环境不同所导致。以 MATLAB 全数字仿真结果为标准，典型的误差范围为 1％，该指标可根据实际情况加以调整。

时间空间余量是针对软件可靠性提出的，应遵循国家军用标准，如果型号软件质量保证大纲有特殊规定，则按型号软件保证大纲执行。国家军用标准时间空间余量典型值为 20％。

③接口要求

接口要求提出飞行控制软件的外部接口需求，包括输入、输出数据的内容、精度、来源、取值范围、频度及发送或者接收顺序等信息。

④数据处理要求

数据处理要求提出飞行控制软件实现的控制律算法离散化模型。控制律算法离散化模型是软件设计开发的依据。

（5）配置管理要求

配置管理要求提出飞行控制软件的配置管理要求，指出软件的配置管理应遵循的标准，一般按照型号软件质量保证大纲和研制单位体系文件执行。

1.3.2　敏感元件

目前防空导弹飞控系统中的敏感元件主要指惯性元件，一般由敏感角速度的速率陀螺、敏感加速度的加速度计及信息处理电路组成惯性测量组合，简称惯测组合。早期防空导弹飞控系统中使用的敏感元件还包括自由陀螺等其他敏感元件。数字式驾驶仪从 20 世纪 70 年代开始使用，至今已广泛应用于各种类型防空导弹。弹上计算机可以高效、准确地完成复杂计算，极大地促进了导航制导技术和控制技术的发展。目前普遍使用的捷联制导方式，对敏感元件需求甚少，只需三个速率陀螺和三个线加速度计构成一套惯性测量组合，分别敏感三个方向的角速度和线加速度，通过数字计算即可获得导弹的姿态角、位移等信息，还可以得到与导弹的气动特性密切相关的飞行速度、动压、合成攻角等信息。捷联制导对敏感元件的精度和零位漂移、温度漂移提出较高要求，解算误差随时间增大，对于近程防空导弹，通过合理提出敏感元件指标，通常能够满足制导要求；对于中远程防空导弹，则越来越多地考虑包括卫星导航的复合制导方法。

受到防空导弹体积的限制，捷联制导和飞行控制一般使用一套惯性测量组合。飞行控制对敏感元件的动态响应品质的要求较高，尤其是中远程防空导弹，敏感元件需要同时满足较高的精度要求和严格的频率特性要求。

1.3.2.1　陀螺

在传统意义上，凡是利用高速旋转体的陀螺特性所制成的仪器都称为陀螺。所谓陀螺特性是指高速旋转体的定轴性、规则进动及陀螺效应。随着科学技术的发展，现代陀螺的概念已经不限于高速旋转体的仪器，它同时包含着能自主测量相对惯性空间角速度的速率传感器，如光学陀螺与振动陀螺。

本节将根据基本工作原理的不同，对机电陀螺、光学陀螺和振动陀螺的基本原理及与之相应的几种实用的陀螺进行简要介绍。

（1）机电陀螺

第二次世界大战以后，由于高精度制导武器的发展，需要精密的航姿参考系统和自主的惯性导航系统，古典的滚珠轴承框架式陀螺已不能满足要求。20世纪50—70年代，在滚转轴承的基础上，通过改进支架部件，减小干扰力矩，发展出了各种机电陀螺，如液浮陀螺、气浮陀螺、磁浮陀螺、挠性陀螺以及静电陀螺等。

机电陀螺多数是作为惯性空间角度传感器，给运动体建立参考坐标系。一般地说，这类陀螺大多数是在物理机械平台系统中工作的。在陀螺工程理论中，机电陀螺的基本原理是进动定理

$$\omega_{iG}^G \times H^G = T^G \qquad\qquad (1-1)$$

式中　　H^G——在陀螺坐标系中表示的转子动量矩；

ω_{iG}^{G} ——转子主轴相对惯性空间的角速度；

T^{G} ——外加力矩。

利用进动定理，陀螺可以精确地测量转动速度或转动角度，因为只有外力矩加到陀螺上，它才会发生进动，否则，陀螺将保持其转子主轴在空间的方向不变，即陀螺的定轴性。利用这两个特性就可在导弹等运动载体的飞行过程中建立不变的基准，从而测量出运动载体的姿态运动信息。

①单自由度液浮陀螺

液浮陀螺主要依靠液体浮力抵消陀螺组合件重力来降低支撑轴上的摩擦力，从而减小陀螺的漂移误差。单自由度角速率积分陀螺，在惯性导航与控制应用中提供空间单轴参考，其结构原理如图 1-12 所示。工作时，陀螺转子在密封的浮筒内高速旋转，在浮筒与陀螺房之间的小间隙内充满高密度液体，使浮筒处于失重状态而不受任何干扰力，浮筒通过宝石轴承沿输出轴架设在陀螺房内。由于浮筒处于失重状态，宝石轴承承受的压力微小，因此陀螺的干扰力矩和漂移速度误差都非常微小。液浮陀螺漂移精度可以达到 0.01（°）/h。

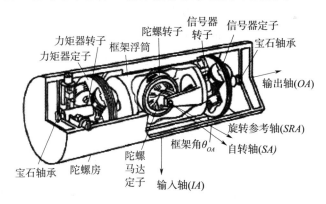

图 1-12　单自由度液浮陀螺结构原理

②挠性陀螺

挠性陀螺是利用挠性接头取代万向框架支撑高速旋转转子的一种二自由度陀螺，其结构有多种形式，如细颈式、动力调谐式与多框架式等。与液浮陀螺相比，挠性陀螺的漂移精度低一些，可以达到 $0.01 \sim 0.001$ (°)/h，但取消了浮液、浮子组合件及精密支撑系统，具有体积小、质量轻、功耗低、起动快、成本低等优点。图 1-13 表示了动力调谐陀螺的结构与原理。挠性接头（由挠性杆和平衡环组成）实际上起万向框架的作用。工作时，挠性接头与转子一起高速转动，平衡环的动力反弹性力矩正好抵消扭杆的弹性力矩，其结果使转子不受挠性支撑的弹性约束，这样，挠性陀螺实际上成为了自由陀螺。挠性陀螺依靠信号器检测转子相对壳体的转角，力矩

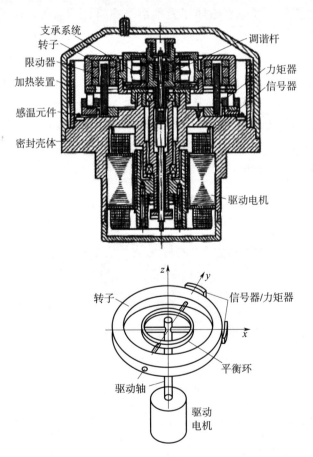

图 1-13　动力调谐陀螺结构原理

器用来施加修正力矩使转子动量矩向预期的方向进动。

③静电陀螺

静电陀螺是迄今为止世界上精度最高的陀螺，在地球表面重力场中工作，随机漂移误差可达 0.000 1 (°)/h，在失重状态精度还可以提高几个数量级。但静电陀螺技术复杂、制造难度大、价格昂贵，适用于安静环境条件，主要应用于高精度惯性导航与定位系统，以及相对论验证科学试验等领域。

静电陀螺的原理如图 1-14 所示，它的核心部件是球形铍转子。转子密封在超高真空陶瓷壳体的球腔内。在球腔的内壁上，采用等离子溅射工艺制成三对三轴正交（或四轴不正交）的金属电极。通过检测转子相对电极球腔的位移，对电极施加与位移成比例的可控高电压，产生电极对转子的三维静电支撑力，将高速旋转的球形转子稳定地悬浮在电极球腔中心，从而实现高速球形转子的无接触自由旋转。静电陀螺转子在超高真空球腔中高速旋转，静电支撑系统取代了机械式的万向支架，光电传感器检测转子相对壳体的转角和转速，完全消除了作用于转子的一切机械摩擦力矩，并且工作时保持不对陀螺施加任何修正力矩。

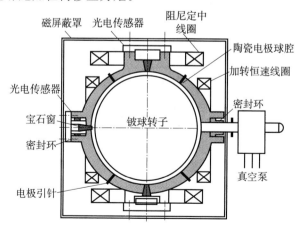

图 1-14　静电陀螺原理

（2）光学陀螺

20 世纪 70－90 年代，由于激光技术的飞速发展，先后出现了激光陀螺、光纤陀螺，近年来又提出了集成光波导陀螺。

光学陀螺和机械陀螺相比具有许多优点。它取消了要求制造精度高和高速旋转的机械转子，增加了工作可靠性，降低了制造成本。由光学陀螺组成的捷联式惯性导航系统，以数学平台代替物理机械平台，简化了机械结构，具有体积小、质量轻及造价便宜等特点。激光陀螺和光纤陀螺已广泛应用于中等精度惯性导航系统，并逐步向高精度应用领域发展。

光学陀螺是惯性空间角速度传感器，其基本原理是 Sagnac 效应。当闭合环形光路绕其平面法线相对惯性空间有角速度 Ω 时，顺时针和逆时针传播的两束光经过一周回到原点，两束光光程差为

$$\Delta L = \frac{4A}{c}\Omega \qquad\qquad (1-2)$$

式中　A ——环形光路所包围的面积；

　　　c ——光在环形光路中的速度。

式（1-2）表明，只要测量出光程差就可以用它来度量空间角速度 Ω。

（1）激光陀螺

激光陀螺（RLG）的基本工作原理是 Sagnac 效应，但采用谐振测量法。激光陀螺的标度因数稳定性极高，可以达到 1×10^{-6}，偏置稳定性可达 0.001 （°）/h。

以三反射镜激光陀螺为例说明激光陀螺的工作原理，其原理如图 1-15 所示。

激光陀螺的主体是一块热膨胀系数极低的玻璃/陶瓷，在其内部钻了 3 个孔，组成三角形的管道。在三角形管道的每一个角上分别安装反射镜 M_1、M_2 及 M_3，形成三角形的谐振腔，腔内充了低压氦一氖混合气体。工作时，两个阳极与阴极之间施加高压（1～1.5 kV），发生放电现象，引起气体发射再生的激光作用。激光光束围

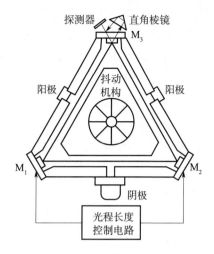

图 1-15 三反射镜激光陀螺原理

绕三角形谐振腔光路旋转，通过调整腔长，使线偏振光绕环形腔一周回到原处的相位差为 2π 的整数倍，即处于谐振状态。在同一个腔内同时存在两束激光：一束顺时针（CW）旋转，另一束逆时针（CCW）旋转。当陀螺静止时，两路光束具有相同的频率；当陀螺顺时针旋转时，两路激光会出现光程差。在谐振条件下，根据 Sagnac 效应将引起两束光的频率差，即两束光的振荡频差 $\Delta\upsilon$ 与光程差成正比，有关式：

$$\frac{\Delta\upsilon}{\upsilon} = \frac{\Delta L}{L} \qquad (1-3)$$

将式（1-2）代入式（1-3）并整理得

$$\Delta\upsilon = \frac{4A}{L\lambda}\Omega \qquad (1-4)$$

式中 λ——光的波长。

对于有源腔，频差就是两束激光之间的拍频，将式（1-4）两端对时间积分，得到拍频振荡周期数 N

$$N = \frac{4A}{L\lambda}\theta \qquad (1-5)$$

式中　θ——空间转角。

通过探测器敏感两束光由干涉形成的明暗变化的干涉条纹数，可得单位时间内转过的角度，即陀螺相对惯性空间的角速度 Ω。

②光纤陀螺

主流光纤陀螺（FOG）的技术方案为干涉型（IFOG），其基本原理与激光陀螺一样，也是基于 Sagnac 效应，但采用干涉原理测量光程差。光纤陀螺的偏置稳定性可以达到 0.001（°）/h，但标度因数稳定性低于激光陀螺，约为（10～100）$\times 10^{-6}$。

闭环干涉型光纤陀螺工作原理如图 1-16 所示，其利用长达数百、上千米的光纤绕制成光纤环来代替简单的环形腔，对 Sagnac 效应进行放大，从而达到提高转速测量精度的目的。工作时，固体激光光束通过 Y 波导分为两束光，分别沿顺时针和逆时针方向在光纤环中传播，然后在 Y 波导中会合在一起。由于光路具有互易特性，当绕光纤环平面法线有转动角速度 Ω 时，两束光发生干涉现象，Sagnac 相角差 $\Delta\phi_S$ 为

$$\Delta\phi_S = \frac{4\pi LR}{\lambda c}\Omega(t) \qquad (1-6)$$

式中　L——光纤长度；

　　　R——光纤环半径；

　　　λ——光波波长；

　　　c——光在真空中的传播速度。

Y 波导中嵌入了一个宽频带的相位调制器，提供移频量 $\Delta\upsilon$，使得两路光束产生相位偏置 $\Delta\phi$，相位调制后，闭环系统输出的直流信号 I_D 可表示为

$$I_D(t) = 2I_0 J_l(\phi_m)\sin[\phi_S(t) - \Delta\phi] \qquad (1-7)$$

式中　I_0——输出电流的最大值；

　　　ϕ_m——相位调制器的幅值；

　　　$J_l(\phi_m)$——ϕ_m 的一阶贝塞尔函数。

通过反馈调节，使得 $I_D(t) = 0$，从而有

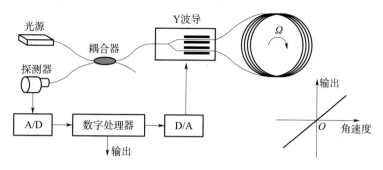

图 1 - 16　闭环干涉型光纤陀螺工作原理与输出特性

$$\Delta\phi = \phi_s \qquad (1-8)$$

或者

$$\frac{2\pi nL}{c}\Delta\upsilon = \frac{4\pi RL}{\lambda c}\Omega \qquad (1-9)$$

式中　n——折射率。

整理式（1-9）得

$$\Delta\upsilon = \frac{2R}{\lambda n}\Omega \qquad (1-10)$$

式（1-10）表明，通过测量 $\Delta\upsilon(t)$，即可以得到角速度 Ω。

（3）振动陀螺

20 世纪 80 年代末 90 年代初，由于全球定位系统（GPS）的发展和民用市场的开拓，尤其是冷战时代的结束，对低精度、低成本、高可靠性的陀螺需求增加，出现了结构简单的振动陀螺。目前，在低精度捷联式惯性导航系统中，价格低廉的振动陀螺已经得到比较广泛的应用。

振动陀螺是根据哥氏效应原理实现角运动测量的一种微机械系统（micro electro mechanical systems，MEMS）。当一个运动的质量块旋转时，便产生哥氏力 $2m\Omega \times v$，其中 m 为质量块质量，Ω 为旋转速度，v 为质量块的平动速度。设有一由正交的二自由度弹簧支撑的质量块，弹簧与质量块平面有相对惯性空间的角速度 Ω，结构原理如图 1-17 所示。

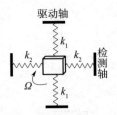

图 1-17　二自由度弹簧－质量块系统

当驱动轴谐振时，检测轴在哥氏力的作用下将产生振动，检测轴振幅 A_s 可表示为

$$
\begin{cases}
A_s = \dfrac{2kA_d}{\omega_d \sqrt{(1-\chi^2)^2 + \left(\dfrac{\chi}{Q_s}\right)^2}} \Omega \\[4mm]
\chi = \dfrac{\omega_s}{\omega_d}
\end{cases}
\tag{1-11}
$$

式中　A_s——检测轴的振幅；

　　　ω_d, ω_s——驱动轴与检测轴的自然频率；

　　　A_d——驱动轴的振幅；

　　　Q_s——检测轴谐振品质因数；

　　　k——常系数。

当 $\chi \approx 1$ 时，检测轴振动的相位与驱动轴相同，振幅达到最大；且品质因数 Q_s 越高，灵敏度越高，但频带越窄。式（1-11）表明，只要能检测出检测轴与驱动轴振动的同相分量，那么就可以把它作为输入角速度的度量。

①石英音叉陀螺

由于石英的振动品质因数比金属高，所以振动陀螺采用石英制作可以获得比较高的灵敏度和测量精度。石英音叉陀螺有两种结构，一种是单音叉，一种是双音叉。下面以双音叉陀螺为例说明石英音叉陀螺的原理。

图 1-18 是双音叉石英陀螺的原理框图，其驱动音叉和检测音叉

是分开的，支撑结构既起振动隔离的作用，同时又使哥氏力耦合到检测音叉达到最大。工作时，驱动音叉被激励以其自然频率振动，当振动元件绕其垂直轴旋转时，音叉受到哥氏力的作用产生一个垂直于音叉平面的振动，这个哥氏运动传递到检测音叉，使检测音叉垂直于音叉平面振动。检测音叉的振幅正比于驱动音叉的振幅和输入角速度，通过制作在该音叉上的电极检测哥氏力信号，被检测的信号经过放大、同步检波和滤波得到一个正比于输入角速度的直流电压输出。

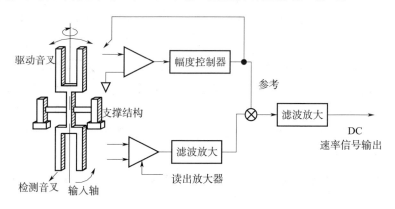

图 1-18　BEI 公司石英音叉陀螺原理框图

②硅微机械陀螺

晶体硅具有非常优良的机械特性，杨氏模量很高，是一种比较理想的机械结构材料。半导体集成电路制造工艺的成熟，为制造集成的微机电系统铺平了道路。硅微机械陀螺是在硅片上制造的微陀螺，优点是尺寸小、质量轻、功耗低、可大批量生产，缺点是精度低，偏置稳定性为 10 (°)/h 量级，角度随机游走为 0.1 (°)/$\sqrt{h}$ 量级，目前只能适用于低精度的航姿系统、战术武器制导系统以及机器人等民用领域。

图 1-19 为梳驱动音叉式微速率陀螺的基本结构。两边驱动器和中间驱动器固定在基座上，检测质量由挠性支撑与框架连接在一起，再由挠性弹簧片与基座相连。由于挠性支撑和挠性弹簧片的特

殊结构使得检测质量只能做 X 轴方向的线运动和沿 Y 轴方向的转动。为增加驱动器的工作效率，在两边驱动器和中间驱动器上都加装了静齿，而在平板型的检测质量上加装了动齿。工作时，给两边驱动器和中间驱动器的静齿上加载带直流偏置的交流电压，检测质量上的动齿接地。这样在动、静齿之间便产生大小和方向有周期性变化的静电吸引力，使检测质量和动齿一起在两边驱动器和中间驱动器之间来回振动，并带动框架和挠性支撑等一起振动。由于两边驱动器的静齿上的电位总是相同的，中间驱动器的静齿上的电位也总是与边驱动器的电位反向，所以两检测质量和其上的动齿总是作相向和相背的交替振动，且关于 Y 轴总是对称的。如果这时陀螺的基座在惯性空间中转动，由于哥氏力的作用，两检测质量和其上的动齿将受到大小相等但方向相反的交变哥氏力作用，从而使得检测质量、动齿和挠性支撑一起沿 Y 轴方向作角振动。这时检测质量、动齿、框架和挠性支撑等将总是保持在同一个平面内，这样就可以通过测量这一角振动的幅度来获得陀螺的基座在惯性空间中转动的信息。

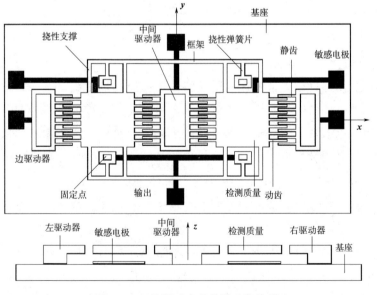

图 1-19　梳驱动音叉式微速率陀螺

1.3.2.2 加速度计

加速度计是惯性导航系统的核心元件之一。依靠它对比力的测量，完成惯导系统确定载体位置、速度的任务。

（1）传统机械式加速度计

①分类

加速度计是一种能够直接响应加速度矢量信息的器件，其构造通常为一个质量－弹簧系统。在进行振动传感时，将传感器外壳固定在待测物体上，振动使得传感器外壳和惯性质量体之间产生相对运动，通过测量相对运动得到振动加速度。加速度计是惯性导航系统中的核心元件之一，利用加速度计可以获取加速度信息，从而推算出导弹的速度和位置。加速度计如图1-20所示。

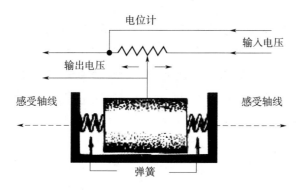

图1-20 加速度计示意图

加速度计的类型较多，按检测质量的位移方式分类可分为线加速度计（检测质量作线位移）和摆式加速度计（检测质量绕支承轴转动）；按支承方式分类，可分为宝石支承、挠性支承、气浮、液浮、磁悬浮和静电悬浮等；按测量系统的组成形式分类，可分为开环式和闭环式；按工作原理分类，可分为振弦式、振梁式和摆式积分陀螺加速度计等；按输入轴数目分类，可分为单轴、双轴和三轴加速度计；按传感元件分类，可分为压电式、压阻式和电位器式等。通常综合几种不同分类法的特点来命名一种加速度计。在防空导弹上普遍使用的加速度计为单轴线加速度计。

②原理和组成

加速度计的基本工作原理是牛顿第二定律。对于敏感质量按直线形式运动的加速度计满足

$$F = ma \qquad (1-12)$$

式中　　m——加速度计的敏感质量；

　　　　a——线加速度；

　　　　F——质量 m 所受的总力。

对于敏感质量按摆动形式运动的加速度计满足

$$T = Pa \qquad (1-13)$$

式中　　P——敏感质量所呈现的摆性，其值为偏心质量和摆臂之积；

　　　　T——敏感质量绕摆动中心的总力矩。

下面以石英挠性加速度计为例，简要介绍其工作原理和组成。

石英挠性加速度计是在液浮摆式加速度计基础上发展起来的新一代加速度计，它将输入加速度转换成其挠性摆片的微小位移，并用反馈力加以平衡。由于采用了力反馈回路，使这种挠性加速度计具有精度高、抗干扰能力强的特点，适合于低频、低 g 值的加速度测量，是惯性导航和制导系统中不可缺少的关键器件之一。

石英挠性加速度计是单自由度的闭环式挠性机械摆式加速度计，目前常用的石英挠性加速度计一般是中等精度的。这种加速度计一般是把挠性杆和电容传感器动极板做成一体，因此结构简单、体积小。

石英挠性加速度计由表头和伺服电路组成，其结构原理如图 1-21 所示，它是由扼铁、磁钢、挠性摆片、力矩线圈和相应的电子电路构成。当有加速度输入时，由挠性摆片及力矩线圈组成的检测质量受到惯性力或惯性力矩的作用而偏离平衡位置，这一偏离被差动电容检测器检测，经伺服放大器转换成电流信号，并被反馈到处于恒定磁场中的力矩器而产生再平衡力或再平衡力矩，使挠性摆片恢复到平衡位置。该电流信号同时作为加速度计的输出，其大小与输

入加速度成正比，极性取决于输入加速度的方向。

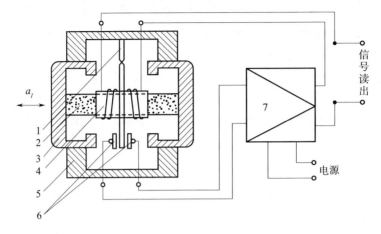

图 1-21　石英挠性加速度计原理图

1—摆片；2—磁钢；3—扼铁；4—力矩线圈；5—壳体

6—差动电容传感器；7—伺服放大电路

（2）新型加速度计的发展

加速度计的发展先后经历了 20 世纪 30—40 年代的积分陀螺加速度计和宝石轴承摆式加速度计，60 年代中期发展起来的液浮摆式加速度计、挠性加速度计、压电加速度计、电磁加速度计，70 年代后的激光加速度计；目前，以微机械加速度计为代表的新型加速度计正得到广泛应用。

微机械加速度计是一种以单晶硅或多晶硅为制作敏感元件主要材料的微加速度计，又称为硅微加速度计或 MEMS 加速度计。硅微加速度计与通常的加速度计相比，具有体积小、质量轻、功耗小、成本低、可靠性好、易集成、过载能力强、可批量生产等优点，故已经成为加速度计的主要发展方向，国内外都将它的开发作为微机电系统产品化的优先项目来加以研究。

微机械加速度计的分类方法有很多种，按照输入与输出的关系分类，可分为普通型、积分型和二次积分型；按照敏感质量块的运动方式分类，可分为摆式和非摆式；按照控制方式分类，可分为开环工作方式和闭环工作方式；按照信号检测方式分类，可分为电容式、压阻式、压电式、隧道电流式、热对流式等；按照加工方式分类，可分为体微机械加工型、表面微机械加工型和 LIGA 微机械加工型加速度计；按照测量的自由度分类，可分为单轴、双轴、三轴加速度计；按照制作材料分类，可分为硅微加速度计、石英微加速度计、金属微加速度计；按照测量精度分类，可分为高精度（优于 10^{-4} m/s²）、中精度（$10^{-2} \sim 10^{-3}$ m/s²）和低精度（差于 0.1m/s²）加速度计。

1.3.2.3　飞控系统对敏感元件的技术要求

敏感元件是弹上制导控制系统的重要组成部分，应同时满足惯性导航和飞行控制的指标要求。

（1）量程

敏感元件的量程表征其测量范围。加速度计和陀螺的测量范围分别取决于导弹的机动能力与动态响应性能，机动能力由武器系统战技指标确定，动态响应性能可以通过飞行控制系统设计与仿真进行确定。

（2）精度

敏感元件作为弹上角速率和加速度的测量元件，其精度直接影响导弹的导航精度和控制精度。通常用阈值、零偏稳定性（漂移）、零偏重复性、标度因数非线性、标度因数重复性等指标来衡量陀螺仪的精度，用零偏、零偏稳定性（漂移）、零偏重复性、标度因数非线性、标度因数重复性等指标来衡量加速度计的精度。

陀螺仪的精度对飞行控制系统的稳定性和动态性能产生一定影响；加速度计的精度对飞行控制系统的过载控制精度产生一定影响。飞行控制系统对敏感元件精度的要求可以通过设计与仿真进行确定。

陀螺仪的精度对惯性导航系统的姿态精度造成影响；陀螺仪和加速度计的精度对惯性导航系统的位置精度造成影响。惯性导航系统对敏感元件精度的要求可以通过导航精度误差分析进行确定。

（3）频率特性

频率特性表征敏感元件的动态响应能力，通常用带宽、幅值衰减、相位滞后等指标来衡量。敏感元件频率特性在低频段的幅值衰减和相位滞后影响飞行控制系统刚体控制稳定裕度，因此低频段的频率特性要求主要取决于刚体稳定性要求；中、高频段频率特性影响弹性体稳定性能；高频段主要考虑全弹结构模态特性和抑制高频噪声的需求。

一般会对敏感元件几个重要频率上的幅值衰减、相位滞后指标提出要求，总体而言要求其低频段幅值特性平稳，相位滞后小，高频段幅值特性快速衰减。

（4）其他要求

敏感元件还需要满足可靠性、维修性、环境适应性、结构体积、功耗等方面要求。

1.3.3　伺服系统

作为飞控系统的执行机构，伺服系统主要包括舵系统、推力矢量装置、直接侧向力装置等。目前应用在防空导弹中的伺服系统大多为舵系统，本书仅对舵系统进行探讨。

控制导弹舵面或副翼偏转的伺服系统，通称舵系统，其工作原理作用是接收控制单元输出的舵指令信号，经过控制驱动组合处理和放大，驱动执行机构运动，并将其扭矩及转速传递到舵面，实现对舵面偏转的准确快速控制，从而改变导弹的姿态运动和轨迹运动。

由舵系统工作原理可知，舵系统一般由能源、控制驱动组合、执行机构三部分组成。对于闭环控制系统，执行机构（即舵机）通常又包含执行部件、反馈装置两部分，反馈装置输出一个与舵面偏角成正比的反馈信号。图 1-22 为一种闭环控制舵系统原理框图。

按执行机构采用的能源不同，舵系统分为液压舵系统、电动舵系统和气动舵系统。下面分别针对这三种舵系统进行分析。

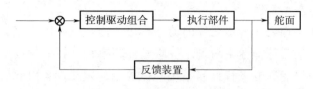

图 1-22　舵系统原理框图

1.3.3.1　液压舵系统

以高压液体为能源的舵系统称为液压舵系统，液压舵系统按控制元件种类可分为泵控系统和阀控系统；按控制信息的传递介质分为电液伺服系统和机液伺服系统。在现有的防空导弹领域主要使用电液阀控舵系统，本节仅介绍电液阀控舵系统。

电液阀控液压舵系统原理框图如图 1-23 所示，舵系统接收弹上计算机送出的舵偏指令后，通过综放伺服控制电路进行求和放大，将电压信号转换为电流信号驱动电液伺服阀工作；电液伺服阀在能源系统建立压力的情况下，通过流量及方向控制作动筒活塞运动；传动机构将作动筒的运动转化为舵轴的舵偏角输出；反馈装置及反馈传动机构（或机械放大器）将舵偏角位置信号送给综放伺服控制电路进行求和运算，形成位置闭环控制系统。

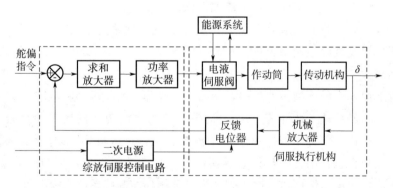

图 1-23　电液阀控液压舵系统原理框图

液压舵系统主要由液压能源系统、伺服执行机构和综放伺服控制电路组成，其组成框图如图 1-24 所示。

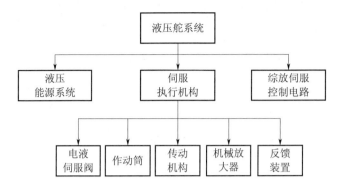

图 1-24 液压舵系统组成框图

(1) 液压能源系统

液压能源系统是一个能量转换装置，其作用是将其他形式的能源转化为伺服系统所需要的高压液流能源。在防空导弹领域，主要有挤压式液压能源系统、燃气涡轮泵液压能源系统和热电池电机泵液压能源系统三种形式。

①挤压式能源系统

挤压式能源系统工作原理如图 1-25 所示，其主要由高压气瓶、气体减压阀和液压油增压罐组成。高压气瓶的高压气体通过气体减压阀减压后输送到液压油增压储油罐以形成高压液压源，高压液压源通过伺服执行机构转换后变成低压油，低压油经由弹上排放口排出。由于挤压式能源系统体积、质量大，工作时间短，主要应用在第一、二代防空导弹上，已不能满足现有导弹的发展需求。

②燃气涡轮泵液压能源系统

燃气涡轮泵液压能源系统工作原理如图 1-26 所示，其主要由燃气发生器、燃气涡轮机、燃气调压阀、定量泵、加载阀、溢流阀和自增压油箱等组成。

燃气发生器产生高温、高压的燃气流驱动燃气涡轮机转动，带动定量泵转动产生高压的液压能源；燃气调压阀保证燃气系统的压力稳定；加载阀、自增压油箱的高压腔，通过增压机构对低压腔进

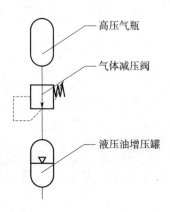

图 1-25　挤压式能源系统工作原理图

行增压，使低压腔有一定的压力，以保证液压泵充分吸油，使燃气涡轮机有稳定的负载，保证系统的安全性；溢流阀用于稳定能源系统输出压力。由于舵系统是一个瞬态大功率、长时间小功率的系统，而燃气涡轮泵液压能源系统是一个恒功率系统，能源系统中大部分能源转化成热能，系统效率很低且发热量大，导致系统质量比较大，工作时间较短，该系统已不能满足导弹技术的发展要求。

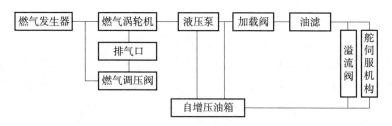

图 1-26　燃气涡轮泵液压能源系统工作原理图

③电池电机泵液压能源系统

电池电机泵液压能源系统工作原理如图 1-27 所示，其由直流电机、液压泵、自增压油箱、高压安全阀、低压安全阀及油滤等整件组成，在现有导弹液压舵系统中被广泛应用。电池电机泵液压能源系统将热电池的一次大功率电能转成直流电机的旋转机械能，驱动液压泵把机械能转变为压力能，为伺服机构提供高压油源。电池电机泵液压能源系统使用热电池＋直流电机＋变量泵的形式，由于该种能源形式的输出压力基本恒定，输出流量可实时根据负载流量大小进行调节，所以能量损耗最小；同时，该能源系统利用电机短时过载能力，在短时间给舵系统提供瞬时大流量输出，与导弹在飞行过程中液压舵机的实际工作状态一致，进一步减小对液压舵机稳态功率的要求，从而使液压能源系统的体积最优，大幅减小系统的发热量和功率损耗。

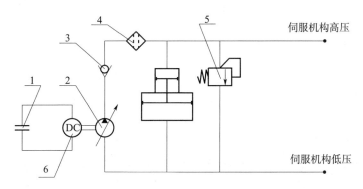

图 1-27　电池电机泵液压能源系统原理图

1—功率电源；2—液压泵；3—单向阀；4—油滤；5—自增压油箱；6—直流电机

（2）伺服执行机构

伺服执行机构的作用是将液压缸的运动转换成舵面的旋转运动，并对舵面的偏转角进行监测。在防空导弹中，液压伺服执行机构通常有两种结构形式，即往复式伺服机构和推推式液压伺服机构。

①往复式伺服机构

往复式伺服机构由双作用式液压缸、电液伺服阀、反馈电位计和传动机构等组成，其原理如图 1-28 所示。

往复式液压执行机构通过电液伺服阀连接双作用式液压缸的两个腔，控制双作用式液压缸的运动方向。液压缸中的活塞通过连杆和舵轴相连接，将双作用式液压缸往复式直线运动变成轴的旋转

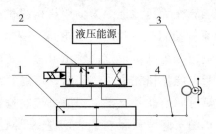

图 1 - 28　往复式伺服机构原理图

1— 双作用式液压缸；2—伺服阀；3—传动机构；4—反馈电位计

运动。

②推推式液压伺服机构

推推式执行机构由组合式作动缸、电液伺服阀、反馈电位计和传动机构等组成，原理如图 1 - 29 所示。

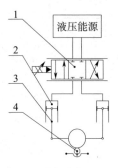

图 1 - 29　推推式执行机构原理图

1—电压伺服阀；2—作动缸；3—传动机构；4—反馈电位计

推推式液压伺服机构中，一个作动缸与液压能源的高压端接通，另一个作动缸与低压端接通。当系统给电液伺服阀指令时，高压作动缸在推动轴套转动的同时也推动低压作动缸向回运动，由于伺服阀的节流作用，作动缸向回运动时会有阻力，通过节流阻力消除了传动间隙。伺服机构中的动力传动机构采用无间隙传动，提高了传动精度，基本消除了传动机构的死区，提高了控制精度，消除了伺服系统在小信号下由于运动间隙引起的自激振荡。

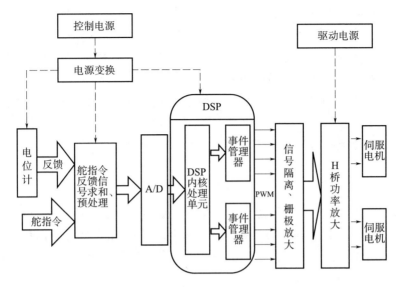

图 1-32　数控驱动组合功能框图

图 1-33 所示的是 H 型双极模式功率转换电路，由 4 个功率管组成。4 个功率管分成 V1 和 V4、V2 和 V3 两组，交替地轮流导通和截止，使电机上的电压在 $+U_s$ 和 $-U_s$ 之间交替改变，其中 U_s 为电源电压。

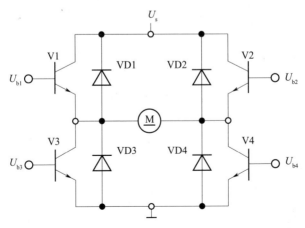

图 1-33　H 型双极模式功率转换电路

（2）伺服电机

伺服电机作为电力－机械转换元件，是电动舵系统的核心部件。伺服电机的性能参数，如电机的额定转速、额定力矩、机电时间常数等对舵系统指标的影响举足轻重。

鉴于导弹等飞行器对舵机小体积、大功率的需要，电动舵系统通常采用永磁直流伺服电机或无刷直流伺服电机。

①永磁直流伺服电机

图1-34是稀土永磁直流伺服电机的示意图。这种电机的磁钢采用稀土材料，由于稀土材料具有矫顽力高、磁能积大、温度特性好等优点，其磁性能远超过铁氧体和铝镍钴等其他磁性材料。因此，在同等输出力矩条件下，稀土永磁电机可以做到质量轻、体积小，更适合在航空产品上使用。

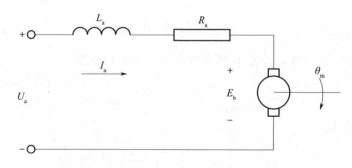

图1-34　直流伺服电机示意图

图1-34中，U_a 为电枢电压（V）；I_a 为电枢电流（A）；L_a 为电枢总电感（H）；R_a 为电枢总电阻（Ω）；E_b 为电枢反电动势（V）；θ_m 为电枢转动的角度（rad）。

永磁直流伺服电机的工作实质：输入的电枢电压 U_a 在电枢回路中产生电枢电流 I_a，电流 I_a 与磁钢磁通相互作用产生电磁转矩 M_m，从而拖动负载运动，实现将输入的电能转化为机械能。

②无刷直流伺服电机

永磁无刷直流电机一般采用霍尔开关传感器作为位置传感器、

电子开关变换器代替有刷电机的电刷和换向器，既保留了有刷直流电机的优良调速特性，又因省去了机械的电刷和换向器，而具有交流电机结构简单、运行可靠和寿命长等优点。这使其在快速性、可控性、可靠性、体积、质量、效率、耐受环境和经济性等方面具有明显的优势。

无刷直流电机主要由电机本体和霍尔传感器两部分组成，如图1－35中的虚线部分所示。电机工作电压加在逆变桥电路两端，通过三个霍尔传感器的电平逻辑来控制逆变桥六个功率管的导通顺序，使电机的三相绕组按次序每两相导通。

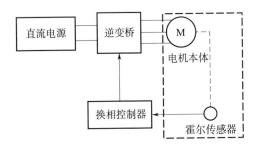

图1－35　无刷直流电机结构框图

电机本体的主要部件有安装电枢绕组的定子和带有永磁体的转子。电机内部装有霍尔传感器，以测定转子磁极位置，为驱动电路提供触发信号，以使定子磁势（即电枢绕组磁势）始终超前转子磁势，引导转子旋转。无刷电机的转子是永磁体，定子绕组由逆变器供电。

图1－36为稀土永磁无刷直流电机三相全控桥电路。无刷直流电机的控制电路对转子位置传感器检测的信号进行逻辑变换后产生驱动电压信号，送至逆变器各功率管，从而控制电机各相绕组按一定顺序工作，在电机气隙中产生跳变式旋转的合成磁场，磁场分布如图1－37所示。

（3）传动机构

由于直流伺服电机通常具有较高的额定转速和较小的额定转矩，要达到舵机要求的角速度和输出力矩，就必须配备较大减速比的传

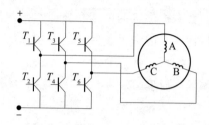

图 1-36　无刷直流电机三相全控桥电路

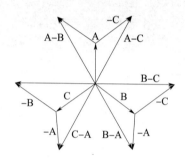

图 1-37　三相绕组磁势分布

动机构。按传力方式不同，机械传动可分为摩擦传动和啮合传动。而摩擦传动又分为摩擦轮传动和带传动等；啮合传动又分为齿轮传动、蜗轮蜗杆传动、链传动等。下面对各种传动方式进行简要介绍。

①带传动

带传动是由主动轮、从动轮和张紧在两轮上的皮带所组成。皮带和皮带轮由于张紧，在二者的接触面间产生了压紧力，当主动轮旋转时，借摩擦力带动从动轮旋转，从而将动力传递给从动轴，如图 1-38 所示。

带传动有以下特点：

1）可用于两轴中心距离较大的传动。

2）皮带具有弹性，对冲击与振动有缓冲作用，使传动平稳、噪声小。

3）当过载时，皮带在轮上打滑，可防止其他零件损坏。

4）结构简单、维护方便。

5）由于皮带在工作中有滑动，故不能保持精确的传动比，且外廓尺寸大，传动效率低，皮带寿命短。

图 1 - 38　带传动

②齿轮传动

齿轮传动是由分别安装在主动轴及从动轴上的两个齿轮相互啮合而成，如图 1 - 39 所示。齿轮传动是应用最多的一种传动形式，包括圆柱齿轮传动、圆弧齿轮传动、锥齿轮传动、行星齿轮传动及谐波齿轮传动等形式。

图 1 - 39　齿轮传动

齿轮传动有如下特点：

1）能保证传动比稳定不变。

2) 能传递很大的动力。

3) 结构紧凑、效率高。

4) 制造和安装的精度要求较高。

5) 当两轴间距较大时，采用齿轮传动比较笨重。

③链传动

链传动是由两个具有特殊齿形的的链轮和一条闭合的链条所组成，如图1-40所示。工作时主动链轮通过轮齿与链条的啮合将动力传递至从动链轮。链传动主要用于传动比要求较准确，两轴距离较远，不宜采用齿轮传动的地方。

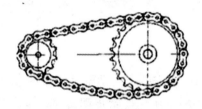

图1-40 链传动

链传动的特点如下：

1) 能保证较精确的传动比（和皮带传动相比较）。

2) 与齿轮传动相比，可以在两轴中心距离较远的情况下传递动力。

3) 只能用于平行轴间传动。

4) 链条磨损后，链节变长，容易产生脱链现象。

④蜗轮蜗杆传动

蜗轮蜗杆传动用于两轴交叉成90°，但彼此既不平行又不相交的情况下，如图1-41所示。通常蜗杆是主动件，蜗轮是被动件。

蜗轮蜗杆传动有如下特点：

1) 结构紧凑、传动比大，一般传动比为7～80。

2) 工作平稳无噪声。

3) 传动功率范围大。

图 1 - 41　蜗轮蜗杆传动

4）可以自锁。

5）传动效率低。

⑤螺旋传动

螺旋传动是利用螺杆和螺母组成的螺旋副来实现传动要求的，主要用于将回转运动变为直线运动，如图 1 - 42 所示。螺旋传动能同时传递运动和动力，具有传动精度高，工作平稳无噪声，易于自锁，能传递较大的动力等特点。

图 1 - 42　螺旋传动

螺旋传动有以下几种分类：

（a）传力螺旋

以传递动力为主，要求以较小的转矩产生较大的轴向推力，用于克服工作阻力，如各种起重或加压装置的螺旋。这种传力螺旋主要是承受很大的轴向力，一般为间歇工作，每次工作时间较短，工作速度也不高。

（b）传导螺旋

传导螺旋以传递运动为主，有时也承受较大的轴向载荷，如机床进给机构的螺旋等。传导螺旋可在较长的时间内连续工作，工作速度较高，具有较高的传动精度。

（c）调整螺旋

调整螺旋可调整、固定零件的相对位置，如机床、仪器及测试装置中的微调机构的螺旋。调整螺旋不经常转动，一般在空载下调整。

（4）反馈装置

目前的电动舵系统一般采用导电塑料电位器或磁码盘作为角位移反馈装置。

①导电塑料电位器

导电塑料电位器的结构原理如图 1-43 所示。电动舵机工作时，传动机构带动导电塑料电位器转轴作机械转动，由电刷组合通过 3 点输出一个与舵偏角成正比的反馈电压信号。

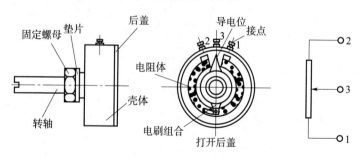

图 1-43　导电塑料电位器的结构原理图

②磁码盘

磁码盘采用分离式结构，可分为信号发生结构和磁码盘处理电路。作为传感部分的信号发生结构原理如图 1-44 所示，信号发生六磁敏元件相间 60°对径安装，每一对相隔 180°对径的磁敏元件为一相，分别标记为"＋"、"－"；"＋"、"－"磁敏元件沿圆周相间分布，则六路信号差分并归一化处理后得到相位角互差 120°的 A、B、

C 三相。这种结构很好地避免了零漂和偶次谐波等影响。

信号发生结构作为传感部分，利用霍尔传感器采样当前转角情况下六个方向上的磁密，通过本身自带的霍尔效应将磁密转换为电压输出。主轴上粘有磁钢环，磁钢为单向径向充磁，霍尔器件周围的钢环作为磁通路，磁场沿垂直钢环内圈方向进入或走出钢环，且周围磁密大小与当前主轴转角呈正弦关系。磁码盘处理电路是磁码盘角度的解算部件，通过信号发生结构生成的正弦曲线电压，其可将电压值映射为角度值，并将其输出。

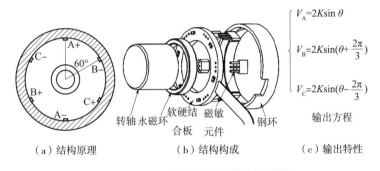

$$\begin{cases} V_A = 2K\sin\theta \\ V_B = 2K\sin(\theta + \dfrac{2\pi}{3}) \\ V_C = 2K\sin(\theta - \dfrac{2\pi}{3}) \end{cases}$$

（a）结构原理　　　　（b）结构构成　　　（c）输出特性

图 1-44　磁码盘信号发生结构原理图

磁码盘具有测量精度高，抗干扰能力强，抗振动、抗腐蚀、抗干扰的特性，不易受尘埃和结露影响，且其组成部件少，结构简单紧凑。磁码盘能够弥补光电编码器和旋转变压器本身的缺陷和不足，在航空航天和军工等特殊场合具有明显的应用优势。同时，较传统的反馈电位计具有更好的测量精度和更好的抗干扰能力。

1.3.3.3　气动舵系统

以高压气体为工作介质的舵系统称为气动舵系统。气动舵系统以工作方式可分为闭环气动舵系统和开环气动舵系统，开环气动舵系统也被称为 bang - bang 式气动舵系统。

气动舵系统需要高压气源驱动，主要由控制电路、电磁阀、执行机构、传动机构等组成，方框图如图 1-45 所示。

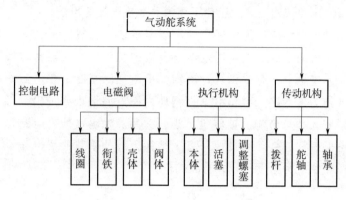

图 1-45　气动舵系统组成方框图

气动舵系统工作过程如下：控制电路接收指令信号，输出电流信号给电磁阀中的线圈，驱动衔铁动作，切换电磁阀阀体各腔中的压力，阀体腔内压力变化引起执行机构气缸腔内两侧压力变化，形成压力差，由此推动气缸腔内的活塞运动。传动机构中的拨杆把活塞的直线位移变化为拨杆的偏转角度，拨杆与舵轴、舵面联动，最终实现舵面偏转的功能。闭环气动舵系统由传感器检测舵面偏转角度，反馈回控制电路，形成闭环控制，闭环气动舵系统方框图如图1-46所示。开环气动舵系统没有反馈环节，舵面偏转到机械限位，控制相对简单，在现有的防空导弹领域主要使用开环气动舵系统。下面仅介绍开环气动舵系统，其方框图如图1-47所示。

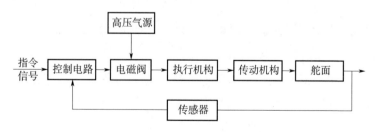

图 1-46　闭环气动舵系统方框图

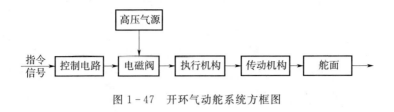

图 1-47　开环气动舵系统方框图

（1）控制电路

控制电路主要功能为：接收指令信号，通过电子线路的变换处理，输出电流信号，控制电磁阀工作。

（2）电磁阀

电磁阀由线圈、衔铁、壳体、阀体等组成，其主要功能为：将控制信号转换为衔铁的机械位移，切换阀体各腔中的压力，将气流分配到气缸腔内，并将低压腔与大气接通。

（3）执行机构

执行机构包括本体、活塞、调整螺塞等部分。执行机构主要功能为：阀体腔内压力变化引起气缸腔内两侧压力变化，形成压力差，由此推动气缸腔内的活塞运动，产生输出力。调整螺塞可以调节活塞运动的行程。

（4）传动机构

传动机构包括拨杆、舵轴、轴承等，其主要功能为：通过拨杆把活塞的直线位移变化为拨杆的偏转角度，拨杆与舵轴、舵面联动，最终实现舵面偏转的功能。

1.3.3.4　飞控系统对伺服系统的技术要求

作为飞行控制系统最主要的执行机构，对舵系统提出以下要求。

（1）传递系数

传递系数表征舵偏指令与舵偏角的对应关系。传递系数的精度会对系统的稳定性与动态性能造成影响，通常用传递系数误差来衡量传递系数的精度。传递系数指标的确定需要综合考虑导弹最大舵偏角、弹上信号传输方式、硬件方案等因素。

（2）零位

零位定义为舵指令为零的情况下舵面实际位置与零位基准间的绝对偏角，通常用机械零位和电气零位来衡量。舵面零位超出一定量值会引起差动副翼，给飞行控制系统带来干扰，影响其控制精度。零位指标可通过飞行控制系统设计与仿真确定。

（3）频率特性

频率特性表征伺服系统的动态响应能力，通常用带宽、相移和谐振峰值等指标来衡量。伺服系统带宽对飞行控制系统的动态响应能力、抑制干扰能力和弹性体稳定性造成影响；相移对飞行控制系统的刚体稳定性和弹性体稳定性造成影响；谐振峰值对飞行控制系统的弹性体稳定性造成影响。伺服系统的频率特性直接影响飞行控制系统的开环频率特性，其指标要求可通过飞行控制系统设计与仿真确定。

（4）负载能力

导弹飞行过程中，伺服系统需要在负载状态下快速、准确响应指令，驱动舵面偏转。负载大小取决于舵面几何形状、舵面偏转角、导弹攻角等因素。对伺服系统负载能力的要求，体现为在综合考虑整个飞行过程中舵面承受的气动负载变化的基础上，对其正操纵与反操纵能力的要求。

正操纵是指舵面上气动力作用点位于舵轴之后，即作用在舵面上的空气动力对舵轴产生的气动铰链力矩与驱动舵面偏转的主动力矩方向相反，阻止舵面偏转。要求单个舵面的最大铰链力矩不小于一定的值。

反操纵是指舵面的压心位于舵轴之前，即作用在舵面上的气动铰链力矩与驱动舵面偏转的主动力矩方向相同，加速舵面偏转。要求单个舵面承受反操纵的能力不小于一定的值。

（5）非线性特性

伺服系统传动装置各部分之间不可避免地存在间隙、摩擦等非线性因素。伺服系统的非线性特性对小信号指令下跟踪精度、动态特性等产生影响，导致飞行控制系统动态性能下降、稳定性降低。通常用位置回环衡量舵系统非线性特性，要求位置回环宽度小于一定的值。

（6）最大舵偏角

最大舵偏角定义为舵面相对零位基准的最大偏转角度。伺服系统最大舵偏角必须满足导弹机动能力要求的配平舵偏及飞行过程中的动态舵偏需求，取决于导弹的机动能力、调整比和动态舵偏需求。导弹的机动能力由武器系统战技指标决定；调整比由导弹气动外形和飞行状态决定；动态舵偏需求可通过飞行控制系统设计与仿真确定。

（7）最大舵偏速度

最大舵偏速度定义为舵面偏转的最大角速度，是衡量伺服系统响应速度的重要指标。最大舵偏速度影响飞行控制系统响应过载和抑制干扰的快速性，舵偏速度饱和甚至影响系统稳定性。最大舵偏速度指标可通过飞行控制系统设计与仿真确定。

（8）其他要求

伺服系统还需满足可靠性、安全性、维修性、环境适应性、结构尺寸等方面要求。

1.4 飞行控制系统性能指标

为实现防空导弹对空中目标的摧毁或有效杀伤，首要的问题是保证制导控制系统具有足够高的制导精度，即导弹能直接与目标碰撞，或者脱靶量满足设计要求的值，因此制导系统对飞行控制系统提出一定的稳定性、快速性、准确性、平稳性及抗干扰能力要求。在控制时序上，根据姿态控制阶段与过载控制阶段功能的不同，性能指标的描述有所区别。

飞行控制系统性能指标要求描述如下。

（1）姿态控制阶段

1）稳定性：俯偏通道与滚动通道应具有一定的幅值裕度与相位裕度。

2）快速性：当输入阶跃姿态角指令时，俯偏通道与滚动通道的上升时间（调节时间）满足一定要求。

3）准确性：当输入阶跃姿态角指令时，应保证从指令到姿态角输出的稳态传输比满足一定要求，稳态误差小于一定的值。

4）平稳性：当输入阶跃姿态角指令时，俯偏通道与滚动通道的超调量及半振荡次数满足一定要求。

5）抗干扰能力：在有外干扰作用时，姿态角及姿态角速度满足一定要求。

此外，为保证载机的安全性，空空导弹需要对舵偏角有一定的限制要求；为保证导弹的稳定性，地空导弹对拐弯时的攻角及姿态角速度有一定的限制；为保证不同阶段衔接的平稳性，在姿态控制结束时，姿态角误差、合成攻角、舵偏角应小于一定的值。

（2）过载控制阶段

1）稳定性：俯偏通道与滚动通道应具有一定的幅值裕度与相位裕度。

2）快速性：当输入阶跃过载指令时，俯偏通道的上升时间（调节时间）满足一定的要求；当输入阶跃滚转角指令时，滚动通道的上升时间（调节时间）满足一定的要求。

3）准确性：俯偏通道过载稳定回路应保证从指令到过载的稳态传输比满足一定要求，稳态误差小于一定的值；滚动通道滚转角稳定控制回路应保证从指令到滚转角的稳态传输比满足一定要求，稳态误差小于一定的值。

4）平稳性：俯偏通道过载稳定控制回路在阶跃过载指令作用下超调量及半振荡次数满足一定要求；滚动通道滚转角稳定控制回路在阶跃滚转角指令作用下超调量及半振荡次数满足一定要求。

5）抗干扰能力：俯偏通道在有一定干扰作用时（通常设为一定

幅值等效舵偏），应保证姿态角速度、姿态角小于一定的值；滚动通道在有一定滚转干扰作用下（通常设为一定幅值等效副翼），滚动角速度、稳态滚转角小于一定的值。

（3）其他要求

1）在进行飞行控制系统的设计与分析时，需考虑舵偏角及舵偏角速度的限制。

2）在飞行过程中，为保证三个通道都有足够的可用舵偏角，需要合理分配三个通道的舵偏角。

3）在设计和分析俯偏通道角速度回路时，应考虑加速度计不安装在质心上对角速度回路的影响。

第 2 章　飞行控制系统数学建模方法

模型是表征系统本质信息的一种形式，可以是对现象的描述，也可以是以试验为依据的描述，或者用分析方法得到。

模型一般分为物理模型和数学模型两大类。物理模型与实际模型有相似的物理性质，可以是按比例缩小的实物外形，如风洞实验的飞行器外形，或生产过程中试制的样机模型，如原理样机等；数学模型指用抽象的数学方程描述系统内部物理变量之间的关系而建立的模型，是实际系统的简化或抽象，它能定量地描述系统的行为，预示事物的发展。

2.1　基础知识

2.1.1　系统运动的描述方法

按性能分类，系统可分为线性系统和非线性系统、连续系统和离散系统、定常系统和时变系统、确定性系统和不确定性系统等。不失一般性，本节从连续系统和离散系统的角度介绍系统的数学描述方法。

2.1.1.1　连续系统的描述方法

如果控制系统中的所有信号都是时间变量的连续函数，则这样的系统称为连续系统。描述连续系统的数学模型有多种方法。时域中的常用数学模型有微分方程、状态方程；复数域中有传递函数、方框图；频域中有频率特性等。连续系统的数学模型主要用于飞行控制系统的理论建模、分析、设计、数字仿真等阶段。

2.1.1.1.1　时域模型

许多系统的动态特性都可以根据物理学定律的推导，用时域模型进行描述，在给定外作用和初始条件下，求解时域模型可以得到系统的输出响应。这种方法比较直观，特别是借助计算机可以迅速而准确地求得结果。

常用的时域模型表达方式主要有以下三种。

（1）线性微分方程

线性连续系统可以用线性微分方程式描述，其一般形式为

$$\frac{\mathrm{d}^n}{\mathrm{d}t^n}y(t) + a_{n-1}\frac{\mathrm{d}^{n-1}}{\mathrm{d}t^{n-1}}y(t) + \cdots + a_1\frac{\mathrm{d}}{\mathrm{d}t}y(t) + a_0 y(t)$$

$$= b_m\frac{\mathrm{d}^m}{\mathrm{d}t^m}u(t) + b_{m-1}\frac{\mathrm{d}^{m-1}}{\mathrm{d}t^{m-1}}u(t) + \cdots + b_1\frac{\mathrm{d}}{\mathrm{d}t}u(t) + b_0 u(t) \quad (2-1)$$

其中，系数 $a_1, \cdots, a_n; b_0, \cdots, b_m$ 是常数时，称为线性定常系统；系数 $a_1, \cdots, a_n; b_0, \cdots, b_m$ 随时间变化时，称为线性时变系统。

（2）非线性微分方程

系统中只要有一个环节的输入–输出特性是非线性的，这类系统就称为非线性系统，要用非线性微分方程描述，例如

$$\ddot{y}(t) + a_1(t)\dot{y}(t) + y^2(t) = u(t)\sin y(t) \quad (2-2)$$

（3）状态空间模型

通过引入一组状态变量，连续系统的运动可以通过一个一阶微分方程组来描述。状态变量的选择不是唯一的，只要知道这组变量的当前值、输入信号和描述系统动态特性的方程，就能确定系统未来的状态和输出响应。飞行控制系统仿真与测试中常用的微分方程具有如式（2-3）所示的表达式

$$\frac{\mathrm{d}^n}{\mathrm{d}t^n}y(t) + a_{n-1}\frac{\mathrm{d}^{n-1}}{\mathrm{d}t^{n-1}}y(t) + \cdots + a_1\frac{\mathrm{d}}{\mathrm{d}t}y(t) + a_0 y(t) = b_0 u(t)$$

$$(2-3)$$

设该动态系统的状态变量为

$$\begin{cases} x_1(t) = y(t) \\ x_2(t) = \dot{y}(t) \\ \quad\vdots \\ x_n(t) = y^{(n-1)}(t) \end{cases} \tag{2-4}$$

则可以得到如下的状态空间模型

$$\begin{cases} \dot{x}_1(t) = \dot{y}(t) = x_2(t) \\ \dot{x}_2(t) = \ddot{y}(t) = x_3(t) \\ \quad\vdots \\ \dot{x}_n(t) = y^{(n)}(t) = -a_{n-1}x_n(t) - \cdots - \\ \qquad\qquad a_1 x_2(t) - a_0 x_1(t) + b_0 u(t) \end{cases} \tag{2-5}$$

状态空间模型可以用矩阵的形式描述如下，令

$$\boldsymbol{x} = \begin{bmatrix} x_1 \\ x_2 \\ \vdots \\ x_n \end{bmatrix}$$

$$\boldsymbol{A} = \begin{bmatrix} 0 & 1 & \cdots & 0 \\ 0 & 0 & \cdots & 0 \\ \vdots & \vdots & \vdots & \vdots \\ -a_0 & -a_1 & \cdots & -a_{n-1} \end{bmatrix}$$

$$\boldsymbol{b} = \begin{bmatrix} 0 \\ 0 \\ \vdots \\ b_0 \end{bmatrix} \tag{2-6}$$

$$\boldsymbol{c} = \begin{bmatrix} 1 \\ 0 \\ \vdots \\ 0 \end{bmatrix}$$

$$\boldsymbol{d} = 0$$

则

$$\begin{cases} \dot{x} = \pmb{A}x + \pmb{b}u \\ y = \pmb{c}x + du \end{cases} \tag{2-7}$$

2.1.1.1.2　复数域模型

对于一般的时域函数 $f(t)$，其拉普拉斯变换定义为

$$F(s) = \int_0^\infty f(t)\mathrm{e}^{-st}\,\mathrm{d}t \tag{2-8}$$

对于线性模型，可以通过拉普拉斯变换，用相对简单的代数方程取代相对复杂的微分方程，从而简化方程的求解过程。

常用的复数域模型表达方式主要有以下两种。

（1）传递函数

线性定常系统的传递函数定义为：在零初始条件下，系统的输出量的拉普拉斯变换与输入量的拉普拉斯变换之比。经典控制理论中广泛应用的频率法和根轨迹法就是以传递函数为基础建立的，所以传递函数在飞行控制系统的建模与仿真中大量使用。微分方程的算符 $\mathrm{d}/\mathrm{d}t$ 与复数 s 置换可以实现两种表达方式的转换，如式（2-1）所示的微分方程转换为传递函数表达式为

$$G(s) = \frac{Y(s)}{U(s)} = \frac{b_m s^m + b_{m-1} s^{m-1} + \cdots + b_0}{s^n + a_{n-1} s^{n-1} + \cdots + a_0} \tag{2-9}$$

（2）方框图

控制系统的方框图是描述系统各元部件之间信号传递关系的数学图形，表示了系统中各变量之间的因果关系和对各变量所进行的运算，是控制理论中描述复杂系统的一种简便方法。例如典型负反馈系统的方框图如图 2-1 所示。

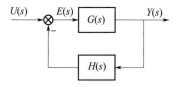

图 2-1　方框图表达方式

根据方框图可以直接推导输入与输出之间的传递函数，例如图2-1

表示的负反馈系统，输入 $U(s)$ 与输出 $Y(s)$ 之间的传递函数表示为

$$Y(s) = G(s)[U(s) - H(s)Y(s)]$$

$$\frac{Y(s)}{U(s)} = \frac{G(s)}{1 + G(s)H(s)} \tag{2-10}$$

输入 $U(s)$ 与偏差信号 $E(s)$ 之间的传递函数表示为

$$E(s) = U(s) - H(s)Y(s) = U(s) - H(s)\frac{G(s)}{1 + G(s)H(s)}U(s)$$

$$\frac{E(s)}{U(s)} = \frac{1}{1 + G(s)H(s)} \tag{2-11}$$

2.1.1.1.3　频域模型

控制系统中的信号可以表示为不同频率正弦信号的合成，应用频率特性研究线性系统的经典方法称为频域分析法，是飞行控制系统设计和仿真的常用方法。

系统对正弦输入信号的稳态响应称为频率特性。取输入信号为正弦信号

$$u_i = A_0 \sin \omega t \tag{2-12}$$

系统的频率特性是与输入同频率的正弦输出，即

$$u_0 = A_0 \cdot A(\omega)\sin[\omega t + \varphi(\omega)] \tag{2-13}$$

式（2-13）中，$A(\omega)$ 反映了输出正弦曲线与输入正弦曲线的振幅之比，$\varphi(\omega)$ 反映了输出正弦曲线相对于输入正弦曲线的相移，$A(\omega)$ 和 $\varphi(\omega)$ 都是输入正弦信号频率 ω 的函数。

设稳定的线性定常系统的传递函数为 $G(s)$，取 $s = j\omega$，则有

$$\begin{cases} A(\omega) = |G(j\omega)| \\ \varphi(\omega) = \angle G(j\omega) = \arctan\left[\dfrac{\mathrm{Im}\,G(j\omega)}{\mathrm{Re}\,G(j\omega)}\right] \end{cases}$$

频率特性通常运用图解法进行研究，工程中最常用的为对数频率特性曲线，又称波特图，由对数幅频曲线和对数相频曲线组成。

对数频率特性曲线的横坐标按以 10 为底的对数 $\lg \omega$ 分度，单位为 rad/s，如图 2-2 所示。对数分度实现了横坐标的非线性压缩，便于反映较大范围内频率特性的变化情况。

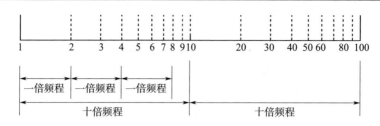

图 2-2 对数分度

对数幅频曲线的纵坐标按 $L(\omega) = 20\lg A(\omega)$ 线性分度，单位为 dB，通过这种方法将幅值的乘除运算转化为加减运算。例如增益增大到 2 倍，对应的幅频特性为 $20\lg 2 = 6\ \text{dB}$，即幅频曲线整体上移 6 dB。对数相频曲线的纵坐标按 $\varphi(\omega)$ 线性分度，单位为（°）。某线性连续系统的传递函数见式（2-14），其波特图如图 2-3 所示。

$$G(s) = \frac{1}{0.004\,5^2 s^2 + 2 \times 0.004\,5 \times 0.5 s + 1} \quad (2-14)$$

图 2-3 中，谐振频率 ω_r、截止频率 ω_b 为表征系统特性的重要频率点，相应定义见 2.1.2.2 节。

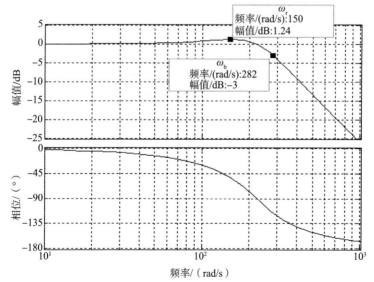

图 2-3 某系统的波特图

2.1.1.2　离散系统的描述方法

如果控制系统中有一处或几处信号是一串脉冲或者数码，则这样的系统称为离散系统。通常把数字序列形式的离散系统称为数字控制系统或计算机控制系统。飞行控制系统就是一个典型的数字控制系统。

与连续系统类似，离散系统的描述方法也有时域模型、Z 域模型、频域模型等方式。离散系统的数学模型主要用于飞行控制系统的数字化实现，包括系统辨识、计算机控制等。

2.1.1.2.1　时域模型

与连续系统类似，离散系统的时域模型也有多种表达方式，以下简要介绍线性差分方程和离散状态空间表达式这两种常用的模型。

（1）线性差分方程

线性离散系统用线性差分方程描述，其一般形式为

$$y(k) + a_1 y(k-1) + a_2 y(k-2) + \cdots + a_n y(k-n)$$
$$= b_0 u(k) + b_1 u(k-1) + b_2 u(k-2) + \cdots + b_m u(k-m)$$

$$(2-15)$$

其中，$k-i$ 为采样时刻 $(k-i)T$ 的缩写；$i = 1, \cdots, n, n \geqslant m$。

（2）离散状态空间表达式

通过引入一组状态矢量，离散系统的运动可以通过一个一阶差分方程组来描述。飞行控制系统仿真与测试中常用的差分方程具有如式（2-16）所示的表达式

$$y(k) + a_1 y(k-1) + a_2 y(k-2) + \cdots + a_n y(k-n) = b_0 u(k)$$

$$(2-16)$$

设该动态系统的状态矢量为

$$\begin{cases} \boldsymbol{x}_1(k) = \boldsymbol{y}(k-n) \\ \boldsymbol{x}_2(k) = \boldsymbol{y}(k-n+1) \\ \vdots \\ \boldsymbol{x}_n(k) = \boldsymbol{y}(k-1) \end{cases} \quad (2-17)$$

则可以得到如下的离散状态空间模型

$$\begin{cases} \boldsymbol{x}_1(k+1) = \boldsymbol{x}_2(k) \\ \boldsymbol{x}_2(k+1) = \boldsymbol{x}_3(k) \\ \quad\vdots \\ \boldsymbol{x}_n(k+1) = -a_1\boldsymbol{x}_n(k) - \cdots - a_{n-1}\boldsymbol{x}_2(k) - \\ \qquad\qquad a_n\boldsymbol{x}_1(k) + b_0 u(k) \end{cases} \quad (2-18)$$

离散状态空间模型可以用矩阵的形式描述如下，令

$$\boldsymbol{x}(k) = \begin{bmatrix} x_1(k) \\ x_2(k) \\ \vdots \\ x_n(k) \end{bmatrix}$$

$$\boldsymbol{A} = \begin{bmatrix} 0 & 1 & \cdots & 0 \\ 0 & 0 & \cdots & 0 \\ \vdots & \vdots & \vdots & \vdots \\ -a_0 & -a_1 & \cdots & -a_{n-1} \end{bmatrix}$$

$$\boldsymbol{b} = \begin{bmatrix} 0 \\ 0 \\ \vdots \\ b_0 \end{bmatrix} \quad (2-19)$$

$$\boldsymbol{c} = \begin{bmatrix} 1 \\ 0 \\ \vdots \\ 0 \end{bmatrix}$$

$$\boldsymbol{d} = 0$$

则

$$\begin{cases} \boldsymbol{x}(k+1) = \boldsymbol{A}\boldsymbol{x}(k) + \boldsymbol{b}u(k) \\ \boldsymbol{y}(k) = \boldsymbol{c}\boldsymbol{x}(k) + du(k) \end{cases} \quad (2-20)$$

2.1.1.2.2　Z 域模型

设 $f(kT)$ 为连续信号 $f(t)$ 在 kT 时刻的采样值，通过引进一个新的变量 z

$$z = \mathrm{e}^{sT} \tag{2-21}$$

定义 $f(t)$ 的 Z 变换为

$$F(z) = \sum_{k=0}^{\infty} f(kT) z^{-k} \tag{2-22}$$

通过 Z 变换，可以用相对简单的代数方程取代相对复杂的差分方程，从而简化方程的求解过程。

常用的 Z 域模型表达方式主要有以下两种。

（1）脉冲传递函数

脉冲传递函数也称为 Z 传递函数。线性离散系统的 Z 传递函数定义为：在零初始条件下，系统的输出量的 Z 变换与输入量的 Z 变换之比。

利用 Z 变换的迟后移位定理可以实现差分方程与 Z 传递函数之间的转换，如式（2-15）所示的差分方程转换为 Z 传递函数表达式为

$$G(z) = \frac{Y(z)}{U(z)} = \frac{b_0 + b_1 z^{-1} + \cdots + b_m z^{-m}}{1 + a_1 z^{-1} + \cdots + a_n z^{-n}} \tag{2-23}$$

（2）方框图

离散系统的方框图表示了系统中各变量之间的因果关系，对各变量所进行的运算和对各变量进行的采样，是一种对复杂离散系统的简单描述。例如典型数字负反馈控制系统的结构如图 2-4 所示。

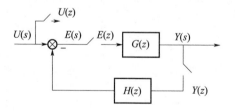

图 2-4　离散系统方框图表达方式

其中，开关表示对信号的采样。

根据方框图可以直接推导输入与输出之间的 Z 传递函数，例如图 2-4 表示的负反馈系统，输入 $U(z)$ 与输出 $Y(z)$ 之间的 Z 传递函数表示为

$$Y(z) = G(z)\left[U(z) - H(z)Y(z)\right]$$

$$\frac{Y(z)}{U(z)} = \frac{G(z)}{1 + G(z)H(z)} \qquad (2-24)$$

输入 $U(z)$ 与偏差信号 $E(z)$ 之间的传递函数表示为

$$\frac{E(z)}{U(z)} = \frac{1}{1 + G(z)H(z)} \qquad (2-25)$$

需要注意的是，只有对偏差信号进行采样的系统才能写出闭环 Z 传递函数。如果偏差信号不是以数字信号的形式输入到前向通道的第一环节，则一般写不出闭环 Z 传递函数。

2.1.1.2.3 频域模型

设正弦信号 $r(t) = \sin \omega t$，采样后为 $r^*(t)$，系统对 $r^*(t)$ 的稳态响应定义为频率响应，当频率在某一频域变化时，其稳态响应即为系统的频率特性。

在已知系统 Z 传递函数 $H(z)$ 情况下，将 $z = e^{j\omega T}$ 代入其中，即可求得频率特性。离散系统的频率特性也可用波特图表示。某线性离散系统的 Z 传递函数如式（2-26）所示，其波特图如图 2-5 所示。

$$G(z) = \frac{0.617\,3 - 0.828\,3z^{-1} + 0.590\,9z^{-2}}{1 - 0.828\,3z^{-1} + 0.208\,3z^{-2}}, T = 0.002\,5 \text{ s}$$

$$(2-26)$$

其中，由采样定理可知，离散系统的波特图只有频率范围在 $[0 \quad \pi/T]$ 内的部分。

2.1.1.3 连续系统的离散化

同一个系统可以用不同模型描述，有时候出于某种需要，要进行模型等价转换，如数字控制中需要将连续域下设计的控制器转换为离散域下的控制器，以便在计算机上实现。

连续系统的离散化需要遵循一定准则，不同准则下得到的离散模型是不同的。本节主要介绍脉冲不变法、保持器等效法和双线性变换法这三种方法。

2.1.1.3.1 脉冲不变法

脉冲不变法的准则是保证离散化后，离散系统的脉冲响应与连续系统的脉冲响应在采样时刻的值相等。

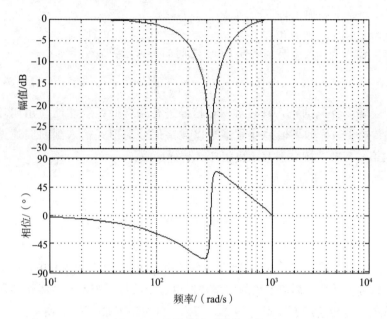

图 2-5　某结构滤波器的波特图

　　设连续系统的传递函数为 $G(s)$，离散化后系统的 Z 传递函数为 $G(z)$。按上述原则，由 $G(s)$ 求 $G(z)$ 的步骤为

$$G(s) \overset{L^{-1}}{\Rightarrow} g(t) \overset{t=kT}{\Rightarrow} g(kT) \overset{Z}{\Rightarrow} G(z) \qquad (2-27)$$

其中，L^{-1} 表示拉普拉斯反变换；T 为采样周期；Z 表示 Z 变换。

　　以一阶惯性环节 $G(s) = \dfrac{a}{s+a}$ 为例，利用脉冲不变法进行离散化，得

$$G(z) = Z\Big[L^{-1}\Big(\frac{a}{s+a}\Big)\Big] = Z[a\mathrm{e}^{-at}] = \frac{a}{1-\mathrm{e}^{-aT}z^{-1}} \quad (2-28)$$

其中，T 为系统采样周期。

2.1.1.3.2　保持器等效法

　　保持器等效法的准则是保证离散化后，离散系统的阶跃响应与连续系统的阶跃响应在采样时刻的值相等。

根据数字控制理论，具有零阶保持器的对象在单位阶跃序列 1^* (t) 作用下的输出，等于连续对象在 $1(t)$ 作用下的输出。因此，将系统与零阶保持器串联，求两者串联的 Z 传递函数 $G(z)$，便是利用保持器等效法离散化后系统的 Z 传递函数。

按上述原则，由 $G(s)$ 求 $G(z)$ 的步骤为

$$G(z) = Z\left[\frac{1 - e^{-sT}}{s}G(s)\right] = (1 - z^{-1})Z\left[\frac{G(s)}{s}\right] \quad (2-29)$$

以一阶惯性环节 $G(s) = \dfrac{a}{s+a}$ 为例，利用保持器等效法进行离散化，得

$$G(z) = (1 - z^{-1})Z\left[\frac{a}{s(s+a)}\right] = \frac{(1 - e^{-aT})z^{-1}}{1 - e^{-aT}z^{-1}} \quad (2-30)$$

2.1.1.3.3　双线性变换法

由 Z 变换的定义得

$$z = e^{sT} = \frac{e^{sT/2}}{e^{-sT/2}} \approx \frac{1 + \dfrac{T}{2}s}{1 - \dfrac{T}{2}s} \quad (2-31)$$

则

$$s = \frac{2}{T}\frac{1 + z^{-1}}{1 - z^{-1}} \quad (2-32)$$

利用上述 s 与 z 的转换关系，将 $G(s)$ 转换成 $G(z)$ 的方法称为双线性变换法，又称梯形积分法。

以一阶惯性环节 $G(s) = \dfrac{a}{s+a}$ 为例，利用双线性变换法进行离散化，得

$$G(z) = \frac{a}{s+a}\bigg|_{s = \frac{2}{T}\frac{1-z^{-1}}{1+z^{-1}}} = \frac{aT + az^{-1}}{(2+aT) + (-2+aT)z^{-1}}$$

$$(2-33)$$

通过对比式（2-28）、式（2-29）和式（2-30）可以看出，同一个系统利用不同的离散化方法得到的结果不同，且三者的频率特

性与原系统均不同。以 $a = 20$ 的一阶惯性环节为例，原系统与离散化后系统的频率特性如图 2-6 所示。

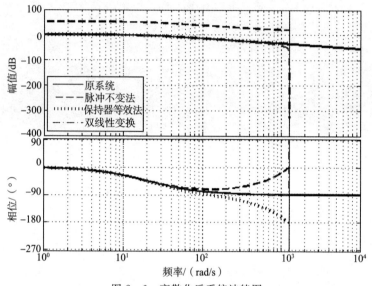

图 2-6　离散化后系统波特图

从图 2-6 可以看出，与其他两种离散化方法相比，双线性变换法在 $\begin{bmatrix} 0 & \pi/T \end{bmatrix}$ 的频率范围内引起的频率失真最小，因此在飞行控制系统中常用双线性变化法对控制器进行离散化。

2.1.2　控制系统的分析方法

2.1.2.1　时域分析

（1）稳定性分析

稳定是控制系统能够正常工作的前提条件，因此稳定性分析是研究一个控制系统的首要工作。根据李雅普诺夫稳定性定义，所谓系统稳定性是指：当系统受到外界扰动而偏离平衡状态时，如果只能依靠系统内部的结构因素而使其返回平衡状态，或者将它限制在一个有限邻域内，则认为该系统是稳定的；反之，就是不稳定的。

对于线性定常系统，闭环传递函数为

$$G(s) = \frac{Y(s)}{U(s)} = \frac{b_m s^m + b_{m-1} s^{m-1} + \cdots + b_0}{s^n + a_{n-1} s^{n-1} + \cdots + a_0}$$

$$D(s) = s^n + a_{n-1} s^{n-1} + \cdots + a_0 = 0 \qquad (2-34)$$

式（2-34）称为闭环系统的特征方程。

线性定常系统稳定的充分必要条件是：闭环系统特征方程的根全部具有负实部。或者说，闭环传递函数的极点全部在 S 平面的左半平面。

MATLAB 提供的函数 eig 能够直接求系统的特征根，从而判断闭环系统系统的稳定性。以式（2-35）所示的系统为例，利用 MATLAB 判断系统稳定性的实现方法如下

$$G(s) = \frac{Y(s)}{U(s)} = \frac{s+1}{s^4 + 3s^3 + 3s^2 + 2s + 3} \qquad (2-35)$$

利用 m 语言脚本文件

```
s=tf（[1 1]，[1 3 3 2 3]）;        %建立系统模型
p=eig（s）;                        %求系统特征根
ii=find（real（p）>0）;            %查询实部大于 0 的特征根
n=length（ii）;                    %求实部大于 0 的特征根的个数
```

求得系统有 2 个实部大于 0 的特征根，系统不稳定。

（2）动态特性分析

系统在输入信号作用下，输出由初始状态达到最终稳态的响应过程称为动态过程。动态过程的品质称为系统的动态特性。通常以单位阶跃信号作为输入信号，分析系统的动态特性。如果系统在单位阶跃作用下动态特性满足要求，那么系统在其他形式的输入信号作用下，其动态特性也会满足要求。

图 2-7 是一个具有代表性的单位阶跃响应曲线，通常用下列动态性能指标：

1）上升时间 t_r：单位阶跃响应 $y(t)$ 第一次达到其稳态值 $y(\infty)$ 的 90% 所需的时间。t_r 可以反映出系统的快速性。

2）峰值时间 t_p：单位阶跃响应达到第一个峰值所需的时间。

3）超调量 σ_p：动态过程的超调量定义为

$$\sigma_p = \frac{y(t_p) - y(\infty)}{y(\infty)} \times 100\% \qquad (2-36)$$

σ_p 是表示控制系统动态过程平稳性的重要指标。

4）调整时间 t_s：单位阶跃指令达到并保持在稳态值 $\pm 10\%$（或者 $\pm 5\%$）的范围内所需的最短时间，即

$$|y(t) - y(\infty)| \leqslant \Delta y(\infty), t \geqslant t_s$$

其中，Δ 是允许误差，取 $\pm 10\%$ 或 $\pm 5\%$。$t \geqslant t_s$ 以后，即可以认为动态过程结束。所以，t_s 是反映控制系统快速性的重要指标。

5）半振荡次数 N：在动态过程持续时间内（$t \leqslant t_s$），单位阶跃响应 $y(t)$ 穿越其稳态值 $y(\infty)$ 的次数定义为半震荡次数 N。N 的值反映系统的平稳性。

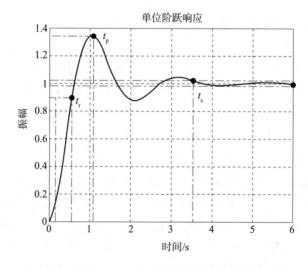

图 2-7　单位阶跃响应曲线

上述五项动态性能指标，基本上可以反映出控制系统的动态特性，其中最常用的是 t_r 和 σ_p，因为这两项指标可以很好地表示出控制系统动态过程的平稳性和快速性。

2.1.2.2　频域分析

描述系统频率特性常用闭环波特图和开环波特图这两种形式。

闭环波特图主要用于分析系统的输入输出特性；开环波特图主要用于分析系统的稳定性、稳定裕度等特性。

（1）闭环波特图

在飞行控制系统的仿真与测试中，我们经常接触到闭环系统的波特图，比如舵系统的扫频曲线，从闭环系统的幅频曲线可以判断系统的带宽。闭环系统的幅频特性下降到频率为 0 时的分贝值以下 3 dB 时所对应的频率叫带宽频率，也叫截止频率，在图 2 - 3 中表示为 ω_b。频率范围 $(0, \omega_b)$ 定义为系统的带宽，含义是系统对高于带宽的正弦输入信号分量具有过滤功能。带宽表征系统对一定频率范围信号的响应能力。

谐振频率 ω_r 规定为幅频特性最大值对应的频率，该频率上的幅值 $A(\omega_r)$ 与 $A(0)$ 之比定义为相对谐振峰值 M_r。

（2）开环波特图

对于如图 2 - 1 所示的线性系统，其开环传递函数为 $G(s)H(s)$，系统的开环波特图常用于判断闭环系统的稳定性。稳定裕度是衡量系统稳定程度的频域指标，也是飞行控制系统仿真与测试中的一个重要指标。

对于开环系统 $G(s)H(s)$，系统的剪切频率 ω_c 定义为开环传递函数的幅值等于 1 时对应的频率，即幅频特性过 0 dB 处的频率。在剪切频率处，开环相频特性 $\angle G(j\omega_c)H(j\omega_c)$ 与 $-180°$ 之间相差的角度 γ 称为相角裕度，其计算公式见式（2 - 38）。相角裕度的物理意义是：对于闭环稳定系统，如果系统开环相频特性再滞后 γ 度，则系统将处于临界稳定状态

$$A(\omega_c) = |G(j\omega_c)H(j\omega_c)| = 1 \qquad (2-37)$$

$$\gamma = 180° + \angle G(j\omega_c)H(j\omega_c) \qquad (2-38)$$

系统的穿越频率 ω_x 定义为开环传递函数的相位等于 $(2k+1)\pi$ 时的频率，即相频特性过 $(2k+1)\pi$ 时的频率。在穿越频率处，定义系统的幅值裕度 h，其计算公式如式（2 - 40）所示。幅值裕度的物理意义是：对于闭环稳定系统，如果系统开环幅频特性再增大 h 倍，

则系统将处于临界稳定状态

$$\varphi(\omega_x) = \angle G(\mathrm{j}\omega_x) H(\mathrm{j}\omega_x) = (2k+1)\pi, k = 0, \pm 1, \cdots$$

$$(2-39)$$

$$h = \frac{1}{\left| G(\mathrm{j}\omega_x) H(\mathrm{j}\omega_x) \right|} \qquad (2-40)$$

线性系统分为最小相位系统和非最小相位系统，区别在于最小相位系统的所有开环零极点都在左半平面，而非最小相位系统还存在位于右半平面的开环零极点。对于最小相位系统，幅值裕度和相位裕度都为正值时闭环系统稳定。

对于非最小相位系统，可以按照以下方法判断闭环系统稳定性：开环系统存在 ν 个积分环节时，系统的对数相频曲线需从 $\omega = 0$ 处向上补做 $\nu \times 90^\circ$ 的虚直线。记对数相频曲线由下向上穿越相位为 $(2k+1)\pi$ 的直线为一次正穿越，由下向上起于或止于 $(2k+1)\pi$ 直线为半次正穿越，正穿越次数记为 N_+；反之，记对数相频曲线由上向下穿越相位为 $(2k+1)\pi$ 直线为一次负穿越，由上向下起于或止于 $(2k+1)\pi$ 的直线为半次负穿越，负穿越次数记为 N_-。设开环系统具有正实部的极点个数为 P，则闭环系统稳定的充分必要条件为：在对数幅频曲线幅值大于 0 的频率范围内，相频曲线穿越 $(2k+1)\pi$ 直线的次数满足下面等式

$$P - 2N_+ + 2N_- = 0 \qquad (2-41)$$

某系统的开环传递函数见式（2-42），其波特图如图 2-8 所示，开环系统有 1 个极点具有正实部，系统是典型的非最小相位系统

$$G(s) = \frac{27.27(s^2 + 12.8s + 60.4)}{s(s^2 + 1.96s - 23.63)} \qquad (2-42)$$

根据前述的系统稳定性判别方法，开环系统含 1 个积分环节，因此相频曲线向上补做 90° 的虚直线。在 $\omega < \omega_c$ 期间，从 -180° 线起始，为半次负穿越；在 $\omega = 6.64\ \mathrm{rad/s}$ 处，一次正穿越 -180° 线，式（2-41）表示为 $1 - 2 \times 1 + 2 \times 0.5 = 0$，所以闭环系统是稳定的。

根据式（2-37）～式（2-40）的定义，系统剪切频率为 27.2 rad/s，对应相角裕度为 66.9°；穿越频率为 6.64 rad/s，对应幅值裕

度为 -14.3 dB，如图 $2-8$ 所示。

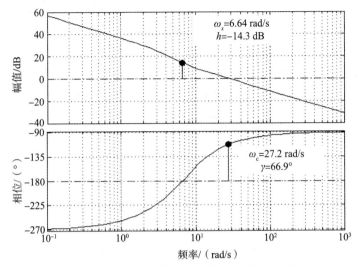

图 $2-8$　导弹俯仰控制回路的开环系统波特图

2.1.3　飞行控制系统基本概念

（1）坐标系定义

刚体在空间中的运动分为质心运动和绕质心的运动。表征刚体在空间中的运动包括三个质心运动和三个角运动共六个自由度。为了方便地分析弹体的受力情况，描述导弹的质心运动和姿态运动，定义以下坐标系。

①弹体坐标系（$ox_1y_1z_1$）

坐标系原点 o 位于导弹质心，ox_1 沿导弹纵轴方向，指向头部为正；oy_1 轴在导弹纵向对称面内，垂直于 ox_1 轴，向上为正；oz_1 轴垂直于纵向对称面 ox_1y_1，指向右翼，组成右手直角坐标系。此坐标系与导弹固连，随导弹一起运动。

②惯性坐标系（$ox_ey_ez_e$）

惯性坐标系，也叫地面坐标系，坐标原点 o 取在发射点。ox_e 轴在发射点水平面内，一般取指向目标的方向为正；oy_e 轴沿发射点的铅垂线方向；oz_e 轴垂直于 $ox_e y_e$ 平面，组成右手直角坐标系。此坐标系与地球固连，用于研究导弹质心相对地面的运动，确定导弹质心在空间的位置坐标，描述飞行弹道。

③速度坐标系（$ox_v y_v z_v$）

速度坐标系坐标原点 o 在导弹质心。ox_v 轴与导弹的速度方向一致；oy_v 轴位于导弹包含速度矢量的纵向平面内，垂直于速度矢量，向上为正；oz_v 轴垂直于 $ox_v y_v$ 平面，组成右手直角坐标系。速度坐标系与速度矢量固连，为动坐标系，导弹受到的空气动力就是在此坐标系中给出。

④弹道坐标系（$ox_2 y_2 z_2$）

弹道坐标系也是与速度矢量固连的动坐标系，它与速度坐标系的区别在于：oy_2 轴位于包含速度矢量的铅垂面内，而 oy_v 轴位于导弹的纵对称面内。弹道坐标系用于建立导弹质心运动的动力学标量方程。

⑤执行坐标系（$ox_{1a} y_{1a} z_{1a}$）

舵面安装在执行坐标系上，其与弹体坐标系的关系跟舵面为"十"布局或"×"布局有关。对于"十"布局，执行坐标系与弹体坐标系重合；对于"×"布局，执行坐标系与弹体坐标系相差 45°，如图 2-9 所示。

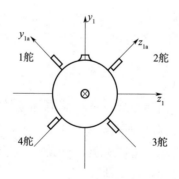

图 2-9 "×"布局弹体系与执行系的关系

（2）坐标转换关系

矢量在各个坐标系上的投影，可以通过坐标系间的几何关系方便地转换。图 2-10 表示 4 个坐标系和对应的 9 个角度之间的关系。

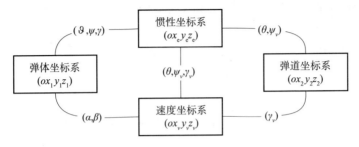

图 2-10　坐标系及其对应角度关系

$(\vartheta, \psi, \gamma)$ 为 3 个欧拉角，分别称为俯仰角、偏航角和滚动角，表示弹体坐标系和惯性坐标系之间的关系。惯性坐标系与弹体坐标系的转换关系表示为

$$
\begin{bmatrix} x_1 \\ y_1 \\ z_1 \end{bmatrix} = \boldsymbol{L}(\gamma, \vartheta, \boldsymbol{\Psi}) \begin{bmatrix} x_e \\ y_e \\ z_e \end{bmatrix} \tag{2-43}
$$

其中 $\boldsymbol{L}(\gamma, \vartheta, \boldsymbol{\Psi}) =$

$$
\begin{bmatrix}
\cos\vartheta\cos\boldsymbol{\Psi} & \sin\vartheta & -\cos\vartheta\sin\boldsymbol{\Psi} \\
-\sin\vartheta\cos\boldsymbol{\Psi}\cos\gamma + \sin\boldsymbol{\Psi}\sin\gamma & \cos\vartheta\cos\gamma & \sin\vartheta\sin\boldsymbol{\Psi}\cos\gamma + \cos\boldsymbol{\Psi}\sin\gamma \\
\sin\vartheta\cos\boldsymbol{\Psi}\sin\gamma + \sin\boldsymbol{\Psi}\cos\gamma & -\cos\vartheta\sin\gamma & -\sin\vartheta\sin\boldsymbol{\Psi}\sin\gamma + \cos\boldsymbol{\Psi}\cos\gamma
\end{bmatrix}
$$

$(\theta, \boldsymbol{\Psi}_v)$ 为弹道倾角和弹道偏角，分别反映速度矢量与水平面间的夹角，以及速度矢量在水平面的投影与 ox_e 轴间的夹角。惯性坐标系与弹道坐标系的转换关系表示为

$$
\begin{bmatrix} x_2 \\ y_2 \\ z_2 \end{bmatrix} = \boldsymbol{L}(\theta, \boldsymbol{\Psi}_v) \begin{bmatrix} x_e \\ y_e \\ z_e \end{bmatrix} \tag{2-44}
$$

其中　　　$L(\theta, \psi_v) = \begin{bmatrix} \cos\theta\cos\psi_v & \sin\theta & -\cos\theta\sin\psi_v \\ -\sin\theta\cos\psi_v & \cos\theta & \sin\theta\sin\psi_v \\ \sin\psi_v & 0 & \cos\psi_v \end{bmatrix}$

(α, β) 称为攻角和侧滑角，用来确定速度坐标系和弹体坐标系之间的关系。速度坐标系与弹体坐标系的转换关系表示为

$$\begin{bmatrix} x_1 \\ y_1 \\ z_1 \end{bmatrix} = L(\alpha, \beta) \begin{bmatrix} x_v \\ y_v \\ z_v \end{bmatrix} \qquad (2-45)$$

其中　　　$L(\alpha, \beta) = \begin{bmatrix} \cos\alpha\cos\beta & \sin\alpha & -\cos\alpha\sin\beta \\ -\sin\alpha\cos\beta & \cos\alpha & \sin\alpha\sin\beta \\ \sin\beta & 0 & \cos\beta \end{bmatrix}$

(γ_v) 为速度倾斜角，由于弹道坐标系的 ox_2 轴和速度坐标系的 ox_v 轴均与速度矢量重合，所以这两个坐标系之间的关系通过绕 ox_2 轴旋转 γ_v 得到。弹道坐标系与速度坐标系的转换关系表示为

$$\begin{bmatrix} x_v \\ y_v \\ z_v \end{bmatrix} = L(\gamma_v) \begin{bmatrix} x_2 \\ y_2 \\ z_2 \end{bmatrix} \qquad (2-46)$$

其中　　　$L(\gamma_v) = \begin{bmatrix} 1 & 0 & 0 \\ 0 & \cos\gamma_v & \sin\gamma_v \\ 0 & -\sin\gamma_v & \cos\gamma_v \end{bmatrix}$

"×" 布局导弹弹体坐标系与执行坐标系相差 45°，由弹体坐标系到执行坐标系的转换关系为

$$\begin{bmatrix} x_{1a} \\ y_{1a} \\ z_{1a} \end{bmatrix} = L(45) \begin{bmatrix} x_1 \\ y_1 \\ z_1 \end{bmatrix} \qquad (2-47)$$

其中　　　$L(45) = \begin{bmatrix} 1 & 0 & 0 \\ 0 & 0.707 & -0.707 \\ 0 & 0.707 & 0.707 \end{bmatrix}$

（3）飞行控制系统控制通道

依据姿态运动控制方向，飞行控制系统的控制可分为俯仰、偏航和滚动通道（通常也表示为 I、II、III 通道），通常定义在执行坐标系中。俯仰运动描述在 $ox_{1a}y_{1a}$ 平面内的位移和绕 oz_{1a} 轴的转动；偏航运动描述在 $ox_{1a}z_{1a}$ 平面内的位移和绕 oy_{1a} 轴的转动；滚动运动描述绕 ox_{1a} 轴的转动。

由于俯仰运动和偏航运动定义在执行坐标系下，作为反馈状态的弹体角速度和加速度也同样定义在执行坐标系下。不同型号导弹上惯性测量组合的安装位置有异，如果敏感元件的敏感轴方向沿执行坐标系的轴向，则可以直接作为通道的反馈状态变量使用；如果敏感元件的敏感轴沿弹体坐标系的轴向，则需要经过从弹体坐标系到执行坐标系下的投影。

同样，通道舵偏定义在执行坐标系下，如图 2-11 所示，舵面分配关系是 1♯、3♯ 舵产生偏航舵偏，控制偏航通道运动；2♯、4♯ 舵产生俯仰舵偏，控制俯仰通道运动；1♯～4♯ 舵差动产生滚动副翼，控制滚动通道运动。

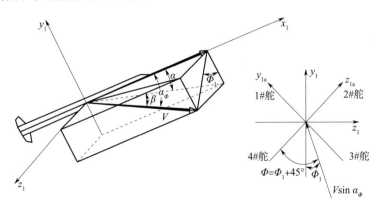

图 2-11　攻角、侧滑角、合成攻角、气流滚转角对应关系

（4）合成攻角和气流滚转角

攻角 α 和侧滑角 β 反映了弹体坐标系和速度坐标系间的关系，共

同确定来流方向相对弹身的位置关系。合成攻角 α_Φ 和气流滚转角 Φ 同样用来描述来流方向相对弹身的位置关系，可以由攻角、侧滑角换算得到。在分析弹体气动特性时，这种描述方法物理意义更加明确。

由攻角、侧滑角换算合成攻角、气流滚转角如式（2-48）

$$\begin{cases} \cos \alpha_\Phi = \cos \alpha \cos \beta \\ \tan \Phi_1 = \tan \beta / \sin \alpha \end{cases} \qquad (2-48)$$

由合成攻角、气流滚转角换算攻角、侧滑角如式（2-49）

$$\begin{cases} \tan \alpha = \tan \alpha_\Phi \cos \Phi_1 \\ \sin \beta = \sin \alpha_\Phi \sin \Phi_1 \end{cases} \qquad (2-49)$$

（5）理论弹道

如果不考虑干扰的影响，而且认为导弹的姿态变化是瞬时完成的，这样得到的导弹质心运动方程的解称为理论弹道。弹道参数包括飞行速度、动压、合成攻角、气流滚转角、导弹在惯性坐标系下的位移，以及导弹自身参数的变化（发动机推力、质量、质心、转动惯量等）。

（6）小扰动线性化模型

在实际飞行中，导弹由于受到各种干扰而偏离理论弹道，称此时的飞行弹道为扰动弹道。在干扰比较小的时候，扰动弹道在理论弹道附近变化，可将其弹道参数视作在理论弹道参数上附加的小扰动运动，例如：$v = v_0 + \Delta v, \alpha = \alpha_0 + \Delta \alpha$ 等，认为小扰动运动不会改变导弹按照理论弹道飞行的气动特性。由于理论弹道上的运动参数是已知的，只要求出偏差量就可以确定扰动弹道上的运动参数，所以研究导弹的动态特性主要是研究偏差量的变化规律，这样容易满足线性化的假设条件，可以把非线性的弹体运动简化成线性的小扰动方程组。

认为防空导弹在动态响应过程内，弹体气动特性还没有发生明显改变，可以用相同的气动数据进行描述，这就是所谓的系数冻结法，这样可将变系数线性方程组进一步简化为常系数线性方程组，也就是简化为我们通常说的小扰动线性化模型，作为飞行控制系统设计的基础。

（7）动力系数

动力系数表征导弹的动力学特性，依据气动外形开展理论计算或通过风洞实验获得，与外形特征、飞行高度、来流方向和来流速度、发动机推力、导弹的质量和转动惯量等状态密切相关。

动力系数作为飞行控制系统的设计输入，包括阻尼系数、静稳定系数、操纵系数、升力系数和弹性振动系数等，是小扰动线性化模型中的定常系数。除了理论弹道动力系数，通常还提供扩展弹道动力系数。扩展弹道指速度、动压、发动机推力、质量、转动惯量等与理论弹道一致，合成攻角和气流滚转角取不同的值（比如 $\alpha_\Phi = 6°,10°,20°,30°$；$\Phi = 0°,45°$）。通过分析扩展弹道动力系数可以比较全面地掌握导弹的气动特性。

（8）特征点

在理论弹道和扩展弹道上，每隔一定时间计算一组动力系数，最终分别形成以飞行时间和动力系数为变量的二维数组，作为飞行控制系统设计和定点仿真的输入。

而在研究导弹动态特性时，并不是对导弹所有可能弹道逐条逐点进行分析，而是选取典型弹道上的特征点进行分析。所谓特征点是指飞行控制系统进行设计和分析的一些具有典型意义的状态点，主要包括导弹固有属性发生变化的点，例如级间分离点、燃气舵抛离点等，以及飞行包络点，例如速度最大点、高度最大点、动压最大点等。通常我们会选择若干个典型飞行状态下的特征点进行仿真，以对驾驶仪的控制品质进行评判。

（9）定点仿真与全弹道仿真

定点仿真主要依据线性化小扰动模型，为定常时不变控制系统仿真模式，通常每个控制通道独立进行。仿真过程中弹道参数和动力系数不变，计算得到的控制参数也是固定的。由于定点仿真可以定量分析在特定状态下导弹的运动特性，所以常用定点仿真考核稳定控制系统指标。

全弹道仿真为非线性时变控制系统仿真模式，仿真过程中弹道参数、动力系数、控制参数都随仿真时间实时更新，相比定点仿真更真实地反映飞行状态变化的影响。根据考核侧重点不同，全弹道仿真还可以细分为单通道全弹道仿真和三通道全弹道仿真。

2.1.4　飞行力学基础知识

若把导弹看成一个刚体，它的空间运动可以看做质心移动和绕质心转动的合成运动。质心的移动取决于作用在导弹上的力，绕质心的转动取决于作用在导弹上相对质心的力矩。飞行中，作用在导弹上的力包括发动机推力、重力和空气动力等；作用在导弹上的力矩包括空气动力引起的空气动力矩，由发动机推力（若推力作用线与导弹纵轴不重合）引起的推力矩等。下面分别对作用在导弹上的力和力矩进行介绍。

2.1.4.1　导弹受力分析
2.1.4.1.1　作用在导弹上的力

（1）发动机推力

发动机推力，由发动机内的燃气流以高速喷出而产生的反作用力及导弹外部的大气静压力组成。目前防空导弹多采用固体燃料发动机，为增加射程，发动机设计为单室双推力或双脉冲的工作方式。

（2）重力

作用于导弹上的重力是地心引力和离心惯性力的矢量和，计算表明，离心惯性力比地心引力小得多，因此通常把地心引力视为重力，其大小为 $m \cdot g$（其中，m 为导弹的瞬时质量，g 为重力加速度），指向地心。由于防空导弹飞行高度多在 30 km 以下，可以忽略地球自转等因素的影响，工程计算时，重力加速度 g 可取为地球表面重力加速度，即 $g = 9.8$ m/s^2。

（3）空气动力

空气动力沿速度坐标系（$ox_v y_v z_v$）分解为阻力 X、升力 Y 和侧向力 Z，阻力沿 ox_v 轴负向为正，升力和侧向力指向 oy_v 轴、oz_v 轴正向为正。空气动力与来流的动压 q 和导弹的特征面积 S 成正比，可以用阻力系数 c_x、升力系数 c_y、侧向力系数 c_z 分别表征，如式（2-50）所示。其中，来流的动压 $q = \dfrac{\rho V^2}{2}$，V 为导弹飞行速度，ρ 为大气密度，与飞行高度有关。对于有翼式导弹，常以弹翼面积作为特征面积；对于无翼式导弹或者小边条翼导弹，常以弹身最大横截面积作为特征面积

$$\begin{cases} X = c_x q S \\ Y = c_y q S \\ Z = c_z q S \end{cases} \qquad (2-50)$$

①阻力

阻力通常包括零升阻力和诱导阻力两部分，因而阻力系数可表示成（2-51）的形式

$$c_x = c_{x0} + c_{xi} \qquad (2-51)$$

零升阻力系数 c_{x0} 为攻角和侧滑角为零时的阻力系数，它取决于导弹飞行的高度和马赫数（气流速度与声速之比）；诱导阻力系数 c_{xi} 除飞行速度外，还与导弹的攻角和侧滑角有关。阻力系数随攻角（侧滑角）的增加而升高；在一定的马赫数范围内，阻力系数随马赫数增加而升高，跨声速区域。由于激波失速使阻力系数猛增，在马赫数为 1 左右时，阻力系数达到最大，随后平缓下降。

②升力

升力由弹翼、弹身、尾翼（或舵面）等部件各自产生的升力及相互间的干扰引起的附加升力组成。在导弹飞行的攻角不大时，弹翼和弹身产生的升力与攻角成线性关系；舵面产生的升力是由于舵面偏转，在舵面压力中心叠加了附加攻角引起的，与舵偏角成线性关系。

升力系数的计算公式如式（2-52）所示。其中，静导数 c_y^α 表征单位攻角引起的升力系数变化；静导数 $c_y^{\delta z}$ 表征单位舵偏角引起的升力系数变化

$$c_y = c_y^a \alpha + c_y^{\delta z} \delta_z \qquad\qquad (2-52)$$

升力系数除与攻角有关外，还与弹翼、弹身的形状有关，而且随导弹的马赫数而变化。在一定的攻角范围内，升力系数呈线性增长，在达到临界攻角以后，由于气流分离，升力系数急剧下降；在一定的马赫数内，升力系数随马赫数的增加而升高，在达到临界马赫数后，随马赫数的增加而降低。

③侧向力

侧向力是由于气流不对称地流过导弹纵向对称面的两侧而引起的，这种飞行情况称为侧滑。对于轴对称导弹，若把弹体绕纵轴转过 $90°$，这时的 β 就相当于原来 α 的情况。所以，轴对称导弹的侧向力系数 c_z 的计算类同于升力系数

$$c_z = c_z^\beta \beta + c_z^{\delta y} \delta_y \qquad\qquad (2-53)$$

与升力系数类似，侧向力系数与侧滑角、弹翼弹身的形状及飞行马赫数有关。

2.1.4.1.2　作用在导弹上的力矩

由于发动机推力和重力都通过导弹质心，所以仅空气动力使导弹产生绕质心的旋转运动。空气动力矩通常定义在弹体坐标系下，沿轴 oz_1，oy_1 轴和 ox_1 轴分别为俯仰力矩、偏航力矩和滚动力矩。与研究空气动力一样，可以用滚动力矩系数 m_x，偏航力矩系数 m_y 和俯仰力矩系数 m_z 表征空气动力矩

$$\begin{cases} M_x = m_x qSL \\ M_y = m_y qSL \\ M_z = m_z qSL \end{cases} \qquad\qquad (2-54)$$

式中　　L ——特征长度，以弹身长度表示。

导弹操纵时，舵面偏转某一角度，在舵面上产生空气动力，它除了产生相对于导弹质心的力矩外，还产生相对于舵轴的力矩，称为铰链力矩，可以用铰链力矩系数表征铰链力矩

$$M_h = m_h q_t S_t b_t \qquad\qquad (2-55)$$

式中　　m_h ——铰链力矩系数；

q_t ——流经舵面的动压；

S_t ——舵面面积；

b_t ——舵面弦长。

力的三要素为大小、方向和作用点，在确定相对于质心的空气动力矩时，必须先求出空气动力的作用点。

总的气动力的作用线与导弹纵轴的交点称为全弹的压力中心。在攻角不大的情况下，常近似地把总升力在纵轴上的作用点作为全弹的压力中心；由攻角引起的那部分升力在纵轴上的作用点，称为导弹的焦点；舵偏转引起的那部分升力作用在舵面的压力中心。从导弹头部顶点至全弹压力中心、焦点、质心与舵面压力中心位置的距离，分别记为 x_P, x_F, x_G, x_R。

（1）俯仰力矩

在导弹的气动布局和外形几何参数给定的情况下，俯仰力矩的大小不仅与马赫数、飞行高度有关，还与攻角 α、俯仰舵偏角 δ_z、俯仰角速度 ω_z、攻角的变化率 $\dot{\alpha}$ 以及俯仰舵偏角的变化率 $\dot{\delta}_z$ 等有关。严格地说，俯仰力矩还取决于某些其他参数，例如侧滑角 β、副翼 δ_x、滚转角速度 ω_x 等。通常这些数值的影响不大，一般予以忽略。

当 $\alpha, \delta_z, \omega_z, \dot{\alpha}$ 较小时，俯仰力矩与这些量的关系是近似线性的，对于轴对称导弹，其一般表达式为

$$M_z = M_z^\alpha \alpha + M_z^{\omega_z} \omega_z + M_z^{\delta_z} \delta_z + M_z^{\dot{\alpha}} \dot{\alpha} \qquad (2-56)$$

为了研究方便，用无量纲力矩系数代替式（2-56），如式（2-57）所示。其中，$\bar{\omega}_z = \omega_z L / V$ 为量纲为 1 的角速度，$\bar{\dot{\alpha}} = \dot{\alpha} L / V$ 为量纲为 1 的攻角变化率

$$m_z = m_z^\alpha \alpha + m_z^{\bar{\omega}_z} \bar{\omega}_z + m_z^{\delta_z} \delta_z + m_z^{\bar{\dot{\alpha}}} \bar{\dot{\alpha}} \qquad (2-57)$$

式（2-57）中，m_z^α 称为俯仰稳定力矩系数，表示单位攻角引起的俯仰力矩系数的大小和方向，表征导弹的纵向静稳定品质。导弹的静稳定性概念如下：导弹受外界干扰作用偏离平衡状态后，外界

干扰消失的瞬间，若导弹不经操纵能产生空气动力矩，使导弹有恢复到原平衡状态的趋势，则称导弹是静稳定的；若产生的空气动力矩，将使导弹更加偏离原来的平衡状态，则称导弹是静不稳定的；若是既无恢复的趋势，也不再继续偏离原平衡状态，则称导弹是静中立稳定的。

若 $m_z^\alpha < 0$，当导弹出现正攻角时，将产生负的稳定力矩，引起导弹的"低头"运动，于是攻角减小，导弹具有恢复到平衡位置的趋势，即导弹是静稳定的；若 $m_z^\alpha > 0$，当导弹偏离平衡位置时，升力产生的力矩将使导弹的攻角发散，即导弹是静不稳定的；若 $m_z^\alpha = 0$，则导弹是静中立稳定的。

m_z^α 的大小与攻角、弹翼弹身形状及飞行马赫数有关。m_z^α 的极性取决于焦点与质心的相对位置，焦点位于质心之后，导弹是静稳定的。当焦点逐渐向质心靠近时，静稳定性逐渐降低；当焦点移到与质心重合时，导弹是静中立稳定的；焦点移到质心之前时，导弹是静不稳定的。工程上，称焦点、质心位置的差值与弹长的比值 $\dfrac{(x_F - x_G)}{L}$ 为静稳定裕度。

在式（2-57）中，$m_z^{\omega_z}$ 称为俯仰阻尼力矩系数，用以表征俯仰阻尼力矩的大小和方向，表征导弹自身的阻尼特性。俯仰阻尼力矩是由导弹绕 oz_1 轴旋转引起的，其大小和旋转角速度成正比，而与旋转角速度方向相反，促使过度过程振荡的衰减，是改善导弹过渡过程品质的重要因素。可见 $m_z^{\omega_z}$ 总是一个负值，其大小取决于飞行马赫数、导弹的几何形状和质心的位置。

在式（2-57）中，$m_z^{\delta_z}$ 称为俯仰操纵力矩系数，表示单位舵面偏角所产生的操纵力矩，表征导弹的控制能力。对于正常式布局的导弹，舵面在质心后，$m_z^{\delta_z} < 0$；对于鸭式布局的导弹，$m_z^{\delta_z} > 0$。$m_z^{\delta_z}$ 的大小与舵面压力中心、质心位置和飞行马赫数有关。

在式（2-57）中，$m_z^{\dot{\alpha}}$ 称为下洗俯仰力矩系数，表征由于下洗延迟带来的由 $\dot\alpha$ 引起的附加俯仰力矩，是一种阻尼力矩，它力图阻止攻角的变化。下洗延迟现象表述如下：由于攻角的变化，弹翼后的下洗气流方向随之改变，但是被弹翼偏斜了的气流并不能瞬时到达尾翼，而必须经过某一段时间间隔 Δt，其值取决于弹翼和尾翼间的距离及气流速度。尾翼处的实际下洗角将取决于 Δt 间隔前的攻角值，当 $\dot{\alpha} > 0$ 时，这个下洗角将比定态飞行（各运动参数不随时间变化的飞行状态称为定态飞行）时的下洗角要小，这就相当于在尾翼上引起一个向上的附加升力，由此形成的附加俯仰力矩使导弹低头，以阻止攻角的增长；$\dot{\alpha} < 0$ 时，作用恰好相反。

（2）偏航力矩

对于轴对称导弹，偏航力矩由侧向力产生，其产生的物理原因与俯仰力矩是类似的。由于导弹外形相对于 $\alpha x_1 y_1$ 平面是对称的，令 $\bar{\omega}_y = \omega_y L / V$，$\bar{\beta} = \dot{\beta} L / V$，偏航力矩系数的表达式可类似写成如下形式

$$m_y = m_y^\beta \beta + m_y^{\bar{\omega}_y} \bar{\omega}_y + m_y^{\delta_y} \delta_y + m_y^{\bar{\beta}} \bar{\beta} \qquad (2-58)$$

式中，m_y^β 为航向静稳定系数，当 $m_y^\beta < 0$ 时，导弹是航向静稳定的；$m_y^{\bar{\omega}_y}$ 为偏航阻尼力矩系数；$m_y^{\delta_y}$ 为偏航操纵力矩系数；$m_y^{\bar{\beta}}$ 为下洗偏航力矩系数。它们的物理意义与俯仰力矩相似，不再赘述。

（3）滚动力矩

滚动力矩（又称倾斜力矩）是由于迎面气流不对称地绕流过导弹而产生的。当导弹有侧滑角、某些操纵面（例如副翼）有偏转、导弹绕 $o x_1$ 和 $o y_1$ 轴转动时，均会使气流流动不对称。此外，生产的误差，如左右或上下弹翼（或安定面）的安装角和尺寸制造误差所造成的不一致，也会破坏气流流动的对称性，从而产生滚动力矩。因此，滚动力矩的大小取决于导弹的几何形状、飞行速度和高度、侧滑角、偏航舵面及副翼的偏转角、滚转角速度、偏航角速度及制造误差等。

令 $\bar{\omega}_x = \omega_x L / V$，并且略去影响滚动力矩的次要因素，则有如下表达式

$$m_x = m_x^{\delta_x} \delta_x + m_x^{\bar{\omega}_x} \bar{\omega}_x \qquad (2-59)$$

　　副翼或差动舵产生绕 ox_1 轴的力矩，称为滚动操纵力矩，用于操纵导弹绕纵轴 ox_1 转动或保持导弹的滚转稳定。$m_x^{\delta_x}$ 称为副翼的操纵效率，也就是单位偏转角所引起的力矩系数，它总是一个负值，当副翼或差动舵偏转角增大时，其操纵效率略有降低。

　　当导弹绕纵轴转动时，将产生滚动阻尼力矩，产生的物理原因与俯仰力矩相似，主要由弹翼产生，该力矩的方向总是阻止导弹绕纵轴的转动。$m_x^{\bar{\omega}_x}$ 称为滚动阻尼力矩系数，其值总是负的。

　　（4）铰链力矩

　　舵机的需用功率取决于铰链力矩的大小。以升降舵为例，铰链力矩主要是由升降舵上的升力引起的，铰链力矩系数可由 α, δ_z 的线性关系表示

$$m_h = m_h^\alpha \alpha + m_h^{\delta_z} \delta_z \tag{2-60}$$

　　铰链力矩系数主要取决于舵面的类型及形状、飞行马赫数、攻角（侧滑角）、舵偏角，以及舵面升力作用点距舵轴的距离。

2.1.4.2　气动计算和风洞实验

　　确定导弹气动外形和气动参数的过程就是气动设计的过程，需要根据要求进行反复的调整。在工程研究中，导弹的气动外形确定后，常通过气动计算或风洞实验获得导弹飞行中所受的气动力系数和气动力矩系数。下面将介绍基于计算流体力学（computational fluid dynamics，CFD）的气动计算与风洞实验的基础知识。

2.1.4.2.1　气动计算

　　CFD 是数值数学和计算机科学结合的产物，具有强大的生命力。它以电子计算机为工具，采用数值方法求解非线性联立的质量守恒、动量守恒和能量守恒偏微分方程组，最终获得流场中各物理量的离散数值解。本节将要介绍的就是基于 CFD 的气动计算方法。一般来说可以将气动计算分为三个步骤，依次是前处理、数值模拟以及后处理。

　　（1）前处理

　　气动计算的前处理是指网格生成。

　　在进行数值模拟之前首先要根据飞行器的几何外形以及来流条

件将流场划分为一系列的离散点，这些分布在整个流场中的离散点
称为网格，确定网格的过程称为网格生成。作为气动计算的基础，
网格的质量直接决定了数值模拟计算结果的准确性。

　　根据网格的数据结构形式可以将网格分为两大类：结构网格和非
结构网格。结构网格一般根据网格的方向来组织数据，比如把网格点
以下标 i、j、k 来识别，如图 2-12（a）所示；非结构网格不根据网
格方向组织数据，统一用一维数组进行标记，如图 2-12（b）所示。

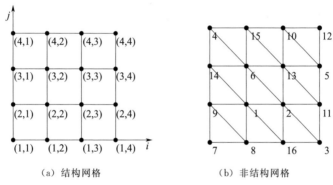

（a）结构网格　　　　　　　　　（b）非结构网格

图 2-12　网格的数据结构形式

　　一般来说，只有采用网格方向来组织数据的四边形网格（二维）
和六面体网格（三维）才是结构网格，其余类型的网格均为非结构
网格。结构网格和非结构网格各有优缺点，如表 2-1 所示，需根据
实际情况确定生成网格的类型。

表 2-1　结构网格和非结构网格的优缺点

	结构网格	非结构网格
优点	1）可用于高阶精度格式，计算结果比非结构网格准确 2）网格量少于同样几何模型下的非结构网格，节省数值模拟时间	1）生成技术较为简单，适用于复杂几何模型的网格生成 2）易应用于动网格技术
缺点	1）对于复杂的几何模型，难以生成高质量的结构网格 2）难以应用于动网格技术	1）不能使用高阶精度，计算结果不如结构网格准确 2）对于同样的几何模型，网格量比结构网格大，数值模拟所需时间长于结构网格

（2）数值模拟

数值模拟是指以计算机为工具，采用数值计算来研究问题的方法。

自然界中的任何流动都遵守质量守恒、动量守恒和能量守恒三大定律。根据这三大定律可以推导出描述粘性流动的 N－S（Navier－Stokes）方程，该方程包含了连续性方程、动量方程以及能量方程，其在三维非定常可压缩流动条件下的守恒形式如下

$$\frac{\partial U}{\partial t} + \frac{\partial F}{\partial x} + \frac{\partial G}{\partial y} + \frac{\partial H}{\partial z} = J \qquad (2-61)$$

其中

$$U = \begin{cases} \rho \\ \rho u \\ \rho v \\ \rho w \\ \rho\left(e + \dfrac{V^2}{2}\right) \end{cases}$$

$$J = \begin{cases} 0 \\ \rho f_x \\ \rho f_y \\ \rho f_z \\ \rho(uf_x + vf_y + wf_z) + \rho\dot{q} \end{cases}$$

$$F = \begin{cases} \rho u \\ \rho u^2 + p - \tau_{xx} \\ \rho uv - \tau_{xy} \\ \rho uw - \tau_{xz} \\ \rho\left(e + \dfrac{V^2}{2}\right)u + pu - k\dfrac{\partial T}{\partial x} - u\tau_{xx} - v\tau_{xy} - w\tau_{xz} \end{cases}$$

$$G = \begin{cases} \rho\, v \\ \rho\, uv - \tau_{yx} \\ \rho\, v^2 + p - \tau_{yy} \\ \rho\, vw - \tau_{yz} \\ \rho\left(e + \dfrac{V^2}{2}\right)v + pv - k\dfrac{\partial T}{\partial y} - u\tau_{yx} - v\tau_{yy} - w\tau_{yz} \end{cases}$$

$$H = \begin{cases} \rho\, w \\ \rho\, wu - \tau_{zx} \\ \rho\, wv - \tau_{zy} \\ \rho\, w^2 + p - \tau_{zz} \\ \rho\left(e + \dfrac{V^2}{2}\right)w + pw - k\dfrac{\partial T}{\partial z} - u\tau_{zx} - v\tau_{zy} - w\tau_{zz} \end{cases}$$

计算机不能直接解算如此复杂的偏微分方程组，所以需要采用有限差分法或者有限体积法将方程中的微分、微商变为差分、差商，从而实现了控制方程的离散，变成了计算机可计算的形式。简单起见，选择一个比 N-S 方程简单的一维热传导方程来说明离散的含义。

一维热传导方程的格式如下

$$\frac{\partial T}{\partial t} - \alpha\frac{\partial^2 T}{\partial x^2} = 0 \qquad (2-62)$$

方程离散所用的网格如图 2-13 所示，其中 i 为 x 方向的标号，n 为时间 t 的标号。

采用有限差分法可得

$$\left(\frac{\partial T}{\partial t}\right)^n \approx \frac{T_i^{n+1} - T_i^n}{\Delta t}$$

$$\left(\frac{\partial^2 T}{\partial x^2}\right)^n \approx \frac{T_{i+1}^n - 2T_i^n + T_{i-1}^n}{(\Delta x)^2}$$

从而原方程可以离散为

$$\frac{T_i^{n+1} - T_i^n}{\Delta t} - \frac{T_{i+1}^n - 2T_i^n + T_{i-1}^n}{(\Delta x)^2} = 0$$

离散后的方程只包含加减乘除，所以可以使用计算机进行解算。

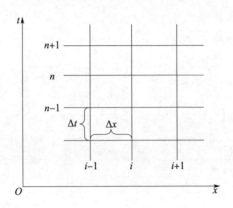

图 2-13　方程离散所用的网格

通过上面这个例子可以很容易地明白方程离散的含义，同时也可以看出，离散方程的前提是存在离散的点，而这些离散的点正是通过前面介绍的前处理产生的。

采用合适的空间和时间离散方法将 N-S 方程离散后，接着根据实际情况定义好边界条件，然后在所有的网格点上不断地进行离散的 N-S 方程的迭代求解，当所有网格点上的各物理量都趋于收敛（即本轮迭代和上一轮迭代的结果趋于一致）时，便可以得到符合 N-S 方程的整个流场的离散数值解。

（3）后处理

气动计算的后处理主要是指流场各物理量的可视化以及气动力、气动热等数据的输出。

可视化是指利用计算机图形学和图像处理技术将流场中各离散点上的物理量以云图、等值线图等形式形象直观地显示出来，便于进一步研究分析流动现象和流动机理。

通过数值模拟可以获得所有离散点上的物理量，但有时我们关注的并不是这些离散性的物理量，而是积分性的物理量，例如几何模型所受到的升力、阻力、侧向力、俯仰力矩、滚转力矩、偏航力矩等，通过简单的计算便可以得到并输出这些积分性的物理量。

如图 2-14 所示，图中的四边形为某飞行器的一个壁面网格单元，其法线方向单位矢量为 $\boldsymbol{n} = (n_x, n_y, n_z)$，面积大小为 S，质心到网格单元中心点的矢量为 $\boldsymbol{l} = (l_x, l_y, l_z)$，通过数值模拟得到的四个网格节点上的压强分别为 $P_{i,j}$、$P_{i,j+1}$、$P_{i+1,j}$、$P_{i+1,j+1}$，则在该壁面网格单元上流场施加给飞行器的三个方向的力 F_x、F_y、F_z，以及滚转力矩 M_x、偏航力矩 M_y、俯仰力矩 M_z 分别为

$$\begin{cases} F_x = \dfrac{(P_{i,j} + P_{i,j+1} + P_{i+1,j} + P_{i+1,j+1})}{4} \times S \times (-n_x) \\[2mm] M_x = F_y \times l_z - F_z \times l_y \\[2mm] F_y = \dfrac{(P_{i,j} + P_{i,j+1} + P_{i+1,j} + P_{i+1,j+1})}{4} \times S \times (-n_y) \\[2mm] M_y = F_z \times l_x - F_x \times l_z \\[2mm] F_z = \dfrac{(P_{i,j} + P_{i,j+1} + P_{i+1,j} + P_{i+1,j+1})}{4} \times S \times (-n_z) \\[2mm] M_z = F_x \times l_y - F_y \times l_x \end{cases} \quad (2-63)$$

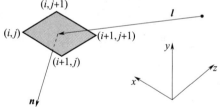

图 2-14　壁面网格单元的力和力矩计算示意图

通过上面的计算可以获得每个壁面网格单元在三个方向的力和力矩，然后对所有的壁面网格单元在三个方向上的力和力矩分别进行求和，便可以得到整个飞行器所受到的升力、阻力、侧向力，以及滚转、偏航、俯仰力矩。需要说明的是，式 (2-63) 中得到的力和力矩都是表示在吹风坐标系下的，进而可以得到吹风坐标系下的气动力系数和气动力矩系数，经坐标系转换得到弹体坐标系下的气动力和气动力矩系数。

（4）优点与缺点

CFD 的优点如下：

1）相较于风洞实验，CFD 的经济效益极为显著；

2）CFD 可在比较广泛的流动参数（如马赫数、雷诺数、飞行高度、气体性质、模型尺度等）范围内研究流体力学问题，且能给出流场参数的定量结果，这常常是理论分析和实验研究难以做到的；

3）可以完成风洞实验不可能或难以进行的实验，例如烧蚀状态下再入飞行器的气动力、气动热分析等。

CFD 的缺点如下：

1）CFD 的主要任务就是求解多维非线性偏微分方程组的数值解，然而非线性偏微分方程组数值解的数学理论基础目前较为薄弱，如缺乏基本的稳定性分析、误差估计、收敛性和唯一性等理论；

2）对于一些特定的问题，在 CFD 中提出了许多描述并处理问题的物理模型，如湍流模型、化学反应模型、热力学模型、转捩模型、真实气体效应模型、多项流模型等，然而这些模型并不完备，其准确性都尚未得到严格的证明；

3）离散化不仅会引起定量的误差，有时也会引起定性的误差，所以数值工作仍然离不开实验的验证。

2.1.4.2.2　风洞实验

空气动力学实验分为实物实验和风洞实验两种。

实物实验如飞机飞行试验和导弹实弹发射实验等，不会发生模型和环境等的模拟失真问题，一直是鉴定飞行器气动性能和校准其他实验结果的最终手段。然而，实物实验的费用昂贵，条件也难以控制，而且不能在产品研制阶段进行，故常采用风洞实验方法。

风洞实验是指在风洞中安置飞行器模型或者实物，并通过人为制造气流流过飞行器来模拟空中飞行状态，进而研究气体的流动现象及其与飞行器的相互作用，以了解实际飞行器的气动特性的一种空气动力学实验方法。

（1）理论基础

相似理论是风洞实验的理论基础。

风洞实验通常是指风洞模型实验。为了解决如何做模型实验以及如何将模型实验的数据运用到实物原来的现象中去的问题，空气动力学家们建立了相似理论。根据相似理论，模型和实物两种现象之间完全相似的条件是单值条件（几何条件、物理条件、边界条件以及时间条件）相似以及所有的相似参数（欧拉数、牛顿数、比热比、雷诺数、马赫数、弗劳德数、斯特劳哈尔数等）完全相同。

一般情况下，风洞实验很难做到甚至无法做到所有的相似参数完全相同，所以通常会根据具体的实验目的和要求确保主要的相似参数相同即可。例如，对于低速风洞定常测力实验，只要求模拟雷诺数即可；对于超声速定常测力实验，主要应模拟马赫数；对于跨声速定常测力实验，则需要同时模拟马赫数和雷诺数。然而，只保证风洞模型实验的主要相似参数和单值条件与实物相同也不是一件容易的事情，因此，不断改进和提高风洞的模拟能力成为推动风洞实验技术发展的主要动力。

（2）实验设计

风洞实验非常复杂，而且涉及面广、耗资大，从实验准备到最后给出实验数据要经过许多环节，因此必须对所做实验进行精心设计。

风洞实验设计包含如下内容：

1）明确实验的目的和要求。任何一项风洞实验，必须首先十分明确该实验的目的和要求，这是风洞实验设计最根本的依据。不同的实验目的和要求，所选择的实验方法、风洞、模型、实验设备以及数据处理与修正方法可能完全不同。

2）确定风洞实验所必须模拟的相似参数。根据相似理论及实验条件，确定必须模拟的相似参数，力求以最少的相似参数最大程度地反映出飞行器飞行中的流动现象。对于那些未模拟的相似参数，应估计其对实验数据的影响，并确定对它进行修正的方法。根据已确定的相似参数，决定风洞实验必须测量的几何量和物理量。

3）确定风洞实验数据的精确度。数据的精确度要求过低，则满足不了实验要求；要求过高，则必然增加风洞实验的时间和费用。风洞实验数据的精确度不仅应在实验前明确提出，在实验进行的过程中还应检查风洞实验数据是否满足预定的精确度，实验完成后所编写的实验报告中应给出数据的精确度及相应的分析。

4）确定实验方案。根据实验目的与要求确定实验所采用的方案和实验技术，不同的实验方案和实验技术所得到的数据精度和所需要的时间及费用迥然不同。

5）选择实验风洞。选择实验风洞应考虑的因素有马赫数、雷诺数、模型姿态角、风洞流场品质、实验费用、实验效率、实验所需要的仪器及辅助设备、实验数据的精度、风洞实验单位的人员素质以及服务质量等。

6）模型及支架的设计与加工。模型是实验对象，它的设计与加工直接关系到实验数据的质量。在设计模型的同时就应确定模型的支撑形式，设计模型的支架，并考虑支架干扰如何修正，若有必要应同时设计、加工模型的辅助支撑。

7）确定风洞实验数据的采集、处理和修正方法。根据实验的目的和要求，合理确定实验数据的采集方式（取平均值或瞬时值）、采样速率以及采样时间，数据处理和修正方法的不同将导致不同的实验内容。

8）选择实验仪器和设备。为了节省时间和经费，尽可能选用风洞现有的仪器和设备，只有在十分必要的情况下才需要研制新的实验仪器和设备。无论是对于新研制的仪器设备还是对于现有的仪器设备，在吹风前都必须进行严格的校准。

9）制定实验大纲和实验计划。实验大纲和计划应做到满足预定的实验目的和要求，满足预定的实验数据精度要求、良好的实验经济性，并分析研究实验中可能发生的技术问题及其应采取的防范措施。

10）实验数据的预估与分析。对于每项实验，特别是新的实验，实验人员均应在实验前对该飞行器模型和实验条件进行有关的工程计算（或数值计算）并查询风洞实验数据库，找出类似几何外形模型和实验条件的数据、曲线，这样才能在实验前就对模型实验数据的量值和变化趋势有个大体的了解，从而有助于实时分析吹风数据，及时处理实验中出现的异常气动力现象。

（3）实验分类

风洞实验分为定常实验和非定常实验两大类。定常实验包括全机测力、压力分布测量、表面摩阻测量、进气道、喷流、静弹性、涡轮发动机动力模拟等实验；非定常实验包括颤振、嗡鸣、抖振、动导数等实验。

全机测力实验是各类飞行器选型、定型都必须做的最基本的实验项目，故又称常规测力实验。常规测力实验的内容包括测量不同马赫数、攻角和侧滑角下的升力、阻力、侧向力、俯仰力矩、偏航力矩、滚转力矩、翼舵效率等数据，从而获得计算飞行器气动性能和操稳特性所必须的气动数据。在常规测力实验中，按照一定的缩比原则进行设计和加工的飞行器模型被安装在风洞内的六自由度运动机构上。六自由度机构是由计算机控制的机电一体化装置，为支撑在其上的飞行器模型提供俯仰、偏航和滚转三个回转运动，以及轴向、侧向、铅垂向三个直线位移。按照相似理论确定风洞实验的马赫数和雷诺数，在确定的飞行器姿态下通过风洞天平测量飞行器所受到的力与力矩，然后在考虑模拟失真以及洞壁、支架干扰等影响的基础上针对测量数据进行一些必要的修正与计算，最终便可获得飞行器的气动力系数、力矩系数、翼舵效率等气动数据。

（4）风洞天平

风洞天平是风洞实验中常见的测量作用在模型上的空气动力和力矩的设备。它能将空气动力和力矩沿三个互相垂直的坐标轴系分解，并进行精确测量。风洞天平按测力的性质分为静态测力天平和动态测力天平两类，分别测量定常飞行和非定常飞行时模型所受到的空气动力。

静态测力天平有内式和外式等多种形式，按结构和测量原理可分为机械式和应变式等形式。机械式天平主要用于低速风洞，其根据零位测量原理，通过张线或拉杆，将作用在模型上的力和力矩沿预定的相互垂直的坐标系分解，各分量分别作用在预调平衡的几组杠杆上，根据重新调节到平衡状态的调节量的大小可以获得模型上的力和力矩。应变式天平适用于各类风洞，其根据应变测量原理，通过元件上的应变传感器将应变转换成电阻、电容或电感的变化，通过测量天平上各受力元件的变形求得模型所受到的气动力和力矩。

在动态测力天平中，模型可以在一个或几个自由度上解除约束，通过自由振动或强迫振动等方法，由测量模型受扰动后的过渡过程或测量输入以及模型响应求出模型的动态气动参数。

（5）优点与缺点

风洞实验的优点如下：

1）实验项目和内容多种多样，对于一些传统的风洞实验，其实验结果真实可信，是理论分析和 CFD 方法的基础；

2）能比较准确地控制实验条件，如气流的速度、压力、温度等；

3）实验在室内进行，相较于实物实验，受气候条件和时间的影响小，模型和测试仪器的安装及操作方便；

4）相较于实物实验其成本更低、效率更高。

风洞实验的缺点如下：

1）实验结果会受到洞壁边界以及支架的干扰，需进行修正；

2）难以满足所有的相似参数，甚至有时做到主要相似参数与实物相同都很困难，从而导致模拟失真，这种模拟失真有时难以进行修正；

3）相较于 CFD 方法，风洞实验的工作量非常惊人，需耗费大量的经费、人力、物力以及时间。

2.2　数学建模方法

数学建模的任务是确定模型的结构和参数。建立数学模型的方法有许多种，基本的有理论分析法、测试建模法和机理分析与实验建模相结合的方法。

（1）理论分析法

对于能直观了解和认识的系统，直接分析系统的过程并通过各个领域的定理和定律建立数学模型的方法，称为机理分析法，也称理论分析法。对于实际生产过程机理不清晰或较复杂的系统难以使用该方法进行建模。

（2）测试建模法

对于内部情况一无所知的系统，采用测试建模法能够克服理论分析的局限性，在系统机理完全不清楚的情况下根据测试信号以及输出数据提供的信息得到待估计系统的数学模型。

与理论分析法比较，测试建模的优点在于其不需要对系统的机理有深入的了解，能够根据测试获得的输入输出数据辨识出系统模型的参数，适用于较为复杂的系统的建模，就是我们所说的系统辨识。

（3）机理分析与实验建模相结合

机理分析与实验建模相结合适用于系统特别复杂且机理不完全已知的情况。机理分析与实验建模相结合的方式有两种：

1）对同一个系统，机理已知部分和未知部分分别用理论分析和实验建模法，再通过数学推导对结果进行整合。

2）根据已知的机理形式估计系统的数学模型结构以及参数范围，再由实验建模法得到模型参数。模型结构对辨识结果的精确度有直接的关系，所以在了解激励的基础上使用实验建模对提高建模效率有一定的帮助。

如果对某个系统的内部结构和特性了解得很清楚，这样的系统称为白箱系统。对于白箱系统，可以利用已知的基本定律，经过分析和演绎推导出系统数学模型。

如果我们对某个系统没有任何信息，这样的系统称为黑箱系统。对允许直接进行试验观测的黑箱系统，可以用辨识的方法建立模型；对不允许直接试验测试的黑箱系统，则采用数据收集和统计归纳方法建立模型。

如果对某个系统只知道部分信息，这样的系统称为灰箱系统。对于灰箱系统，也必须依靠辨识方法，由试验观测数据来建立数学模型，即使对内部结构和特性清楚的系统，有时在演绎出结构模型后，还需要通过试验方法确定参数。工程实际中的系统大都是灰箱系统，我们对它有一定的先验知识，在辨识过程中要充分利用这些先验知识，以减小辨识的工作量，提高辨识的精度。

2.2.1　系统辨识方法

2.2.1.1　系统辨识概述

1962 年，L·A·扎登（L. A. Zaden）给出辨识这样的定义："系统辨识就是通过观测到的系统的输入、输出数据，从一组给定的模型类中，确定一个与所测系统等价的模型。" 1978 年，L·扬（L. Ljung）给辨识下的定义比较实用："辨识有三个要素——数据、模型类和准则。辨识就是按照一个准则在一组模型类中选择一个与数据拟合得最好的模型。"总而言之，辨识的实质就是从一组模型类中选择一个模型，按照某种准则，试着能够很好地拟合所关心的实际过程的静态或动态特性。

图 2-15 是系统辨识的基本原理图。在同一个输入 $u(t)$ 作用下，比较对象和特定数学模型的输出，如果对象的特性和该特性数学模型的特性相同，就可以认为在所规定的实验条件下，这个特定数学模型就是对象的模型。如果对象的特性和模型的特性不相同，就应该修改模型（包括修改模型的结构和相应的参数）。修改的目的就是设法使模型和对象之间达到更高的拟合程度。

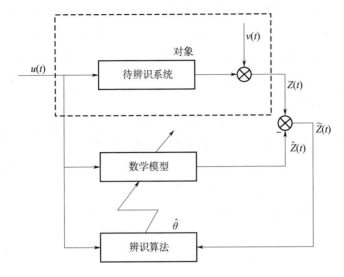

图 2-15　系统辨识的基本原理图

迄今为止，针对不同的系统模型类型，已经有许多不同的辨识方法。大体上这些辨识方法可归为三类：非参数模型辨识法、参数模型辨识法、人工智能模型辨识法。

（1）非参数模型辨识法

非参数模型辨识方法（亦称经典辨识法）获得的模型是非参数模型，它在假定过程是线性的前提下，不必事先确定模型的具体结构，因而这类方法可适用于任意复杂的过程，工程上至今仍然经常采用它。

在经典控制理论中，线性过程的动态特性通常可用如下方法表示：传递函数 $G(s)$、频率响应 $G(jw)$、脉冲响应 $g(t)$ 和阶跃响应 $h(t)$。后三种为非参数模型，其表现形式是以时间或频率为自变量的实验曲线。对系统施加特定的实验信号，同时测定过程的输出，可以求得这些非参数模型。经过适当的数学处理，它们可以转变为参数模型——传递函数的形式。

获取上述非参数模型，并把它们转化为传递函数的方法有阶跃响应法、脉冲响应法、频率响应法、相关分析法、谱分析法等。这些辨识方法在工程上有着广泛应用，至今仍普遍受到重视。

此类算法的缺点是：假定系统为线性，不适合复杂非线性系统的辨识。

（2）参数模型辨识法

参数模型辨识法（亦称现代辨识方法）必须首先假定一种模型结构，通过极小化模型与过程之间的误差准则函数来确定模型参数。如果模型的结构无法事先确定，则必须利用结构辨识方法来确定模型的结构（比如，阶次、纯延迟等），再进一步确定模型参数。这类辨识方法就其所使用的不同基本原理，可以分成三种类型：最小二乘法、梯度校正法、极大似然法。

①最小二乘法

在众多方法中，最小二乘法属于最基本的一种。利用最小二乘原理，通过极小化广义误差的平方和函数来确定模型的参数。这种方法的提出和应用可以追溯到 1795 年，K·高斯（K. Gauss）根据望远镜观测的数据，对描述天体运动的 6 个参数值作出估计。此后，这种方法被广泛应用，成为许多其他方法的思想基础。这种方法易于理解和掌握，估计结果具有很好的统计特性。但是，当应用到动态系统时，若模型噪声不是白噪声，这种方法得到的参数估计不再是无偏一致的。

为了解决这个问题，从 20 世纪 70 年代开始提出了许多改进的最小二乘类方法，主要有：广义最小二乘法（GLS），辅助变量法（IV），增广最小二乘法（ELS），偏差补偿算法和相关分析-最小二乘两步法、多步法等。

②梯度校正法

利用最速下降法原理，沿着误差准则函数关于模型参数的负梯度方向，逐步修改模型的参数估计值，直至误差准则函数达到最小值。这种方法的特点是计算简单，便于在线实时辨识。

③极大似然法

根据极大似然原理，通过极大化似然函数来确定模型的参数。

此方法可以在系统中含有有色噪声的情况下获得参数的一致估计，具有很多良好的统计特性，估计精度比最小二乘法高。

参数模型辨识法的缺点是：结构辨识与参数辨识必须分步进行。

（3）人工智能辨识方法

对于非线性系统，经常采用神经网络、模糊逻辑、遗传算法等人工智能方法进行辨识。

①神经网络辨识法

很多系统实际是非线性系统，并且系统的模型结构难以预先确定，通常可以采用人工神经网络来进行辨识。

由于人工神经网络具有良好的非线性映射能力、自学习适应能力和并行信息处理能力，为解决非线性系统的辨识问题提供了一条新的思路。辨识非线性系统时，可以根据非线性系统的神经网络辨识结构，利用神经网络所具有的对任意非线性映射的任意逼近能力来模拟实际系统的输入和输出关系，而且利用人工神经网络的自学习和自适应能力，很容易给出工程上易于实现的学习算法，经过学习训练得到系统的正向模型或逆向模型。在神经网络辨识中，神经网络（包括前向网络和递归动态网络）将非线性映射的问题转化为求解优化问题，而优化过程可根据某种学习算法通过调整网络的权值矩阵来实现。

但是神经网络技术使用特定的结构（数值权矢量），具有不善于直接显示表达知识的缺点，不能给出输入输出显示的数学表达式。

②模糊逻辑法

对于一些复杂的研究对象，由于影响的因素很多，甚至有一些难以精确描述的因素，且系统中存在着大量严重非线性、时变等现象，通常很难建立精确的数学模型。针对这类系统，通常可以用模糊逻辑法来进行辨识。

模糊逻辑法使用模糊集合理论，从系统输入和输出的测量值来辨识系统，在非线性系统辨识领域中有着十分广泛的应用。模糊逻辑辨识具有独特的优越性：能够有效地辨识复杂和病态结构的系统；能够有效地辨识具有大时延、时变、多输入单输出的非线性复杂系统；可以辨识性能优越的人类控制器；可以得到被控对象定性与定量相结合的模型。

与神经网络辨识法类似，模糊逻辑辨识法也具有不善于直接显示表达知识的缺点，不能给出输入输出之间显示的数学表达式。

③遗传算法辨识法

遗传算法的基本思想来源于达尔文的进化论和门德尔的遗传学说。该算法将待求的系统表示成串（或称染色体），即为二进制数或字符串，从而构成一个种群的串，并将它们置于问题的求解环境中。根据适者生存的原则，从中选择出适应环境的串进行复制（reproduction），并且通过交差（crossover）、变异（mutation）两种基因操作产生出新的一代更加适应环境的串种群。经过这样一代代的不断进化，最后将最适合环境的串选出，即求得问题的最优解。

遗传算法不依赖于问题模型本身的特性，能够快速、有效地搜索复杂、高度非线性和多维空间，为系统辨识的研究和应用开辟了一条新的途径。

但遗传算法存在着容易陷入局部极值而导致早熟收敛问题，并且该算法主要用于参数辨识，无法实现参数和结构的同步辨识。

不同的辨识方法有各自的应用场合，以下主要介绍飞行控制系统建模中常用的两种方法：频率响应法和最小二乘法，包括原理介绍和应用举例；另外以模糊逻辑法为例简要介绍人工智能辨识法。

2.2.1.2　频率响应法

在对象特性复杂，难以通过理论建模手段获得数学模型的情况下，频率响应法通过直接量测实物对象的输入、输出信号，开展频率特性分析，建立对象的线性数学模型。

常用的信号频率特性分析工具是傅里叶变换。非周期性连续时间信号 $x(t)$ 的傅里叶变换可以表示为

$$X(\omega) = \int_{-\infty}^{\infty} x(t)\mathrm{e}^{-\mathrm{j}\omega t}\,\mathrm{d}t \qquad (2-64)$$

式中计算出来的是信号 $x(t)$ 的连续频谱。但是，在实际的控制系统中能够得到的是连续信号 $x(t)$ 的离散采样值 $x(n)$，因此需要利用离散信号 $x(n)$ 来计算信号 $x(t)$ 的频谱。

有限长离散信号 $x(n)$，$n=0,1,\cdots,N-1$ 的离散傅里叶变换（DFT）定义为

$$X(k) = \sum_{n=0}^{N-1} x(n)W_N^{kn}, \quad k=0,1,\cdots,N-1$$

$$W_N = \mathrm{e}^{-\mathrm{j}\frac{2\pi}{N}} \qquad (2-65)$$

直接计算 DFT 的计算量大，因此出现了更加快速、有效的快速傅里叶变换（FFT）。FFT 算法的原理是通过许多小的更加容易进行的变换去实现大规模的变换，降低运算要求，提高运算速度。

利用 FFT 对输入、输出信号进行处理，从而得到系统的频率特性

$$G(\mathrm{j}\omega) = \frac{Y(\mathrm{j}\omega)}{U(\mathrm{j}\omega)} \qquad (2-66)$$

其中，$Y(\mathrm{j}\omega)$ 和 $U(\mathrm{j}\omega)$ 分别是输入、输出数据的傅里叶变换。

工程实践中，频率响应法的具体实现步骤是：

1）在对象所需考察的频率范围内，向实物对象输入不同频率的正弦信号，记录输入信号 $u(t)$ 与对象的输出响应 $y(t)$；

2）利用式（2-66）计算不同频率点上系统的幅值和相位特性；

3）通过数据拟合建立传递函数形式的线性化数学模型。

若系统的动态响应中非线性特性相对不明显，使用频率响应法可以避免烦琐的理论推导以及对中间变量的测量，因为其简单有效，在工程实践中得到广泛运用。在正常使用工况下，速率陀螺和舵系统的响应过程可以用线性系统近似，所以在飞行控制系统仿真与测试中，我们常用频率响应法拟合速率陀螺和舵系统的数学模型。

（1）速率陀螺数学模型

如图 2−16 所示，速率陀螺频率特性测试系统由角振动台、角振动台控制设备、惯测组合、地面电源、接收速率陀螺输出信号的测试计算机组成。频率特性测试时，将惯测组合通过工装固定在角振动台上，待量测陀螺的敏感轴与角振动台的轴向重合，通过角振动台控制设备发送控制信息给角振动台，控制角振动台摆动，作为速率陀螺的输入。速率陀螺敏感角振动台的运动，产生相应输出，由测试计算机采集角振动台模拟量输出信息和陀螺数字量输出信息，通过对数据的傅里叶变换处理得到的频率特性测试结果。

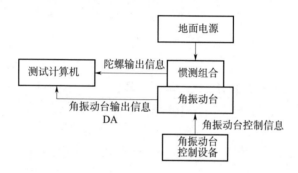

图 2−16　速率陀螺频率特性测试组成原理图

由于陀螺输出信息是周期性数字信号，因此，测试计算机以每次接收到陀螺信息为时间基准，接收完成后采样角振动台输出信息，直至测试结束。频率特性测试时由于有实时性要求，因此测试计算机中非必要应用程序应尽可能关闭，同时计算频率特性时应扣除陀螺输出信息在数据链路上传输的时间延时和角振动台与 DA 输出之间的延时而造成的系统偏差。前者通过计算可以得出固定的时间延时（例如：6 个陀螺输出信息共 24 个字节，每个字节 8 位数据位加一位起始位、一位停止位、一位校验位共 11 位，波特率为 614 400 bit/s，数据传输时间为 $24×11/614\ 400 = 430\ \mu s$）；后者可以由角振动台使用说明书获得。

某型速率陀螺的测试结果如表 2−2 所示。

表 2 - 2 速率陀螺角振动测试结果

频率/Hz	1	5	10	20	30	40	50	60	70
幅值倍数	1.003	1.004	1.009	1.008	1.026	1.018	1.032	1.025	0.998
相位滞后/(°)	1.23	6.76	11.50	24.00	35.70	48.40	58.80	69.90	79.20

MATLAB 提供的函数 invfreqs 可以方便地根据测试数据拟合系统的传递函数

$$[b, a] = \text{invfreqs} (G, w, m, n)$$

其中，b 为传递函数的分子多项式，a 为传递函数的分母多项式，G 为通过处理测量数据得到的系统频率特性，w 为对应频率点，m 为传递函数分子阶数，n 为传递函数分母阶数。

利用函数 invfreqs 拟合系统传递函数的实现方法如下：

```
%幅值
mag＝[1.003 1.004 1.009 1.008 1.026 1.018 1.032 1.025 0.998];
%相位（单位换算为 rad）
phase＝[1.23 6.76 11.50 24.00 35.70 48.40 58.80 69.90 79.20]. /
57.3;
%频率（单位换算为 rad/s）
w＝ [1  5  10  20  30  40  50  60  70] * 2 * pi;
%传递函数
[b, a] = invfreqs (mag.* exp (j *(−phase)), w, 1, 2);
tf (b, a)
```

利用上述 m 语言脚本文件，得到该速率陀螺传递函数如式（2-67）所示

$$G(s) = \frac{-912.3s + 7.088 \times 10^5}{s^2 + 1\,423s + 7.017 \times 10^5} \tag{2-67}$$

图 2-17 为拟合模型与实测数据的对比。从图中可以看出，利用频率响应法辨识出来的数学模型与原系统具有良好的一致性。

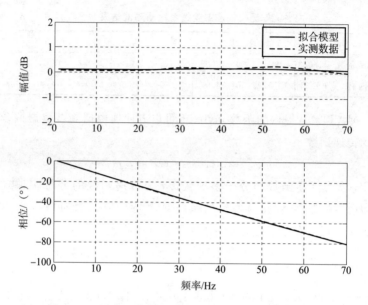

图 2-17　速率陀螺数学模型辨识结果与实测数据对比

（2）舵系统数学模型

对舵系统进行频率响应试验，通常使用扫频仪作为正弦信号发生器，向舵系统输入不同频率的正弦指令，同时采集该输入指令下的舵反馈信号，最终获得不同频率下舵反馈与舵指令间的幅相频特性，工程中称之为扫频试验。某舵系统的扫频数据如表 2-3 所示。

表 2-3　舵系统扫频数据

频率 /Hz	1	2.03	3.67	5.88	11.94	21.54	30.7	43.76	55.4	62.36
幅值 /dB	−0.03	0.01	0.28	0.14	0.12	0.01	−1.11	−5.98	−9.96	−12.65
相位 /(°)	−5.6	−8.34	−13.12	−19.1	−35.68	−56.89	−94.42	−152.8	−182.9	−204.6

根据扫频试验的结果，运用 invfreqs 函数可以方便地获得舵系统的传递函数。拟合得到的舵系统传递函数如式（2-68）所示，拟合结果与实测数据对比如图 2-18 所示。从图中可以看出，利用频率响应法辨识得到的数学模型与原系统具有较高的一致性。

$$G(s) = \frac{7\,058s + 9.147 \times 10^6}{s^3 + 305.8s^2 + 8.823 \times 10^4 s + 8.964 \times 10^6} \quad (2-68)$$

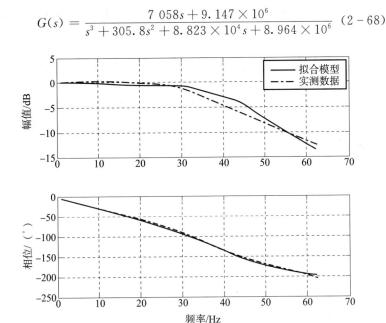

图 2-18　舵系统数学模型辨识结果与实测数据对比

2.2.1.3　最小二乘法

在辨识和参数估计领域中，最小二乘法是一种基本的估计方法。由于其算法实现简单，辨识结果具有良好的统计特性等特点，最小二乘法具有良好的工程应用性。

但是，最小二乘法是一种参数辨识方法，只有在模型阶次已知的情况下，才能获得辨识结果。因此在利用最小二乘法进行系统辨识前，先要进行模型阶次辨识。

2.2.1.3.1　模型阶次辨识

对于单输入单输出线性定常系统

$$y(k) + a_1 y(k-1) + a_2 y(k-2) + \cdots + a_n y(k-n)$$
$$= b_0 u(k) + b_1 u(k-1) + b_2 u(k-2) + \cdots + b_m u(k-m)$$

模型阶数的辨识过程就是确定 m，n 的过程。

　　常用的模型阶次辨识方法有行列式比定阶法、Hankel 矩阵定阶法、预报误差准则法等。需要指出的是，无论哪一种方法都不是通用的方法，它不可能适用于任何情况。下面介绍一种较为简单的方法：行列式比定阶法。

　　行列式比定阶法是一种确定阶次 n 的方法。由于在实际系统中 n 始终不小于 m，不失一般性，可以将待辨识系统的差分方程写成如下形式

$$y(k) + a_1 y(k-1) + a_2 y(k-2) + \cdots + a_n y(k-n)$$
$$= b_0 u(k) + b_1 u(k-1) + b_2 u(k-2) + \cdots + b_n u(k-n)$$

$$(2-69)$$

　　令

$$H_n = \begin{bmatrix} -y(n) & \cdots & -y(1) & u(n+1) & \cdots & u(1) \\ -y(n+1) & \cdots & -y(2) & u(n+2) & \cdots & u(2) \\ \vdots & & \vdots & \vdots & & \vdots \\ -y(n+N-1) & \cdots & -y(N) & u(n+N-1) & \cdots & u(N) \end{bmatrix}$$
$$\triangleq \begin{bmatrix} Y_n & U_n \end{bmatrix}$$

$$(2-70)$$

其中，N 为数据长度。

　　如果输入 $u(k)$ 是充分持续激励信号，它保证 U_n 始终是满秩的。但是对于不同的 n，Y_n 不一定都是满秩的，因受式（2-70）的线性约束，Y_n 的秩不会大于 n_0（n_0 是系统的真实阶次）。为此有

$$\text{rank} H_{\hat{n}} = \min(\hat{n} + n_0, 2\hat{n}) \qquad (2-71)$$

其中，$\hat{n}$ 为模型阶次的估计值。

　　由式（2-71）可得，当 $\hat{n} > n_0$ 时，$H_{\hat{n}}$ 的秩小于 $H_{\hat{n}}$ 的列数，故 $H_{\hat{n}}$ 是奇异阵。即当 $\hat{n} \leqslant n_0$ 时，乘积矩阵 $H(\hat{n}) = \dfrac{1}{N} H_n^T H_n$ 是正定的；当 $\hat{n} > n_0$ 时，$H(\hat{n})$ 是奇异的。

　　根据这一结论，当 $\hat{n}$ 从 1 开始逐一增加，若有 $\det[H(\hat{n})] = 0$，则应取 $\hat{n} - 1$ 作为系统的模型阶次。不过由于计算误差、噪声等因素

的影响，真正让 $\det[\boldsymbol{H}(\hat{n})] = 0$ 是比较困难的。为了提高判断的准确性，可以利用如下的行列式比来确定模型的阶次。定义行列式的比 DR

$$\mathrm{DR}(\hat{n}) = \frac{\det[\boldsymbol{H}(\hat{n})]}{\det[\boldsymbol{H}(\hat{n}+1)]} \qquad (2-72)$$

当 $\hat{n}$ 从 1 开始逐一增加，若 $\mathrm{DR}(\hat{n})$ 较 $\mathrm{DR}(\hat{n}-1)$ 有显著增加，则这时的 $\hat{n}$ 可认为比较接近真实阶次，即应取 $n_0 = \hat{n}$。

以式 (2-68) 所示的舵系统模型为例，输入信号选择持续 10 s，频率变化范围为 $0.1 \sim 50$ Hz 的线性调频信号（以下简称 chirp 波），系统采样周期 5 ms，仿真时长 10 s。

利用式 (2-72) 分别求取 $\hat{n} = 1,2,3,4$ 时对应的 $\mathrm{DR}(\hat{n})$，相应结果如表 2-4 所示。从表中可以看出，当 $\hat{n} = 3$，DR(3) 显著增加，故模型的阶次可定为 3 阶，与原模型阶次相符。

表 2-4　行列式比的变化

$\hat{n}$	1	2	3	4
$\mathrm{DR}(\hat{n})$	1.89e−5	3.59e−4	−2.41e+9	−4.14e+9

2.2.1.3.2　最小二乘基本算法

对于阶次已知、参数未知的线性系统，其数学模型的差分方程形式可表示为

$$y(k) + a_1 y(k-1) + a_2 y(k-2) + \cdots + a_n y(k-n)$$
$$= b_0 u(k) + b_1 u(k-1) + b_2 u(k-2) + \cdots + b_m u(k-m)$$

考虑到实际测量信息中包含随机噪声，则带噪声的被辨识系统数学模型可表示为

$$y(k) = -\sum_{i=1}^{n} a_i y(k-i) + \sum_{i=0}^{m} b_i u(k-i) + \upsilon(k) \qquad (2-73)$$

式中，噪声序列 $\{\upsilon(k)\}$ 通常假定为零均值独立同分布的平稳随机序列，且与输入序列 $\{u(k)\}$ 彼此统计独立。

如果我们根据输入、输出的实际测量信息构造一个模型，将式 (2-73) 改写为

$$y(k) = \varphi(k)\boldsymbol{\theta} + e(k, \boldsymbol{\theta}) \qquad (2-74)$$

其中,$\varphi(k) = [-y(k-1), -y(k-2), \cdots, -y(k-n), u(k), u(k-1), \cdots, u(k-m)]$ 为测量得到的状态量;$\boldsymbol{\theta} = [a_1, a_2, \cdots, a_n, b_0, b_1, \cdots, b_m]^T$ 为待辨识的系统参数;误差项 $e(k, \boldsymbol{\theta})$ 除噪声项 $\upsilon(k)$ 外,还包括由于模型参数 $\boldsymbol{\theta}$ 不等于真实参数引起的误差。

令 $k = n+i$,$i = 1, 2, \cdots, N$,N 为样本个数,则系统的线性动态模型可表示为

$$Y_N = \boldsymbol{\Phi}_N \boldsymbol{\theta} + \boldsymbol{\varepsilon}_N \tag{2-75}$$

其中 $Y_N = \begin{bmatrix} y(n+1) \\ y(n+2) \\ \vdots \\ y(n+N) \end{bmatrix}$,$\boldsymbol{\Phi}_N = \begin{bmatrix} \varphi(n+1) \\ \varphi(n+2) \\ \vdots \\ \varphi(n+N) \end{bmatrix}$,$\boldsymbol{\varepsilon}_N = \begin{bmatrix} e(n+1) \\ e(n+2) \\ \vdots \\ e(n+N) \end{bmatrix}$

最小二乘法的基本思想是找到一个 $\boldsymbol{\theta}$ 的估计值 $\hat{\boldsymbol{\theta}}$,使性能指标取最小

$$J(\boldsymbol{\theta}) = E\left\{ \sum_{i=1}^{N} e^2(n+i) \right\} \tag{2-76}$$

求 $\hat{\boldsymbol{\theta}}$ 的必要条件是

$$\frac{\partial J}{\partial \hat{\boldsymbol{\theta}}} = 0 \tag{2-77}$$

将式(2-75)代入式(2-77)得到 $\hat{\boldsymbol{\theta}}$ 的表达式为

$$\hat{\boldsymbol{\theta}} = [\boldsymbol{\Phi}_N^T \boldsymbol{\Phi}_N]^{-1} \boldsymbol{\Phi}_N^T Y_N \tag{2-78}$$

仍以式(2-68)所示的舵系统为例,根据模型阶次辨识的结果,选择如下的辨识模型

$$y(k) + a_1 y(k-1) + a_2 y(k-2) + a_3 y(k-3)$$
$$= b_0 u(k) + b_1 u(k-1) + b_2 u(k-2) + b_3 u(k-3) \tag{2-79}$$

以模型阶次辨识实验获得的数据作为输入、输出数据,利用最小二乘法进行辨识,结果以 Z 传递函数的形式表示,如式(2-80)所示

$$\frac{Y(z)}{U(z)} = \frac{0.033 + 0.307z^{-1} + 0.133z^{-2} + 0.004\ 3z^{-3}}{1 - 1.02z^{-1} + 0.716z^{-2} - 0.228z^{-3}} \tag{2-80}$$

估计模型与原系统的频率特性对比如图 2-19 所示。从图中可以看出,在不考虑噪声的情况下,利用最小二乘法辨识得到的模型

频率特性与原系统频率特性在考察的频率范围内具有良好的一致性。

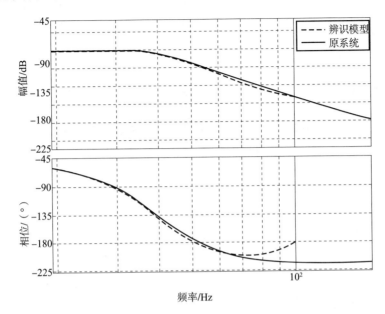

图 2 - 19　最小二乘基本法辨识结果与原系统频率特性对比

2.2.1.3.3　最小二乘递推法

前面介绍的最小二乘基本算法是一种离线辨识算法，这种算法在使用时占用内存大，不适合在线辨识。解决这个问题的办法是把它转化成递推算法，通过对观测数据的更新、迭代处理，修正辨识参数，从而提供时变参数系统的实时模型。

递推算法的基本思想可以概括成：新的估计值 $\hat{\theta}(k)$ 等于老的估计值 $\hat{\theta}(k-1)$ 与修正项之和，即新的估计值 $\hat{\theta}(k)$ 是在老的估计值 $\hat{\theta}(k-1)$ 基础上修正而成。这样不仅可以减少计算量和储存量，而且能实现在线实时辨识。

设 $\hat{\theta}(k)$ 是基于到时刻 k 为止的所有观测数据得到的估计值，由最小二乘基本算法式（2-78），得第 $(k+1)$ 时刻未知参数 θ 的最小二乘估计为

$$\hat{\theta}(k+1) = (\boldsymbol{\Phi}_{k+1}^{\mathrm{T}} \boldsymbol{\Phi}_{k+1})^{-1} \boldsymbol{\Phi}_{k+1}^{\mathrm{T}} \boldsymbol{Y}_{k+1} \qquad (2-81)$$

其中　　　　　$\boldsymbol{\Phi}_{k+1} = \begin{bmatrix} \boldsymbol{\Phi}_k \\ \boldsymbol{\varphi}^{\mathrm{T}}(k+1) \end{bmatrix}, \boldsymbol{Y}_{k+1} = \begin{bmatrix} Y_k \\ y(k+1) \end{bmatrix}$

因此有

$$\hat{\boldsymbol{\theta}}(k+1) = \left[\boldsymbol{\varphi}(k+1)\boldsymbol{\varphi}^{\mathrm{T}}(k+1) + \boldsymbol{\Phi}_k^{\mathrm{T}}\boldsymbol{\Phi}_k \right]^{-1} \left[\boldsymbol{\varphi}(k+1)y(k+1) + \boldsymbol{\Phi}_k^{\mathrm{T}}\boldsymbol{Y}_k \right]$$

$$(2-82)$$

利用矩阵求逆定理，即

$$[\boldsymbol{A} + \boldsymbol{BCD}]^{-1} = \boldsymbol{A}^{-1} - \boldsymbol{A}^{-1}\boldsymbol{B}[\boldsymbol{C}^{-1} + \boldsymbol{DA}^{-1}\boldsymbol{B}]^{-1}\boldsymbol{DA}^{-1} \quad (2-83)$$

化简式（2-82），可得到最小二乘递推算法为

$$\begin{cases} \hat{\boldsymbol{\theta}}(k+1) = \hat{\boldsymbol{\theta}}(k) + \boldsymbol{K}(k+1)\left[y(k+1) - \boldsymbol{\varphi}^{\mathrm{T}}(k+1)\hat{\boldsymbol{\theta}}(k) \right] \\[2mm] \boldsymbol{K}(k+1) = \dfrac{\boldsymbol{P}(k)\boldsymbol{\varphi}(k+1)}{1 + \boldsymbol{\varphi}^{\mathrm{T}}(k+1)\boldsymbol{P}(k)\boldsymbol{\varphi}(k+1)} \\[2mm] \boldsymbol{P}(k+1) = \left[\boldsymbol{I} - \boldsymbol{K}(k+1)\boldsymbol{\varphi}^{\mathrm{T}}(k+1) \right]\boldsymbol{P}(k) \end{cases}$$

$$(2-84)$$

递推算法需要事先选择初始状态 $\hat{\boldsymbol{\theta}}(0)$ 和 $P(0)$，它们的取值有两种选择方法。一种是根据一批数据，利用一次完成算法，预先求得

$$\boldsymbol{P}(N_0) = (\boldsymbol{\Phi}_{N_0}^{\mathrm{T}}\boldsymbol{\Phi}_{N_0})^{-1}, \hat{\boldsymbol{\theta}}(N_0) = \boldsymbol{P}(N_0)\boldsymbol{\Phi}_{N_0}^{\mathrm{T}}\boldsymbol{Y}_{N_0} \quad (2-85)$$

置 $\boldsymbol{P}(0) = \boldsymbol{P}(N_0), \hat{\boldsymbol{\theta}}(0) = \hat{\boldsymbol{\theta}}(N_0)$，其中 N_0 为数据长度，为了减少计算量，N_0 不宜取太大。另一种是直接取

$$\begin{cases} \boldsymbol{P}(0) = \alpha^2 \boldsymbol{I} & \alpha \text{ 为充分大的实数} \\ \hat{\boldsymbol{\theta}}(0) = \boldsymbol{\varepsilon} & \boldsymbol{\varepsilon} \text{ 为充分小的实矢量} \end{cases} \quad (2-86)$$

最小二乘递推法是一种在线辨识算法，辨识结果随输入输出数据的变化而变化。对于定常系统，若输入信号在系统考察频率范围内是充分激励信号，则辨识结果就会逐渐收敛。以式（2-68）所示的舵系统为例，选择与模型阶次辨识实验相同的 chirp 波作为输入信号，利用最小二乘递推法对式（2-79）所示的模型进行参数辨识，选择初始条件为：

$$\boldsymbol{P}(0) = 10^6 \boldsymbol{I}_7, \hat{\boldsymbol{\theta}}(0) = \begin{bmatrix} 0.01 & 0.01 & 0.01 & 0.01 & 0.01 & 0.01 & 0.01 \end{bmatrix}^{\mathrm{T}}$$

经过 700 次迭代得到的数学模型如式（2-87）所示。估计模型

的频率特性与原系统的频率特性对比如图 2-20 所示。

$$\frac{Y(z)}{U(z)} = \frac{0.047 + 0.237z^{-1} + 0.32z^{-2} - 0.085z^{-3}}{1 - 0.878\,6z^{-1} + 0.597\,7z^{-2} - 0.21z^{-3}} \quad (2-87)$$

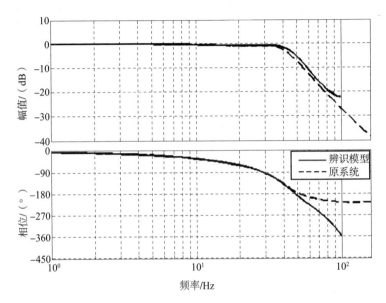

图 2-20　最小二乘递推法辨识结果与原系统频率特性对比

从图 2-20 中可以看出，在不考虑噪声的情况下，经过 700 次迭代后，辨识得到的模型与原模型的频率特性在考察频率范围内具有良好的一致性。

2.2.1.3.4　其他最小二乘类算法

最小二乘法是一种最基本的辨识方法，但它有两方面的缺陷：

1）当模型噪声是有色噪声时，最小二乘参数估计不是无偏、一致估计。

2）随着数据的增长，最小二乘算法将出现所谓的"数据饱和"现象。这是由于增益矩阵 $K(k)$ 随着 k 的增大逐渐趋近于零，以致递推算法慢慢失去了数据修正能力。

为了解决这两个问题，在最小二乘基本算法的基础上，发展了遗忘因子法、限定记忆法、增广最小二乘法、广义最小二乘法、辅助变量法、二步法等一些最小二乘类辨识算法。就基本思想而言，它们与最小二乘方法没有本质的区别，但具体做法上各有特点，这里不再一一介绍。

2.2.1.4　模糊逻辑法

（1）模糊关系模型的概念

一个模糊关系模型可以表示为

$$M(A, Y, U, F) \qquad (2-88)$$

其中，A 表示模糊算法；Y 表示过程的有限离散输出空间；U 表示过程的有限离散输入空间；F 表示过程的有限离散输入输出空间中所定义的所有基本模糊子集的集合。

为了简单起见，只考虑单输入单输出系统，设系统的输入空间 U 和输出空间 Y 分别由 M 个点 $u_1, u_2, \cdots, u_M$ 和 N 个点 $y_1, y_2, \cdots, y_N$ 构成；$B_1, B_2, \cdots, B_m$ 和 $C_1, C_2, \cdots, C_n$ 分别是 U 和 Y 中的模糊集合。所谓的模糊模型是指描述系统特性的一组模糊条件语句，即

$$\text{if } u(t-k) = A \text{ or } B \text{ and } y(t-l) = C \text{ or } D \text{ then } y(t) = E$$
$$\cdots \qquad (2-89)$$

其中，A 和 B 为 U 中的模糊集合；C，D 和 E 为 Y 中的模糊集合。称式（2-89）中的每一条模糊条件语句为一条规则，而将式中一组描述系统特性的模糊条件语句称为模糊算法。

在式（2-89）中，如果取 $k = l = 1$，则该式表达的意义是根据 $(t-1)$ 时刻输入输出的量测值来预测 t 时刻输出的量测值。

式（2-89）中的每一条规则，可以根据模糊集合运算规则写成如下形式

$$E = u(t-k)^{\circ}[(A+B) \times E] \cdot y(t-1)^{\circ}[(C+D) \times E]$$
$$(2-90)$$

根据每一条规则以及已知的 $u(t-k)$ 和 $y(t-l)$，可由式（2-90）计算出相应的一个 E。若系统的特性由 p_1 条规则描述，则模糊变量 $y(t)$ 的值可以写为

$$y(t) = E_1 + E_2 + \cdots + E_{p1} \qquad (2-91)$$

式（2-90）及式（2-91）中的符号"°"、"+"、"×"、"·"分别表示模糊集合的"合成"、"并"、"直积"及"交"运算。

若式（2-89）中的系统输入和系统输出的量测值分别为 $u(t-k) = u_i$ 和 $y(t-l) = y_i$，则它们的隶属函数值为

$$\begin{cases} \mu_{u(t-k)} = (0, \cdots, 0, 1, 0, \cdots, 0) \\ \qquad\qquad \cdots i \cdots \\ \mu_{y(t-k)} = (0, \cdots, 0, 1, \cdots, 0) \\ \qquad\qquad \cdots j \cdots \end{cases} \qquad (2-92)$$

利用式（2-91）可将式（2-89）加以简化，即

$$E = \min\{\max[\mu_A(i), \mu_B(i)]; \max[\mu_C(j), \mu_D(j)]; \mu_E\}$$

$$(2-93)$$

式中　$\mu(i)$，$\mu(j)$——第 i 个和第 j 个元素的隶属函数的值。

由式（2-90）计算得到的 $y(t)$ 是一个模糊集合，从 $y(t)$ 中选择确切的预测值一般有两种方法：

1）选择 $y(t)$ 的隶属函数曲线下所围面积的平分点，称为面积中心法（记为 COA）；

2）选择 $y(t)$ 的隶属函数的最大值的平均值，称为最大值平分法（记为 MOM）。

（2）模糊关系模型的品质指标

衡量模糊模型的品质指标有两条：

1）建立模糊模型是根据系统的输入输出的量测值来构成一组描述系统特性的规则，而规则条数的多少反映了模糊算法的复杂程度。因此，式（2-91）中的规则条数 p_1 是最能衡量模糊模型复杂程度的一个品质指标。显然，规则条数越少，计算越简单；反之，条数越多，运算越复杂。

2）衡量模糊模型精确性的指标，可选取量测值 $y(t)$ 与输出预测 $\hat{y}$ 之差的均方值，即

$$p_2 = \frac{1}{L} \sum_{i=1}^{L} [y(t) - \hat{y}(t)]^2 \qquad (2-94)$$

式中　L——总的量测次数。

上述两条品质指标之间存在一定的矛盾，如选取规则条数越多，精确性好，但运算复杂。

（3）基于模糊关系模型的建模方法

建立模糊关系模型大体上可分为如下三方面的工作：

第一，对系统输入输出量测值进行量化处理，建立输入和输出空间 U 和 Y，选择 U 和 Y 中的模糊集合 B_i 和 C_i，而 B_i 和 C_i 的隶属函数值主要由系统输入和输出量测值变化的特征确定。

若 $U = Y = R$（实数域），且 B_i 和 C_i 的隶属函数的形式均为

$$\mu(x) = e^{-(\frac{x-a}{b})^2} \tag{2-95}$$

则称 B_i 和 C_i 为正态型模糊集合，式中参数 a 和 b 可用统计方法求得。

量化等级与模型精度的要求有关，因此量化等级应根据对模型的精确性要求适当选取。

第二，确定模糊关系模型的结构 $[u(t-k), y(t-l), y(t)]$，即确定 k 和 l。

为了确定模糊模型结构，首先必须将输入和输出数据进行模糊化处理，构成输入和输出量测值的模糊集合。

设输入的量测值 $u(t-k)$ 满足

$$\mu_{B_i}(u) = \max[\mu_{B_1}(u), \mu_{B_2}(u), \cdots, \mu_{B_m}(u)] \tag{2-96}$$

则模糊变量 $u(t-k)$ 的取值为 B_i。

若输出量测值 $y(t-l)$ 或 $y(t)$ 满足

$$\mu_{C_i}(u) = \max[\mu_{C_1}(u), \mu_{C_2}(u), \cdots, \mu_{C_n}(u)] \tag{2-97}$$

则模糊变量 $y(t-l)$ 或 $y(t)$ 的值为 C_i。于是输入、输出量测值

$$u(1), y(1); u(2), y(2); \cdots; u(i), y(i); \cdots$$

均变成模糊集合，即

$$B_{i1}, C_{i1}; B_{i2}, C_{i2}; \cdots; B_{ii}, C_{ii}; \cdots$$

根据上述模糊集合通过相关试验来确定模型的结构。

第三，建立模糊关系模型。设模型的结构已确定为 $[u(t-k),$

$y(t-l), y(t)$］，把模糊变量 $u(t-k)$、$y(t-l)$ 和 $y(t)$ 的值均一一对应列成表 2-5 的形式。

表 2-5　模糊模型结构形式

$u(t-k)$	$y(t-l)$	$y(t)$
B_{k1}	C_{l1}	C_{j1}
B_{k2}	C_{l2}	C_{j2}
$\vdots$	$\vdots$	$\vdots$
B_{ki}	C_{li}	C_{ji}
$\vdots$	$\vdots$	$\vdots$

表 2-5 中的每一行实际上对应着一条规则，即

$$\text{if}\quad u(t-k) = B_{k1}\quad \text{and}\quad y(t-l) = C_{l1}\quad \text{then}\quad y(t) = C_{j1}$$

$$\text{if}\quad u(t-k) = B_{k2}\quad \text{and}\quad y(t-l) = C_{l2}\quad \text{then}\quad y(t) = C_{j2}$$

$$\cdots$$

$$\text{if}\quad u(t-k) = B_{ki}\quad \text{and}\quad y(t-l) = C_{li}\quad \text{then}\quad y(t) = C_{ji}$$

$$(2-98)$$

对于式（2-98）描述的规则，一般要经过必要的简化处理，因为这些规则中可能有一些是重复的或是相互矛盾的。

1）对重复的规则，处理方法是保留一条，除去重复的其他条。例如，下述规则

$$\text{if}\quad u(t-k) = B_2\quad \text{and}\quad y(t-l) = C_2\quad \text{then}\quad y(t) = C_3$$

$$\cdots$$

$$\text{if}\quad u(t-k) = B_2\quad \text{and}\quad y(t-l) = C_2\quad \text{then}\quad y(t) = C_3$$

$$(2-99)$$

实际上是两条完全相同的规则，可删掉一条。

2）对既不完全相同又有不相矛盾的规则可以做适当的合并处理。例如，下列规则

$$\text{if}\quad u(t-k) = B_3\quad \text{and}\quad y(t-l) = C_3\quad \text{then}\quad y(t) = C_5$$

$$\text{if}\quad u(t-k) = B_4\quad \text{and}\quad y(t-l) = C_4\quad \text{then}\quad y(t) = C_5$$

$$\text{if} \quad u(t-k) = B_9 \quad \text{and} \quad y(t-l) = C_9 \quad \text{then} \quad y(t) = C_5$$

$$(2-100)$$

可以合成如下形式

$$\text{if} \ u(t-k) = B_3 \quad \text{or} \quad B_4 \quad \text{or} \quad B_9 \quad \text{and} \quad y(t-l)$$

$$= C_3 \quad \text{or} \quad C_4 \quad \text{or} \quad C_9 \quad \text{then} \quad y(t) = C_5 \ (2-101)$$

3）对于相互矛盾的规则要根据具体情况分别对待，例如，下列规则

$$(a) \text{if} \quad u(t-k) = B_5 \quad \text{and} \quad y(t-l) = C_5 \quad \text{then} \quad y(t) = C_6$$

$$(b) \text{if} \quad u(t-k) = B_5 \quad \text{and} \quad y(t-l) = C_5 \quad \text{then} \quad y(t) = C_7$$

$$(c) \text{if} \quad u(t-k) = B_5 \quad \text{and} \quad y(t-l) = C_5 \quad \text{then} \quad y(t) = C_8$$

$$(2-102)$$

是三条相互矛盾的规则，不能简单地处理，要根据不同情况分别采取相应的处理方法。

如果规则（a）的出现次数比规则（b）和（c）出现的次数都多得多，则可以把规则（b）和（c）忽略不计，只选取（a）作为模型的一条规则。

如果上述三条规则出现的次数基本相同，忽略其中任何一条都会影响模糊的精度，这时可将三条规则合并为

$$\text{if} \quad u(t-k) = B_5 \quad \text{and} \quad y(t-l) = C_5 \quad \text{then} \quad y(t) = C_6 \quad \text{or} \quad C_7 \quad \text{or} \quad C_8$$

$$(2-103)$$

输入空间 U 和输出空间 Y 中的模糊集合的总数分别为 m 和 n，可以把全部输入输出量测值转换成 p_1 条规则，所以一般有 $p_1 \leqslant m \times n$。经化简处理得到的 p_1 条规则即为系统的预测模糊模型。

根据输入输出量测值，可以由 p_1 条规则按式（2-90）和式（2-92）计算出预测值 $y(t)$。这些计算属于逻辑运算，由计算机完成是十分方便的。

如果事先对输入空间 U 和输出空间 Y 的不同点 u_i 和 y_i 用计算机计算出由 $u(t-k)$ 和 $y(t-l)$ 的量测值来预测 $y(t)$ 的表格，则可以把预测值的计算过程转化为查表过程。

2.2.2　理论建模方法

理论建模是指根据系统的机理，或它所服从的物理定律建立数学模型的过程。如果我们具有描述该系统的全部信息，可以通过公式推导直观地得到数学模型，比如飞行控制系统稳定控制回路，根据控制原理框图可以推导数学表达公式。如果系统运行过程十分复杂，无法用简单模型代替，但是对模型的准确性有较高要求，这时理论建模也是不二选择。下面详细介绍在飞行控制系统仿真与测试中经常使用的几个数学模型的理论建模方法。

2.2.2.1　导弹全参量数学建模

导弹是飞行控制系统中的被控对象，在仿真和测试时用数学模型描述导弹运动，在分析弹体受力的基础上，根据牛顿定律、泰勒展开和哈密顿原理建立弹体数学模型。本书只介绍气动轴对称且具有倾斜稳定的导弹的数学模型，对于气动面对称或滚转稳定的导弹，请查阅相关书籍。

用数学模型描述导弹运动，通常将作用在导弹上的力和力矩投影到笛卡儿坐标系上，分解为俯仰通道、偏航通道和滚动通道的运动，分别建立力的平衡方程和力矩平衡方程。建立弹体模型有两种常用的坐标系体制，即苏联坐标系体制（北天东坐标系）和欧美坐标系体制（北东地坐标系），如图 2 - 21 所示。目前中国航天科技集团公司第八研究院战术型号采用苏联坐标系体制。

导弹在空间的运动一般看做变质量系统六自由度（决定刚体质心瞬时位置的三个自由度和决定刚体瞬时姿态的三个自由度）的运动，根据相关理论建立导弹运动方程组，包括动力学方程、运动学方程、质量及转动惯量变化方程与几何关系方程。

2.2.2.1.1　动力学方程

（1）导弹质心运动的动力学方程

导弹质心运动的动力学方程是描述导弹作为质点空间运动轨迹

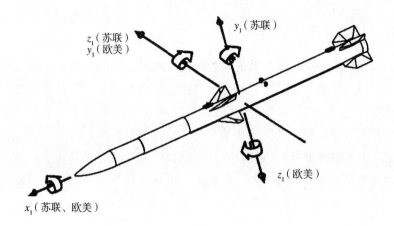

图 2-21　苏联坐标系和欧美坐标系对比

的矢量方程，如式（2-104）所示

$$m\frac{\mathrm{d}\boldsymbol{V}}{\mathrm{d}t} = \boldsymbol{F} \qquad (2-104)$$

为方便研究，通常将式（2-104）写成在弹道坐标系上的 3 个标量方程，如式（2-105）所示

$$\begin{cases} m\dfrac{\mathrm{d}V}{\mathrm{d}t} = P\cos\alpha\cos\beta - X - mg\sin\theta \\ mV\dfrac{\mathrm{d}\theta}{\mathrm{d}t} = P(\sin\alpha\cos\gamma_v + \cos\alpha\sin\beta\sin\gamma_v) + Y\cos\gamma_v - Z\sin\gamma_v - mg\cos\theta \\ -mV\cos\theta\dfrac{\mathrm{d}\Psi_V}{\mathrm{d}t} = P(\sin\alpha\sin\gamma_v - \cos\alpha\sin\beta\cos\gamma_v) + Y\sin\gamma_v + Z\cos\gamma_v \end{cases}$$

$$(2-105)$$

式中　　m ——导弹的瞬时质量；

　　　　V ——瞬时速度大小；

　　　　P ——推力；

　　　　X, Y, Z ——导弹所受的阻力、升力及侧向力；

　　　　θ, Ψ_V, γ_v ——用于描述坐标系转换关系的弹道倾角、弹道偏角及速度倾斜角。

（2）导弹绕质心转动的动力学方程

导弹绕质心转动的动力学方程是描述导弹绕质心转动的矢量方程，如式（2 - 106）所示

$$J \frac{\mathrm{d}\boldsymbol{\omega}}{\mathrm{d}t} = \boldsymbol{M} \tag{2 - 106}$$

为方便研究，通常将式（2 - 106）写成在弹体坐标系上的 3 个标量方程，如式（2 - 107）所示

$$\begin{cases} J_x \dfrac{\mathrm{d}\omega_{x1}}{\mathrm{d}t} = M_x - (J_z - J_y)\omega_{z1}\omega_{y1} \\[2mm] J_y \dfrac{\mathrm{d}\omega_{y1}}{\mathrm{d}t} = M_y - (J_x - J_z)\omega_{x1}\omega_{z1} \\[2mm] J_z \dfrac{\mathrm{d}\omega_{z1}}{\mathrm{d}t} = M_z - (J_y - J_x)\omega_{y1}\omega_{x1} \end{cases} \tag{2 - 107}$$

式中　J_x, J_y, J_z ——导弹对弹体坐标系各轴的转动惯量；

　　　　$\omega_{x1}, \omega_{y1}, \omega_{z1}$ ——导弹相对惯性空间的转动角速度在弹体坐标系各轴的分量；

　　　　M_x, M_y, M_z ——导弹所受的力矩在弹体坐标系各轴上的分量。

2.2.2.1.2　运动学方程

（1）导弹质心运动的运动学方程

导弹质心运动的运动学方程描述了导弹质心在惯性坐标系上的位置，如式（2 - 108）所示

$$\begin{cases} \dfrac{\mathrm{d}x}{\mathrm{d}t} = V\cos\theta\cos\Psi_V \\[2mm] \dfrac{\mathrm{d}y}{\mathrm{d}t} = V\sin\theta \\[2mm] \dfrac{\mathrm{d}z}{\mathrm{d}t} = -V\cos\theta\sin\Psi_V \end{cases} \tag{2 - 108}$$

式中　x, y, z ——导弹位置在惯性坐标系各轴上的分量。

（2）导弹绕质心转动的运动学方程

导弹绕质心转动的运动学方程描述了弹体坐标系相对惯性坐标系的姿态变化，如式（2 - 109）所示

$$\begin{cases} \dfrac{\mathrm{d}\vartheta}{\mathrm{d}t} = \omega_{y1}\sin\gamma + \omega_{z1}\cos\gamma \\[2mm] \dfrac{\mathrm{d}\Psi}{\mathrm{d}t} = \dfrac{1}{\cos\vartheta}(\omega_{y1}\cos\gamma - \omega_{z1}\sin\gamma) \\[2mm] \dfrac{\mathrm{d}\gamma}{\mathrm{d}t} = \omega_{x1} - \tan\vartheta(\omega_{y1}\cos\gamma - \omega_{z1}\sin\gamma) \end{cases} \tag{2-109}$$

式中　　ϑ, Ψ, γ——导弹的俯仰角、偏航角与滚转角。

2.2.2.1.3　质量与转动惯量变化方程

在发动机工作时，导弹的质量、转动惯量随发动机燃料消耗而减小，通常可以表示成飞行时间的线性函数，如式（2-110）所示

$$\begin{cases} m = m_0 - \Delta m \cdot t \\ J_x = J_{x0} - \Delta J_x \cdot t \\ J_y = J_{y0} - \Delta J_y \cdot t \\ J_z = J_{z0} - \Delta J_z \cdot t \end{cases} \tag{2-110}$$

2.2.2.1.4　几何关系方程

在 2.1.3 节中，介绍了常用坐标系之间的转换关系，某单位矢量以不同途径投影到任意坐标系的同一轴上，其结果应该是相等的。因此，用于描述坐标系转换关系的 $\vartheta, \Psi, \gamma, \alpha, \beta, \theta, \Psi_V, \gamma_V$ 8 个角度并不是完全独立的。几何关系方程描述了这 8 个角度之间的关系，如式（2-111）所示

$$\begin{cases} \sin\beta = \cos\theta[\cos\gamma\sin(\Psi-\Psi_V) + \sin\vartheta\sin\gamma\cos(\Psi-\Psi_V)] - \sin\theta\cos\vartheta\sin\gamma \\ \sin\alpha = \{\cos\theta[\sin\vartheta\cos\gamma\cos(\Psi-\Psi_V) - \sin\gamma\sin(\Psi-\Psi_V)] - \sin\theta\cos\vartheta\cos\gamma\}/\cos\beta \\ \sin\gamma_V = (\cos\alpha\sin\beta\sin\vartheta - \sin\alpha\sin\beta\cos\gamma\cos\vartheta + \cos\beta\sin\gamma\cos\vartheta)/\cos\theta \end{cases}$$

$$\tag{2-111}$$

将式（2-105）、式（2-107）～式（2-111）联立，即为描述导弹运动的一个含有 12 个状态变量的非线性微分方程组，以及描述方程组中几何关系的 3 个方程与描述导弹飞行过程中质量与转动惯量变化的 4 个方程，再引入导弹的控制规律（这一部分将在 2.2.2.4 节中介绍），给定初始条件后，通过数值计算可以求解出导弹的运动变化规律。

2.2.2.2　导弹线性化小扰动数学建模

2.2.2.2.1　小扰动线性化法

2.2.2.1 节建立的导弹运动方程组对导弹运动进行了完整、准确的描述，但是通常得不到解析解，只能得到对应于一组确定初始条件下的特解，因此很难从方程组解中总结出带规律性的结果。经典控制理论经过几十年的发展，已经形成完整的分析手段，因为其简单、成熟、可靠性高，被广泛运用于飞行控制领域。而经典控制理论的基础是线性模型。将非线性运动方程组进行线性化处理，便于求解，总结出规律性的结果，同时便于采用经典控制理论进行分析设计。在工程上，特别在导弹的初步设计阶段，在解算精度允许范围内，可以应用一些近似方法，对导弹运动方程进行简化，以便利用较简单的运动方程组来达到研究导弹运动的目的。在一定假设条件下，可以将导弹运动方程组分解到俯仰、偏航、滚动三个通道，获得通道间完全解耦的线性化方程，便于了解弹体动态特性，开展稳定控制系统设计工作。

导弹运动方程组见 2.2.2.1.1 节中式（2-105）、式（2-107）～式（2-109），导弹运动方程组线性化的基本假设是小扰动假设，即研究一个非线性系统在某一稳定平衡点附近的微小扰动运动状态时，原来的系统可以充分精确地用一个线性系统进行近似。也就是说线性化后的运动方程组描述的是扰动运动相对理论运动的变化规律。

分析导弹运动的动态过程时，将所有运动参数都写成它们在理论弹道运动中的数值和偏差相加的形式，如式（2-112）所示。如果扰动的影响很小，扰动运动参数（如 v, α, ω_z 等）与在同一时间内的未扰动运动参数（如 $v_0, \alpha_0, \omega_{z0}$）间的差值很小，则符合小扰动假设，非线性方程组具有线性化的基础。

$$\begin{cases} v(t) = v_0(t) + \Delta v(t) \\ \vdots \\ \alpha(t) = \alpha_0(t) + \Delta\alpha(t) \\ \vdots \\ \omega_z(t) = \omega_{z0}(t) + \Delta\omega_z(t) \\ \vdots \end{cases} \qquad (2-112)$$

通过泰勒公式，可将非线性微分方程组式（2-105）～式（2-111）在确定状态（$v_0, \alpha_0, \omega_{z0}, \cdots$）附近邻域内展开成偏差量的幂级数，略去高阶小量后，得到以偏差量为状态变量的线性微分方程组。

对于如下微分方程组［导弹运动方程组式（2-105）、式（2-107）～式（2-111）具有该形式］

$$f_1 \frac{\mathrm{d}x_1}{\mathrm{d}t} = F_1$$

$$f_2 \frac{\mathrm{d}x_2}{\mathrm{d}t} = F_2$$

$$\vdots$$

$$f_n \frac{\mathrm{d}x_n}{\mathrm{d}t} = F_n$$

式中，f_i 和 F_i 是变量 $x_1, x_2 \cdots, x_n$ 的非线性函数

$$f_i = f_i(x_1, x_2, \cdots, x_n)$$

$$F_i = F_i(x_1, x_2, \cdots, x_n)$$

$$(i = 1, 2, \cdots, n)$$

该方程组线性化后，得到的线性微分方程组如下（公式推导过程参见参考文献［2］）

$$f_{i0} \frac{\mathrm{d}\Delta x_i}{\mathrm{d}t} = \left[\left(\frac{\partial F_i}{\partial x_1} \right)_0 - \frac{\mathrm{d}x_{i0}}{\mathrm{d}t} \left(\frac{\partial F_i}{\partial x_1} \right)_0 \right] \Delta x_1 + \cdots +$$

$$\left[\left(\frac{\partial F_i}{\partial x_n} \right)_0 - \frac{\mathrm{d}x_{i0}}{\mathrm{d}t} \left(\frac{\partial F_i}{\partial x_n} \right)_0 \right] \Delta x_n, (i = 1, 2, \cdots, n)$$

通过空气动力学分析忽略掉次要因素，可以得到空气动力系数

和力矩系数具有线性化形式的表达式。具体哪些因素可以忽略，取决于导弹的气动外形和运动状态。对于气动轴对称型且具有倾斜稳定的导弹，影响气动力和气动力矩的主要参数为：$V, H, \alpha, \beta, \omega_x, \omega_y, \omega_z, \delta_x, \delta_y, \delta_z, \dot{\alpha}, \dot{\beta}, \gamma_0, \dot{\delta}_y, \dot{\delta}_z$。

忽略次要因素，气动力和气动力矩可以近似表示成下列形式

$$X = X_0 + X^{\alpha^2} \alpha^2 + X^{\beta^2} \beta^2$$

$$Y = Y^\alpha \alpha + Y^{\delta_z} \delta_z$$

$$Z = Z^\beta \beta + Z^{\delta_y} \delta_y$$

$$M_x = M_{x0} + M_x^{\omega_x} \omega_x + M_x^{\delta_x} \delta_x$$

$$M_y = M_y^\beta \beta + M_y^{\omega_y} \omega_y + M_y^{\dot{\beta}} \dot{\beta} + M_y^{\delta_y} \delta_y$$

$$M_z = M_z^\alpha \alpha + M_z^{\omega_z} \omega_z + M_z^{\dot{\alpha}} \dot{\alpha} + M_z^{\delta_z} \delta_z$$

假设扰动运动满足以下假设条件：

1) 未扰动运动中侧向运动参数（如 $\beta_0, \omega_{x0}, \omega_{y0}, \gamma_0, \psi_0$ 等）和执行机构的偏转角很小，纵向参数对时间的导数（如 $\dot{\alpha}_0, \dot{\omega}_{z0}, \dot{\delta}_{p0}$ 等）很小，忽略它们之间的乘积以及这些参数与其他小量的乘积；

2) 认为导弹质量、质心、转动惯量等结构参数在扰动运动中不变，忽略大气环境偏差；

3) 认为速度变化与理论运动差别不大，忽略速度变化的影响，忽略因速度方向改变造成的弹道坐标系在惯性空间的变化。

根据以上假设，利用微分方程线性化的方法、气动力和力矩线性化的结果，并利用空气动力与力矩系数表征气动力与气动力矩，最终得到线性化后的扰动运动方程组如式（2-113）所示，导弹动力学运动被分解到俯仰、偏航、滚动三个通道，通道间完全解耦，而且俯仰和偏航通道的运动是对称的，其中 $F_{gy}, F_{gz}, M_{gx}, M_{gy}, M_{gz}$ 为等效干扰

$$\begin{cases} mV\dfrac{\mathrm{d}\Delta\theta}{\mathrm{d}t} = (P + c_y^\alpha qS)\Delta\alpha + (c_y^{\delta z}qS)\Delta\delta_z + F_{gy} \\[2mm] -mV\dfrac{\mathrm{d}\Delta\psi_V}{\mathrm{d}t} = (-P + c_z^\beta qS)\Delta\beta + (c_z^{\delta y}qS)\Delta\delta_y + F_{gz} \\[2mm] J_x\dfrac{\mathrm{d}\Delta\omega_x}{\mathrm{d}t} = (m_x^{\bar\omega_x}qSL)\Delta\bar\omega_x + (m_x^{\delta x}qSL)\Delta\delta_x + M_{gx} \\[2mm] J_y\dfrac{\mathrm{d}\Delta\omega_y}{\mathrm{d}t} = (m_y^\beta qSL)\Delta\beta + (m_y^{\bar\omega_y}qSL)\Delta\bar\omega_y + (m_y^{\dot{\bar\beta}}qSL)\Delta\dot{\bar\beta} + \\[2mm] \qquad\qquad\quad (m_y^{\delta y}qSL)\Delta\delta_y + M_{gy} \\[2mm] J_z\dfrac{\mathrm{d}\Delta\omega_z}{\mathrm{d}t} = (m_z^\alpha qSL)\Delta\alpha + (m_z^{\bar\omega_z}qSL)\Delta\bar\omega_z + (m_z^{\dot{\bar\alpha}}qSL)\Delta\dot{\bar\alpha} + \\[2mm] \qquad\qquad\quad (m_z^{\delta z}qSL)\Delta\delta_z + M_{gz} \end{cases}$$

$$(2-113)$$

2.2.2.2.2　系数冻结法

式（2-113）表示的导弹运动的线性方程组，其状态变量的系数随飞行速度、高度、攻角、质量、转动惯量等时刻发生变化，是一个变系数线性微分方程组。求解变系数微分方程组的过程比较复杂，只有在极简单的情况下（一般不超过二阶）才可能求得解析解。而研究常系数线性方程则简单得多，特别是求一般解析解的方法大家都是熟知的。此外，还有很多研究常系数方程解的方法，它们在工程实践中获得了广泛的应用，例如判断解的稳定性方法、频率法等，所以我们通常利用系数冻结法将变系数线性微分方程组简化为常系数线性微分方程组。

所谓系数冻结是指在研究导弹的动态特性时，如果未扰动弹道已经给出，则在该弹道上任意点的运动参数和结构参数都为已知，近似认为所研究的特征点附近小范围内，未扰动运动的运动参数、气动参数、结构参数和制导系统参数都固定不变，也就是近似地认为各扰动运动方程中的扰动偏量前的系数，在特征点的附近冻结不变。这样，微分方程组中的系数变为常系数，使求解大为简化。

采用系数冻结法后，式（2-113）中变量的系数可以用常值表示，计算方法如表 2 - 6 所示。表中的计算公式中，角度的单位为 rad，角速度的单位为 rad/s。

表 2 - 6　气动系数计算方法

名称	符号	计算方法	物理含义
俯仰阻尼系数/s^{-1}	a_1	$-\dfrac{m_z^{\bar{\omega}_z}qSL}{J_z}\dfrac{L}{V}$	表示俯仰通道的空气动力阻尼
俯仰静稳定系数/s^{-2}	a_2	$-\dfrac{m_z^{\alpha}qSL}{J_z}$	表示导弹的静稳定性
俯仰舵效率系数/s^{-2}	a_3	$-\dfrac{m_z^{\delta_z}qSL}{J_z}$	表示俯仰通道舵偏的效率
法向力系数/s^{-1}	a_4	$\dfrac{P+c_y^{\alpha}qS}{mV}$	表示单位攻角引起的弹道切线的转动角加速度偏量
俯仰舵升力系数/s^{-1}	a_5	$\dfrac{c_y^{\delta_z}qS}{mV}$	表示单位舵偏引起的弹道切线的转动角加速度偏量
下洗俯仰力矩系数/s^{-1}	a'_1	$-\dfrac{m_z^{\dot{\alpha}}qSL}{J_z}\dfrac{L}{V}$	表示气流下洗的延迟对俯仰力矩的影响
偏航阻尼系数/s^{-1}	b_1	$-\dfrac{m_y^{\omega_y}qSL}{J_y}\dfrac{L}{V}$	表示偏航通道的空气动力阻尼
偏航静稳定系数/s^{-2}	b_2	$-\dfrac{m_y^{\beta}qSL}{J_y}$	表示导弹的静稳定性
偏航舵效率系数/s^{-2}	b_3	$-\dfrac{m_y^{\delta_y}qSL}{J_y}$	表示偏航通道舵偏的效率
侧向力系数/s^{-1}	b_4	$\dfrac{P-c_z^{\beta}qS}{mV}$	表示单位侧滑角引起的弹道切线的转动角加速度偏量
偏航舵升力系数/s^{-1}	b_5	$\dfrac{-c_z^{\delta y}qS}{mV}$	表示单位舵偏引起的弹道切线的转动角加速度偏量
下洗偏航力矩系数/s^{-1}	b'_1	$-\dfrac{m_y^{\dot{\beta}}qSL}{J_z}\dfrac{L}{V}$	表示气流下洗的延迟对偏航力矩的影响
滚动阻尼系数/s^{-1}	c_1	$-\dfrac{m_x^{\omega_x}qSL}{J_x}\dfrac{L}{V}$	表示滚动通道的空气动力阻尼
副翼效率系数/s^{-2}	c_3	$-\dfrac{m_x^{\delta x}qSL}{J_x}$	表示副翼的效率

a_1 是单位角速度偏量（$\Delta\omega_z=1$）所引起的导弹绕 oz_1 轴转动角加速度的偏量，即 $a_1\Delta\omega_z$，其方向永远与 $\Delta\omega_z$ 的方向相同，作用是阻止导弹相对于 oz_1 轴的转动，所以称为阻尼作用。

a_2 是单位攻角变化（$\Delta\alpha=1$）所引起的导弹绕 oz_1 轴转动角加

速度的偏量，即 $a_2\Delta\alpha$ 。如果 $a_2 < 0$ ，则由 $\Delta\alpha$ 所引起的角加速度偏量的方向与 $\Delta\alpha$ 的方向相同，将造成攻角进一步偏离原来的配平状态，导弹不能回到原来的平衡位置，导弹纵向为静不稳定；反之，若 $a_2 > 0$ ，导弹纵向为静稳定。

a_3 是单位舵偏（ $\Delta\delta_P = 1$ ）所造成的导弹绕 oz_1 轴转动角加速度的偏量。对于正常式气动布局导弹，a_3 为正值；对于鸭式气动布局导弹，a_3 为负值。在使用燃气舵的情况下，需补充燃气舵效率系数 a_{3P} ，即 $(a_3 + a_{3P})\Delta\delta_P$ 。

a'_1 表示单位攻角变化率的偏量所引起导弹绕 oz_1 轴转动角加速度的偏量，即 $a'_1\dot{\Delta\alpha}$ 。

a_4 表示单位攻角偏量所引起的弹道切线的转动角加速度偏量，即 $a_4\Delta\alpha$ 。

a_5 表示单位舵偏所引起的弹道切线转动角加速度的偏量，在使用燃气舵的情况下，还需补充燃气舵升力系数 a_{5P} ，即 $(a_5 + a_{5P})\Delta\delta_P$ 。

对于轴对称导弹，偏航通道的动力系数与俯仰通道完全相同。

c_1 是单位角速度偏量（ $\Delta\omega_x = 1$ ）所引起的导弹绕 ox_1 轴转动角加速度的偏量，即 $c_1\Delta\omega_x$ 。

c_3 是单位副翼偏角（ $\Delta\delta_R = 1$ ）所造成的导弹绕 ox_1 轴转动角加速度的偏量，在使用燃气舵的情况下，需补充燃气副翼效率系数 c_{3P} ，即 $(c_3 + c_{3P})\Delta\delta_R$ 。

系数冻结法并无严格的理论依据或数学证明，根据实践经验，如果在过渡过程内系数的变化不超过 $15\% \sim 20\%$ 时，系数冻结法不至于带来很大的误差。而我们主要研究的是快衰减短周期扰动运动，过渡过程时间一般是在几秒钟内，在此期间系数变化在系数冻结法允许的范围内。

经系数冻结后形成的常系数线性微分方程组称为定点数学模型，用来针对某个特定飞行状态进行定量分析，在很大程度上真实反映了飞行控制系统的品质，便于运用线性系统理论开展分析设计，因此采用线性化小扰动数学建模方法是飞行控制系统设计和验证中最常用的手段之一。

2.2.2.2.3　定点数学模型

经过小扰动线性化和系数冻结后，导弹的动力学方程组被分解到三个独立的通道，以常系数线性微分方程组的形式表达，如式（2-114）、式（2-115），分别为俯仰、偏航、滚动通道的运动方程组。方程组中的状态变量实际是扰动运动相对未扰动运动的偏差，书写时忽略掉"Δ"符号，其中角度的单位为（°），角速度的单位为（°）/s。由于侧向运动方程与纵向运动方程具有相似的形式，下面着重分析纵向运动与滚动运动的特性

$$\begin{cases} \dot{\omega}_z + a_1 \omega_z + a_2 \alpha + (a_3 + a_{3P})\delta_P + a'_1 \dot{\alpha} = 0 \\ \dot{\theta} - a_4 \alpha - (a_5 + a_{5P})\delta_P = 0 \\ \dot{\vartheta} = \omega_z \\ \vartheta = \theta + \alpha \\ N_y = \dfrac{V_m \dot{\theta}}{57.3g} \end{cases} \tag{2-114}$$

$$\dot{\omega}_x + c_1 \omega_x + (c_3 + c_{3P})\delta_R = 0 \tag{2-115}$$

上面的模型是将导弹视作刚体考虑，称为刚体运动的定点数学模型。实际上导弹飞行过程中受到气动载荷作用时会产生弹性弯曲，弹性变形将引起局部攻角的变化，进而影响空气动力特性。在研究弹体的弹性变形时，通常将导弹看成有限长度且两端自由的振动梁，受到法向扰动力作用而产生的弹性变形被看成是弹性弹体的纵轴在绝对刚体的纵轴附近的振动。由于惯测组合的安装位置受弹上空间限制，敏感元件不能安装在振动波谷的位置上，敏感到的信息中包含了弹性振动的影响，尤其是频率比较低的振动，对系统有明显的影响，所以要建立弹性动力学方程，补充对弹性振动的描述。

选择广义坐标来分析弹体的弹性振型，认为弹体在空间的弹性振动，是由不同阶次的振型叠加而成。不考虑通道振型间的耦合，每一阶振型可以单独分析，具有下面的表达形式

$$\ddot{q}_i + 2\zeta_i\omega_i\dot{q}_i + \omega_i^2 q_i = Q_i/M_i \qquad (2-116)$$

式中　　q_i ——时间的函数，称为广义坐标；

　　　　i ——振型的阶次；

　　　　ζ_i ——第 i 阶振型的相对衰减系数；

　　　　ω_i ——第 i 阶振型的角频率；

　　　　Q_i ——广义力；

　　　　M_i ——广义质量。

振型的角频率和相对衰减系数可以从理论计算得到，也可以通过模态试验得到。防空导弹一般只考虑一阶和二阶弹性振型，振型的相对衰减系数不变。随着发动机燃料消耗，弹体的结构刚度也在减小，振型的角频率提高。

引起弹体弹性振动的法向力有重力、空气动力、推力的法向分量，以及推进剂晃动引起的侧力等。防空导弹一般采用固体燃料发动机，无须考虑推进剂晃动引起的侧力，而且可以忽略重力及推力的法向分量的影响。以俯仰通道为例，式（2-116）可以用下面方程表示

$$\ddot{q}_i + 2\zeta_i\omega_i\dot{q}_i + \omega_i^2 q_i = D_{1i}\dot{\vartheta} + D_{2i}\alpha + D_{3i}\delta_P \qquad (2-117)$$

式中　　D_{1i} ——弹体阻尼力对弹性振型的影响系数；

　　　　D_{2i} ——弹体升力对弹性振型的影响系数；

　　　　D_{3i} ——控制力对弹性振型的影响系数，对于使用燃气舵的情况，还需补充燃气舵系数 D_{4i}。

由于敏感元件既测量弹体的刚体运动，也能敏感到所在位置的弹性振动，对式（2-114）中刚体运动的角速度和过载（加速度）进行如下修正

$$\begin{cases} \omega_{z\vartheta} = \omega_z - W'_1(X_\theta)\dot{q}_1 - W'_2(X_\theta)\dot{q}_2 \\ N_{yA} = \dfrac{[V_m\dot{\vartheta} + l_A\dot{\omega}_z + W_1(X_A)\ddot{q}_1 + W_2(X_A)\ddot{q}_2]}{57.3g} \end{cases} \qquad (2-118)$$

式中　　$W_i(X_A)$ ——加速度计处敏感到的 i 阶振型；

　　　　$W'_i(X_\theta)$ ——陀螺处敏感到的 i 阶振型的导数；

l_A——加速度计安装位置离导弹质心的距离。

由式（2-114）、式（2-116）、式（2-118）联立得到导弹俯仰通道的定点数学模型，滚动通道没有弹性运动，表达式比较简单，为式（2-115）。

需要指出的是，上面的推导过程中，将俯仰、偏航、滚动通道定义在弹体坐标系上，而工程实践中，我们通常将俯仰、偏航、滚动通道定义在执行坐标系上。由于导弹采用轴对称的气动外形，以上推导的气动模型完全可以在执行坐标系下使用，只要注意核对敏感元件的敏感轴方向是否沿执行坐标系的轴向，并且注意核对舵面分配公式。

2.2.2.3 电动舵系统数学建模

尽管在飞行控制系统的仿真与测试中通常将电动舵系统用传递函数代替，但是当对电动舵系统进行设计和验证时，其数学模型必不可少。根据电机学原理、控制原理可建立电动舵系统数学模型。

如1.3.3.2节所述，电动舵系统一般由控制驱动组合、伺服电机、减速传动机构和反馈装置等组成，其原理框图如图1-30所示。本节主要针对无校正网络的电动舵系统数学模型进行研究，在建立电机模型的基础上，将各个组成部分的数学模型综合起来，得到电动舵系统的数学模型。

2.2.2.3.1 电机模型

本节针对电动舵系统经常选用的两种电机（有刷直流电机及无刷直流电机），分别建立其相应的数学模型。

（1）有刷直流电机

有刷直流电机等效电路如图2-22所示。

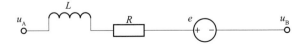

图2-22 有刷直流电机等效电路图

电机运行时，电枢绕组的感应电动势 e 和电枢电流 i 的乘积，称为电磁功率，用 P_e 表示

$$P_e = ei \tag{2-119}$$

不计转子的机械损耗和杂散损耗，由于能量守恒，电磁功率全部转化为转子动能，故有

$$P_e = T_e\Omega \tag{2-120}$$

式中　T_e——电磁转矩；

　　　Ω——电机机械角速度。

由式（2-119）和式（2-120）有

$$T_e = \frac{ei}{\Omega} \tag{2-121}$$

式（2-121）可进一步简化为

$$T_e = \frac{ei}{\Omega} = K_T i \tag{2-122}$$

式中　K_T——力矩系数。

忽略电机粘滞摩擦，电机运动方程可写成

$$T_e - T_L = J\frac{\mathrm{d}\Omega}{\mathrm{d}t} \tag{2-123}$$

式中　T_L——负载转矩；

　　　J——转子转动惯量。

式（2-119）、式（2-122）和式（2-123）共同构成了有刷直流电机的微分方程数学模型。

由图 2-22 有

$$u_{AB} = Ri + L\frac{\mathrm{d}i}{\mathrm{d}t} + e \tag{2-124}$$

式（2-124）可写成

$$u_{AB} = r_a i + L_a\frac{\mathrm{d}i}{\mathrm{d}t} + k_e\Omega \tag{2-125}$$

式中　r_a——绕组线电阻；

　　　L_a——绕组等效线电感；

　　　k_e——反电势系数。

将式（2-122）代入式（2-123）得

$$K_T i - T_{\mathrm{L}} = J \frac{\mathrm{d}\Omega}{\mathrm{d}t} \qquad (2-126)$$

不考虑负载（即 $T_{\mathrm{L}} = 0$）时，电枢电流

$$i = \frac{J}{K_T} \frac{\mathrm{d}\Omega}{\mathrm{d}t} \qquad (2-127)$$

将式（2-127）代入式（2-125），得到母线电压和角速度之间的关系

$$U_{\mathrm{d}} = \frac{L_{\mathrm{a}} J}{K_T} \frac{\mathrm{d}^2\Omega}{\mathrm{d}t^2} + \frac{r_{\mathrm{a}} J}{K_T} \frac{\mathrm{d}\Omega}{\mathrm{d}t} + k_{\mathrm{e}}\Omega \qquad (2-128)$$

式中　U_{d}——直流母线电压。

对式（2-128）进行拉普拉斯变换并整理，得到有刷直流电机的传递函数

$$G_{\mathrm{u}}(s) = \frac{\Omega(s)}{U_{\mathrm{d}}(s)} = \frac{K_T}{L_{\mathrm{a}} J s^2 + r_{\mathrm{a}} J s + k_{\mathrm{e}} K_T} \qquad (2-129)$$

由上述推导过程，可建立有刷直流电机系统方框图，如图 2-23 所示。

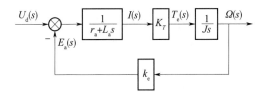

图 2-23　有刷直流电机系统方框图

对式（2-129）进行整理，有

$$G_{\mathrm{u}}(s) = \frac{\Omega(s)}{U_{\mathrm{d}}(s)} = \frac{\dfrac{1}{k_{\mathrm{e}}}}{\tau_{\mathrm{m}} \tau_{\mathrm{e}} s^2 + \tau_{\mathrm{m}} s + 1} \qquad (2-130)$$

式中，电机机电时间常数 $\tau_{\mathrm{m}} = r_{\mathrm{a}} J / K_T k_{\mathrm{e}}$；电机电磁时间常数 $\tau_{\mathrm{e}} = L_{\mathrm{a}} / r_{\mathrm{a}}$。

一般 $\tau_{\mathrm{m}} \geqslant 10\tau_{\mathrm{e}}$，故式（2-130）可写成

$$G_u(s) = \frac{\Omega(s)}{U_d(s)} = \frac{\dfrac{1}{k_e}}{(\tau_m s + 1)(\tau_e s + 1)} \tag{2-131}$$

因为 τ_e 很小，$1/\tau_e$ 远大于控制系统的通频带，直流电动机的传递函数可进一步简化

$$G_u(s) = \frac{\Omega(s)}{U_d(s)} = \frac{\dfrac{1}{k_e}}{(\tau_m s + 1)} \tag{2-132}$$

考虑负载转矩时，可将负载力矩看成系统输入，系统方框图如图 2-24 所示。

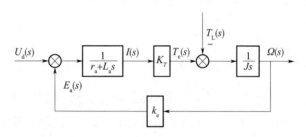

图 2-24　考虑负载转矩时的有刷电机系统方框图

图 2-24 中，当 $U_d(s) = 0$ 时，有

$$\Omega(s)\left[\frac{Js(r_a + L_a s) + k_e K_T}{(r_a + L_a s)}\right] = -T_L(s) \tag{2-133}$$

将式 (2-133) 进行整理，可得到此时负载转矩与速度之间的传递函数

$$G_L(s) = \frac{\Omega(s)}{T_L(s)} = -\frac{(r_a + L_a s)}{L_a J s^2 + r_a J s + k_e K_T} \tag{2-134}$$

根据线性系统叠加原理，得到有刷电机在电压和负载转矩共同作用下的速度响应

$$\Omega(s) = G_u(s)U_d(s) + G_L(s)T_L(s)$$

$$= \frac{K_T U_d(s)}{L_a J s^2 + r_a J s + k_e K_T} - \frac{(r_a + L_a s)T_L(s)}{L_a J s^2 + r_a J s + k_e K_T}$$

$$\tag{2-135}$$

（2）无刷直流电机

由于稀土永磁无刷直流电机的气隙磁场、反电势以及相电流都是非正弦的，通常利用电动机本身的相变量来建立其数学模型。

在建立电机模型前，做如下假设以简化分析过程：

1）忽略电机铁芯饱和，不计涡流损耗和磁滞损耗；

2）不计电枢反应，气隙磁场分布近似认为是平顶宽度为120°电角度的梯形波；

3）忽略齿槽效应，电枢导体连续均匀分布于电枢表面；

4）驱动系统逆变电路的功率管和续流二极管均具有理想的开关特性。

对三相无刷直流电机，由电机电压平衡，可得

$$
\begin{bmatrix} u_A \\ u_B \\ u_C \end{bmatrix} = \begin{bmatrix} r & 0 & 0 \\ 0 & r & 0 \\ 0 & 0 & r \end{bmatrix} \begin{bmatrix} i_A \\ i_B \\ i_C \end{bmatrix} + \begin{bmatrix} L-M & 0 & 0 \\ 0 & L-M & 0 \\ 0 & 0 & L-M \end{bmatrix} P \begin{bmatrix} i_A \\ i_B \\ i_C \end{bmatrix} + \begin{bmatrix} e_A \\ e_B \\ e_C \end{bmatrix}
$$

$$(2-136)$$

式中　u_A, u_B, u_C——三相定子相电压（V）；

$\quad\quad i_A, i_B, i_C$——三相定子相电流（A）；

$\quad\quad e_A, e_B, e_C$——三相定子反电势（V）；

$\quad\quad L$——三相定子绕组自感（H）；

$\quad\quad M$——每组绕组互感（H）；

微分算子 $P = \dfrac{\mathrm{d}}{\mathrm{d}t}$。

式（2-136）对应的无刷电机等效电路如图2-25所示。

电机运行时，电磁功率 P_e 等于三相绕组的相反电势与相电流乘积之和

$$P_e = e_A i_A + e_B i_B + e_C i_C \tag{2-137}$$

不计转子的机械损耗和杂散损耗，电磁功率全部转化为转子动能，故有

$$P_e = T_e \Omega \tag{2-138}$$

式中　T_e——电磁转矩；

　　　　Ω——电机机械角速度。

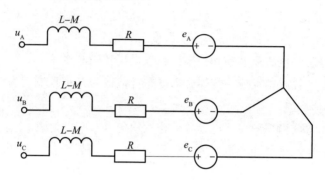

图 2-25　无刷直流电机等效电路

将式（2-137）代入式（2-138），整理得

$$T_e = \frac{(e_A i_A + e_B i_B + e_C i_C)}{\Omega} \qquad (2-139)$$

当无刷直流电机运行在 120°导通工作方式下，不考虑换相暂态过程，三相 Y 连接定子绕组中仅有两相流过电流，其大小相等，方向相反。反电势对不同绕组而言总是相反的，故式（2-139）可进一步简化为

$$T_e = \frac{2 e_A i_A}{\Omega} = K_T i \qquad (2-140)$$

式中　K_T——力矩系数。

忽略转动时的粘滞摩擦，无刷电机的运动方程可写为

$$T_e - T_L = J \frac{\mathrm{d}\Omega}{\mathrm{d}t} \qquad (2-141)$$

式中　T_L——负载转矩；

　　　　J——转子转动惯量。

式（2-136）、式（2-139）和式（2-141）共同构成了无刷直流电机的微分方程数学模型。

同有刷直流电机相比，无刷直流电机需要根据转子的不同位置来给对应相绕组通电，其相数常被设计为三相或多相。对每一相通电导通的电枢绕组而言，其反电势和电磁转矩生成的原理和过程与有刷直流电机类似，分析过程也相似。

对于三相无刷直流电机，当定子绕组导通方式为两两通电方式时，忽略换相时的暂态过程，有（以 A、B 相为例）

$$i_A = -i_B = i$$

$$\frac{\mathrm{d}i_A}{\mathrm{d}t} = -\frac{\mathrm{d}i_B}{\mathrm{d}t} = \frac{\mathrm{d}i}{\mathrm{d}t}$$

由图 2 - 25 可得

$$u_{AB} = 2Ri + 2(L-M)\frac{\mathrm{d}i}{\mathrm{d}t} + (e_A - e_B) \qquad (2-142)$$

不计换相暂态过程，即不考虑反电势的梯形斜边，则 A 相和 B 相稳态导通时，e_A 和 e_B 的大小相等、符号相反，式（2 - 142）可写为

$$u_{AB} = U_d = 2Ri + 2(L-M)\frac{\mathrm{d}i}{\mathrm{d}t} + 2e_A = r_a i + L_a \frac{\mathrm{d}i}{\mathrm{d}t} + k_e \Omega$$

$$(2-143)$$

式中　U_d——直流母线电压；

　　　r_a——绕组线电阻；

　　　L_a——绕组等效线电感；

　　　k_e——反电势系数。

因此在近似假设成立时，可以将无刷电机模型用有刷电机模型进行近似等效代替。

2.2.2.3.2　电动舵系统模型

建立完整的电动舵系统模型，除考虑电机模型外，还应建立控制驱动组合模型、传动机构模型及反馈装置模型。

值得一提的是，在数学模型的建立过程中，很多环节的实际模型可能包含滞后、间隙、摩擦等非线性因素，而这些非线性因素在系统模型中所起的作用很难定量地分析，因此，常忽略这些非线性因素，建立系统理想的线性模型，以便于系统的分析与综合。

（1）控制驱动组合模型

控制驱动组合包括控制器和驱动器两大部分。控制器的形式和参数，通常需要根据具体的舵系统性能指标进行设计，本小节将控制器传递函数简记为 K_C；在线性区内，PWM 驱动器的传递函数为常数，记为 K_{PWM}。故可得到控制驱动组合的传递函数 $K = K_C \cdot K_{PWM}$。

（2）传动机构模型

目前的防空导弹电动舵系统中，常用齿轮与滚珠丝杠相结合的两级传动作为减速传动机构。忽略传动装置各部分之间间隙、摩擦等非线性因素，该减速传动机构模型可看成一个传递函数为 K_J 的比例环节。

（3）反馈装置模型

反馈装置常用反馈电位器实现，为了提高反馈精度，通常在反馈电位器与舵轴之间设置增速齿轮，通过提高增速齿轮的加工精度，选择线性度好的反馈电位计可以实现角度到电压信号的近似线性的对应关系，因此，反馈装置的传递函数可简化成常数 k_w。

将控制器驱动组合模型、电机模型、传动机构模型及反馈装置模型综合起来，得出的电动舵系统框图如图 2-26 所示。其中，k 是为统一单位而引进的增益环节。

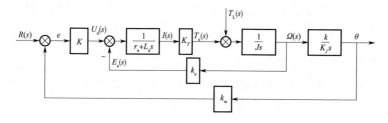

图 2-26 电动舵系统原理框图

由图 2-26 可得舵机轴转角位置 $\theta(s)$ 与输入电压 $U_d(s)$ 和负载转矩 $T_L(s)$ 之间的闭环传递函数

$$\theta(s) = \frac{k}{K_J s}\left[\frac{K_T U_d(s)}{L_a J s^2 + r_a J s + k_e K_T} - \frac{(r_a + L_a s)T_L(s)}{L_a J s^2 + r_a J s + k_e K_T}\right]$$

$$(2-144)$$

假设负载转矩为零，电机的输入电压 $U_d(s)$ 到舵轴角位置 $\theta(s)$ 的传递函数为

$$\frac{\theta(s)}{U_d(s)} = \frac{kK_T}{K_J s(L_a J s^2 + r_a J s + k_e K_T)} \qquad (2-145)$$

由图 2-26 可知

$$U_d(s) = K[R(s) - k_w \theta(s)] \qquad (2-146)$$

将式（2-146）代入式（2-145），得舵系统闭环模型

$$\frac{\theta(s)}{R(s)} = \frac{kK_T K}{K_J s(L_a J s^2 + r_a J s + k_e K_T) + kK_T K k_w} \qquad (2-147)$$

2.2.2.4　稳定控制回路数学建模

稳定控制回路主要功能是稳定弹体、增加弹体阻尼、抑制外加干扰和交叉耦合，并按照指令要求精确控制导弹的姿态和速度方向。

稳定控制回路主要由伺服系统、敏感元件和控制单元（含稳定控制软件）组成，其中，敏感元件敏感导弹的角速度和加速度获得导弹运动信息，以数字量或模拟电压的形式传输到控制单元，控制单元通过综合制导指令、飞行状态信息和导弹运动信息，经过稳定控制软件的解算，输出舵指令给伺服系统，伺服系统根据舵指令驱动舵面偏转，产生气动控制力矩，改变导弹姿态（姿态控制），或者形成导弹的飞行攻角，从而产生气动力形成过载，改变导弹的飞行速度方向（过载控制）。

对于 STT 控制导弹，稳定控制回路通常采用俯仰、偏航、滚动三个通道独立控制的形式（对 X 型配置的导弹外形，分别称 I、II、III 通道）。控制俯仰和偏航运动的回路通常称俯偏控制回路（I、II 回路），对应滚动运动的回路通常称为滚动稳定回路。对于 BTT 控制导弹，稳定控制回路还包括协调支路，用于补偿偏航通道的耦合，抑制侧滑角。本节以采用 STT 控制的正常式布局轴对称导弹为例，

介绍稳定控制回路的建模方法。

2.2.2.4.1　俯偏控制回路

（1）俯偏控制回路的功能

早期导弹被设计为静稳定的，俯偏控制回路的主要功能是改善弹体阻尼，抑制弹性振动，并根据制导指令精确控制导弹的俯仰、偏航方向的姿态角和过载。随着导弹机动性能和制导精度要求的提高，越来越多的导弹被设计为中立稳定，甚至是静不稳定的，这对俯偏控制回路提出了新的要求，要求其具备稳定控制静不稳定导弹的功能。

（2）俯偏控制回路的组成

图 2-27 所示的是俯仰控制回路的原理框图，从中可以看出，俯仰控制回路是一个多回路系统，其结构主要由三个回路组成，分别是阻尼回路、复合回路和加速度回路。偏航控制回路的控制结构与俯仰控制回路一致，控制参数相同，但是阻尼回路和复合回路的极性相反，原因在于：正常式布局导弹的俯仰舵面正向偏转时，弹体后部产生正向升力，导弹作低头运动，速率陀螺敏感到负角速度，所以俯仰角速度应以正极性接入控制回路，起减小舵偏的作用，实现负反馈；对于偏航通道，偏航通道舵面正向偏转时，弹体后部产生正向侧力，导弹头部绕 Oy_b 轴按右手系正向偏转，速率陀螺敏感到正角速度，所以偏航角速度应以负极性接入控制回路。

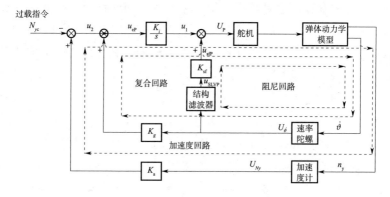

图 2-27　俯仰控制回路原理框图

①阻尼回路

阻尼回路在俯偏控制回路中属于内回路，主要由速率陀螺、结构滤波器、阻尼回路反馈系数及舵机组成，其主要用于改善弹体的动力学性能，具体表现在如下两个方面。

（a）改善弹体阻尼特性

静稳定导弹的短周期运动阻尼很小，在控制或干扰作用下，弹体将产生较大的长时间慢衰减振荡，结果将使攻角不必要增大，进而增大诱导阻力，降低飞行速度，使射程缩短，甚至在一定程度上降低射击精度，同时弹体振荡引起过载过大的超调也是十分不利的因素。导弹通过引入阻尼回路，提供人工阻尼，可使导弹的阻尼系数增大到 $0.35 \sim 0.5$。

以俯仰回路为例进行说明。下式所示的是俯仰回路弹体的小偏差线性化模型

$$\begin{cases} \ddot{\vartheta} + a_1 \dot{\vartheta} + a_{11} \dot{\alpha} + a_2 \alpha + a_3 \delta = 0 \\ \dot{\theta} - a_4 \alpha - a_5 \delta = 0 \\ \vartheta - \theta - \alpha = 0 \\ n_y = V_m \dot{\theta} / (57.3g) \end{cases}$$

通过拉普拉斯变换，可以得到以舵偏为输入、角速度为输出的传递函数，如式（2-148）所示，其极点的阻尼系数为 $\xi = \dfrac{C}{2\sqrt{D}}$

$$\frac{\dot{\vartheta}(s)}{\delta(s)} = \frac{(a_{11}a_5 - a_3)s + a_2 a_5 - a_3 a_4}{s^2 + (a_1 + a_{11} + a_4)s + a_1 a_4 + a_2} = \frac{As + B}{s^2 + Cs + D}$$

$$(2-148)$$

其中，$A = (a_{11}a_5 - a_3)$，$B = a_2 a_5 - a_3 a_4$，$C = (a_1 + a_{11} + a_4)$，$D = a_1 a_4 + a_2$。

加入阻尼回路后，阻尼回路的闭环传递函数如下式所示，其极点的阻尼系数为

$$\xi' = \frac{C - k_{gy} k_w k_{sf} A}{2\sqrt{D - k_{gy} k_w k_{sf} B}}$$

式中　　k_{gy}——速率陀螺增益；

　　　　k_w——伺服系统增益；

　　　　k_{sf}——阻尼回路反馈增益。

$$\frac{\dot{\vartheta}(s)}{u_1(s)} = \frac{k_w(As + B)}{s^2 + (C - k_{gy}k_w k_{sf}A)s + D - k_{gy}k_w Bk_{sf}} \quad (2-149)$$

通过比较两者的阻尼系数，可知当 $D \gg k_{gy}k_w k_{sf}B$ 时

$$\xi' = \frac{C - k_{gy}k_w k_{sf}A}{2\sqrt{D}} = \xi - \frac{k_{gy}k_w k_{sf}A}{2\sqrt{D}} \quad (2-150)$$

由于 $k_{gy}k_w k_{sf}A < 0$，因此接入阻尼回路后，弹体俯仰运动的阻尼系数增大了，且 k_{sf} 越大，阻尼系数的增幅越大。

（b）对静不稳定导弹进行稳定

静不稳定导弹在飞行过程中受到瞬时扰动作用后，不能回复到原来的平衡状态，而是偏离越来越大，直至导弹失稳，即式（2-150）中 $D < 0$，弹体具有正极点，系统不稳定。引入阻尼回路并适当选择反馈增益 K_{sf}，不仅使静稳定导弹的阻尼特性得到改善，而且还能使静不稳定导弹得到稳定，即 $D - k_{gy}k_w Bk_{sf} > 0$，系统具有稳定的极点。阻尼回路产生的舵偏，形成稳定控制力矩，不仅能够抵消已出现的干扰力矩，而且还可以克服新产生的静不稳定力矩，那么弹体将重新获得平衡。

②复合回路

复合回路是阻尼回路的补充，在俯偏控制回路中属于第二个回路，其主要作用是引入伪姿态角反馈，近似实现攻角反馈，在保证静不稳定弹体稳定的条件下，减小阻尼回路反馈增益 K_{sf}。

从上述公式分析可知，只要选择适当的阻尼回路反馈增益 K_{sf}，就可以对静不稳定导弹实现稳定。但是，受物理特性的限制，K_{sf} 不能太大，因为在阻尼回路中，过大的反馈增益容易激起回路的高频振荡，甚至使回路失稳。这主要是由回路中舵系统的高频相位滞后和弹体的弹性振动引起的。在静不稳定弹体的稳定与弹体弹性振动的抑制之间存在着矛盾。解决这一矛盾的途径之一是：在稳定控制

回路中引入复合回路，可以使得在阻尼回路反馈增益较小的情况下，也能对静不稳定导弹实施稳定。

引入复合回路后，闭环传递函数如下所示

$$\frac{\dot{\vartheta}(s)}{u_2(s)} = \frac{k_i \times k_w \cdot}{s^3 + (C - k_{gy}k_ik_wk_{sf}A)s^2 +} \rightarrow$$

$$\leftarrow \frac{(As + B)}{[D - k_{gy}k_ik_w(Bk_{sf} + Ak_g)]s - k_{gy}k_ik_wBk_g}$$

$$(2-151)$$

从式（2-151）可以看出，在静不稳定度较大的情况下，D 的绝对值较大。为保证系统的稳定性，如果不加入复合回路，则需要选择较大的阻尼回路反馈系数，保证 $k_{gy}k_wBk_{sf}$ 可以完全补偿 D，并使 $D - k_{gy}k_wBk_{sf} > 0$。加入复合回路后，可以借助 $k_{gy}k_ik_wAk_g$ 补偿 D，适当减小 k_{sf} 也能够保证 $D - k_{gy}k_ik_w(Bk_{sf} + Ak_g) > 0$，保持系统稳定。

③加速度回路

加速度回路是由导弹俯偏加速度反馈组成的指令控制回路，其主要作用是实施指令到过载的线性传输，并通过对导弹侧向过载的控制实现对导弹过载的指令控制。加速度回路组成部分除了复合回路外，还有加速度计和加速度反馈增益。加入加速度回路后，俯仰控制回路的闭环传递函数如式（2-152）所示。从式中可以看出，加速度回路的指令与输出的比值只与控制参数 k_g、k_a 和飞行速度 v_m 相关，与弹体数据无关。通过合理选择控制参数，即可保证指令到过载的线性传输比

$$\frac{Ny(s)}{Nyc(s)} = \frac{\overline{A}}{s^3 + \overline{B} \cdot s^2 + \overline{C}s + \overline{D}} \qquad (2-152)$$

其中，$\overline{A} = k_ik_w(Es^2 + Fs + B) \cdot \dfrac{v_m}{57.3g}$；$\overline{B} = \Big(C - k_{gy}k_wk_{sf}A - \dfrac{v_m}{57.3g} \cdot$

$Ek_ak_{acc}k_ik_w\Big)$；$\overline{C} = \Big[D - k_{gy}k_w(Bk_{sf} + Ak_ik_g) - \dfrac{v_m}{57.3g}Fk_ak_{acc}k_ik_w\Big]$；

$\overline{D} = -k_ik_wB\Big(k_{gy}k_g + \dfrac{v_m}{57.3g}k_ak_{acc}\Big)$。

(3) 俯偏控制回路的数学模型

①俯偏控制回路连续模型

俯偏控制回路的表达式可以由原理框图直接推导得到，下面以俯仰控制回路为例描述俯偏控制回路连续模型。速率陀螺和加速度计可以用拟合得到的数学模型代替。

令 $G_f(s)$ 为结构滤波器传递函数，其典型的表达式为

$$G_f(s) = \frac{T_{sfn}^2 s^2 + \varepsilon_{sfn} T_{sfn} s + 1}{T_{sfd}^2 s^2 + \varepsilon_{sfd} T_{sfd} s + 1} \qquad (2-153)$$

设 ϑ 为弹体运动的俯仰角速度，U_ϑ 为速率陀螺输出的俯仰角速度，单位都为（°）/s；N_y 为弹体运动的俯仰过载，U_{Ny} 为加速度计测量的俯仰过载，N_{yc} 为俯仰通道过载指令，单位都为 g；U_P 为俯仰通道舵指令电压输出，单位为 V。俯仰通道控制回路的表达式为

$$U_\vartheta = \dot{\vartheta} G_{gy}(s)$$

$$U_{Ny} = N_y G_{acc}(s)$$

$$U_P = \left(K_{sf} + \frac{K_g K_i}{s} \right) U_\vartheta G_f(s) + \frac{K_i}{s} (K_a U_{Ny} - N_{yc})$$

$$(2-154)$$

其中，$G_{gy}(s)$ 表示陀螺的传递函数；$G_{acc}(s)$ 表示加速度计的传递函数。

需要注意的是，敏感元件和舵机的数学模型中可能存在量纲转换系数，分别表示敏感到的角速度、过载与输出的电压信号之间的转换系数，以及舵指令信号和输出的舵偏角之间的转换系数，在推导稳定控制回路的数学模型时，一定要结合硬件数学模型一起考虑。

②俯偏控制回路模型的离散化

为便于在弹上计算机上编程实现，需要将进行俯偏控制回路模型离散化，采用双线性变换 $\left(s = \frac{2}{T} \cdot \frac{z-1}{z+1} \right)$ 将其离散化，采样周期为 T，用差分方程表示如下

$$u_{\text{eP}}(kT) = - N_{\text{yc}}(kT) + k_{\text{g}} \times u_{\text{gyP}}(kT) + k_{\text{a}} \times u_{\text{accP}}(kT)$$

$$u_1(kT) = k_i \cdot \frac{T}{2} \cdot \left[u_{\text{eP}}(kT) + u_{\text{eP}}(kT - T) \right] + u_1(kT - T)$$

$$u_{\text{SLVP}}(kT) = \frac{b_2 \times U_{\vartheta}(kT - 2T) + b_1 \times U_{\vartheta}(kT - T) + b_0 \times U_{\vartheta}(kT)}{a_0} -$$

$$\frac{a_2 \times u_{\text{SLVP}}(kT - 2T) - a_1 \times u_{\text{SLVP}}(kT - T)}{a_0}$$

$$u_{\text{sfP}}(kT) = u_{\text{SLVP}}(kT) \times k_{\text{sf}}$$

$$U_{\text{P}}(kT) = u_{\text{iP}}(kT) + K_{\text{sf}} \times u_{\text{SLVP}}(kT)$$

$$(2 - 155)$$

其中
$$b_2 = 4 T_{\text{sfn}}^2 - 4 T_{\text{sfn}} \xi_{\text{sfn}} T + T^2$$
$$b_1 = 2 T^2 - 8 T_{\text{sfn}}^2$$
$$b_0 = 4 T_{\text{sfn}}^2 + 4 T_{\text{sfn}} \xi_{\text{sfn}} T + T^2$$
$$a_2 = 4 T_{\text{sfd}}^2 - 4 T_{\text{sfd}} \xi_{\text{sfd}} T + T^2$$
$$a_1 = 2 T^2 - 8 T_{\text{sfd}}^2$$
$$a_0 = 4 T_{\text{sfd}}^2 + 4 T_{\text{sfd}} \xi_{\text{sfd}} T + T^2$$

2.2.2.4.2　滚动控制回路

（1）滚动回路的功能

防空导弹稳定控制回路中，滚动回路主要有如下两个功能：

1）抑制外界干扰，稳定导弹的滚动角位置和阻尼导弹的滚动角速度。

导弹飞行过程中，弹体受到外界干扰力矩作用将发生滚转，滚动回路应能快速消除这种滚转，稳定执行坐标基准。另外，为提高导弹的导引精度，提高导弹的动态品质以及改善导引头的工作条件，应尽量减小干扰作用下导弹的滚动角误差。

2）响应滚动角指令，控制导弹滚转到期望的角度。

采用垂直发射体制的导弹初制导采用姿态控制方案，发射后导弹需完成姿态调整，保证导引头开机后目标处于视场角内，实现对目标的捕获。因此滚动回路需要精确响应滚转角指令，控制导弹滚转到期望的角度。

（2）滚动控制回路的组成

图 2-28 所示的是滚动控制回路的原理框图，从中可以看出，滚动控制回路一般由阻尼回路和姿态反馈回路组成。

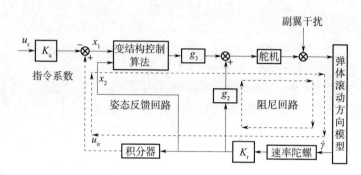

图 2-28　滚动控制回路原理框图

①阻尼回路

滚动稳定回路通常由速率陀螺、执行机构、滚动控制算法和弹体动力学构成，其主要作用是增加滚动阻尼，抑制滚转力矩干扰。

滚动回路的弹体耦合模型为

$$\dot{\omega}_x = -c_1\omega_x - c_3\delta + f_s$$

式中　　f_s——合成的干扰力矩。

通过拉普拉斯变换，可以得到如下的一组传递函数

$$\frac{\omega_x(s)}{\delta(s)} = \frac{-c_3}{s + c_1} , \frac{\omega_x(s)}{f_s(s)} = \frac{1}{s + c_1} \qquad (2-156)$$

由于 c_1 为小量，因此从舵偏到角速度的气动阻尼很小，对干扰力矩的抑制作用不明显，不能快速衰减干扰力矩。引入阻尼回路后，阻尼回路的闭环传递函数如式（2-157）所示

$$\frac{\omega_x(s)}{u_1(s)} = \frac{-c_3}{s + c_1 + g_2 c_3 k_w k_{gy}} , \frac{\omega_x(s)}{f_s(s)} = \frac{1}{s + c_1 + g_2 c_3 k_w k_{gy}}$$

$$(2-157)$$

从式（2-157）中可以看出，$c_1 + g_2 c_3 k_w k_{gy}$ 明显大于 c_1，抑制干扰力矩的能力明显增加，稳态干扰值从 $\frac{f_s}{c_1}$ 减小到 $\frac{f_s}{c_1 + g_2 c_3 k_w k_{gy}}$。

（2）姿态反馈回路

姿态反馈回路除阻尼回路外，还包括积分器和变结构控制环节。其主要功能是采用变结构控制方法，保证滚动角响应的快速性和稳定性，并适应因气动非线性导致的气动数据一定范围的摄动。

变结构控制是一类特殊的非线性控制，表现为控制的不连续性。其基本原理是：当系统状态穿越状态空间的滑动模态曲面时，反馈控制的结构就以跃变方式有目的地不断变换，从而迫使系统按预定的滑动模态的状态轨迹运动，使系统性能达到某个希望指标。变结构控制系统如图 2 - 29 所示。

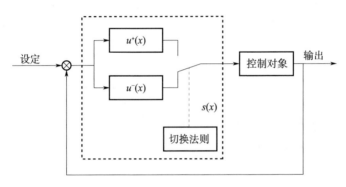

图 2 - 29　变结构控制系统方框图

变结构控制的相轨迹如图 2 - 30 所示，$s = 0$ 两侧的相轨迹线都引向切换线 $s = 0$。因此，状态线一旦到达此直线上，就沿此直线收敛到原点，这种沿着 $s = 0$ 滑动到原点的特殊运动称为滑动模态，这是在前面任何一种固定结构下所没有的运动。直线 $s = 0$ 称为切换线，相应的切换函数称之为切换函数。

阻尼回路闭环系统的状态空间表达式模型为

$$\begin{cases} \dot{x}_1 = x_2 \\ \dot{x}_2 = -(c_1 + g_2 c_3 k_r k_w k_{gy}) x_2 - c_3 k_w u_1 + f_s \end{cases} \tag{2-158}$$

其中，x_1、x_2 的定义见图 2 - 28。

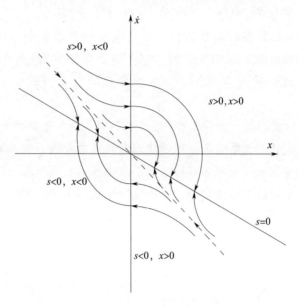

图 2 - 30　变结构控制系统相平面图

假设切换函数为 $S = g_1 x_1 + x_2$ ，在滑动模态下系统的运动规律由简单的微分方程 $\dot{x}_1 + g_1 x_1 = 0$ 描述，其解为

$$x(t) = x_0 e^{-g_1 t} \qquad (2-159)$$

其中，x_0 是当 $t = 0$ 时 $x(t)$ 的值。$x(t)$ 仅与 x_0 和参数 g_1 有关，即不受系统参数变化或干扰的影响，此时系统具有很强的鲁棒性，这是它的突出优点。

根据滑动模态可达性条件 $S\dot{S} < 0$ ，并假设 $u_1 = g_3 \times (\alpha_1 \times |x_1| + \alpha_2 \times |x_2| + \beta) \cdot \text{sign}(S)$ ，可得到如下的条件

$$\begin{cases} g_1 - (c_1 + g_2 c_3 k_r k_w k_{gy}) < c_3 g_3 \alpha_2 k_w \\ -c_3 g_3 \alpha_1 k_w < 0 \\ f_s < c_3 g_3 \beta k_w \end{cases} \qquad (2-160)$$

在满足上述条件时，滚动回路将沿着滑动模态运动，具备强鲁棒性。

（3）滚动回路的数学模型

①滚动回路连续模型

滚动回路的表达式可以由原理框图和变结构控制算法推导得到，其中速率陀螺和加速度计可以用拟合得到的数学模型代替，典型的速率陀螺和加速度计的数学模型如式（2-82）和式（2-83）所示。

设 ω_x 为弹体运动的滚动角速度，u_{gyr} 为速率陀螺输出的滚动角速度，单位都为（°）/s；u_γ 为滚动角指令，u_{dr} 为滚动通道舵指令电压输出，单位为 V。滚动通道控制回路的表达式为

$$u_{gyr} = \omega_x G_{gy}(s)$$

$$x_2 = k_r \times u_{gyr}(kT)$$

$$x_1 = \frac{1}{s} x_2 - K_u \times u_\gamma$$

$$u_{dr} = g_2 \times x_2 + g_3 \times (\alpha_1 \times |x_1| + \alpha_2 \times |x_2| + \beta) \cdot \frac{S}{|S| + \mu}$$

$$(2-161)$$

②滚动回路模型的离散化

为便于在弹上计算机上编程实现，需要进行俯偏控制回路模型的离散化，采用双线性变换 $\left(s = \dfrac{2}{T} \cdot \dfrac{z-1}{z+1}\right)$ 将其离散化，采样周期为 T，用差分方程表示如下

$$x_2(kT) = k_r \times u_{gyr}(kT)$$

$$u_{ir}(kT) = \frac{T}{2} \times [x_2(kT) + x_2(kT - T)] + u_{ir}(kT - T)$$

$$x_1(kT) = u_{ir}(kT) - K_u \times u_\gamma(kT)$$

$$u_{dr}(kT) = g_2 \times x_2(kT) + g_3 \times (\alpha_1 \times |x_1(kT)| + \alpha_2 \times$$

$$|x_2(kT)| + \beta) \cdot \frac{S(kT)}{|S(kT)| + \mu}$$

$$(2-162)$$

2.2.2.4.3　控制参数计算模型

控制回路中 K_{sf}, K_g, K_i, K_a 等称为控制参数，控制参数的计算公

式也称为调参规律，是稳定控制回路设计的重要内容。调参规律的设计原则是按照任务书的指标要求，根据对导弹气动特性的分析，折中考虑快速性和稳定性设计得到。调参规律一般是以飞行速度、动压、合成攻角和时间为变参的显形函数，控制参数计算模型可以根据调参规律表达式直接编写，具有如式（2-163）所示的表达形式

$$K_{sf} = f_1(V_m,q,\alpha_\Phi,t) \quad K_g = f_2(V_m,q,\alpha_\Phi,t)$$

$$\quad (2-163)$$

$$K_i = f_3(V_m,q,\alpha_\Phi,t) \quad K_a = f_4(V_m,K_g)$$

2.2.2.4.4　舵偏分配数学模型

防空导弹舵机舱（或控制舱）的研制任务书中将对舵面安装位置、舵面极性定义和控制通道定义提出要求。以图 2-31 为例，舵面安装在执行坐标系下，顺航向看舵面后缘顺时针偏转为正，图中 2 舵、3 舵为正舵偏，1 舵、4 舵为负舵偏。

俯仰、偏航、滚动通道同样定义在执行坐标系下，图中 1 舵、3 舵合成偏航通道正舵偏，2 舵、4 舵合成俯仰通道正舵偏，1 舵～4 舵差动产生滚动副翼。

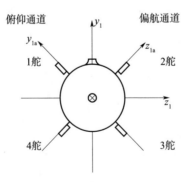

图 2-31　通道舵偏分配关系

通道舵指令记为 $U_{\delta P}$，$U_{\delta Y}$，$U_{\delta R}$，单舵舵指令记为 $U_{\delta 1}$，$U_{\delta 2}$，$U_{\delta 3}$，$U_{\delta 4}$，舵指令分配关系如下

$$U_{\delta P} = (U_{\delta 2} - U_{\delta 4})/2$$

$$U_{\delta Y} = (U_{\delta 3} - U_{\delta 1})/2 \qquad (2-164)$$

$$U_{\delta R} = (U_{\delta 1} + U_{\delta 2} + U_{\delta 3} + U_{\delta 4})/4$$

在进行飞行控制系统的仿真时，通道舵指令限幅、舵指令限幅、舵偏速度限幅、舵系统机械限幅等非线性特性应在模型中体现，可以按照图 2-32 直接推导得到。

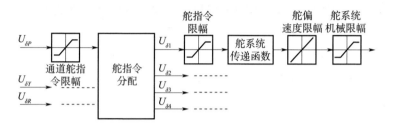

图 2-32　舵偏分配中的非线性特性建模

舵指令限幅模块的数学模型见式（2-165），$u(i)$ 表示模块当前输入，$y(i)$ 表示模块当前输出，$U_{\delta \max}$ 和 $U_{\delta \min}$ 分别表示舵指令限幅的上限和下限

$$y(i) = \begin{cases} U_{\delta \min} & u(i) < U_{\delta \min} \\ U_{\delta \max} & u(i) > U_{\delta \max} \\ u(i) & \text{其他} \end{cases} \qquad (2-165)$$

舵偏速度限幅模块的数学模型见式（2-166），Δt 为一个解算周期，$u(i)$ 表示模块当前的输入，$y(i)$ 和 $y(i-1)$ 分别表示模块当前输出和上一周期输出，rate _ max 和 rate _ min 分别表示舵偏速度限幅的上限和下限

$$\text{rate} = \frac{y(i) - y(i-1)}{\Delta t}$$

$$y(i) = \begin{cases} \Delta t \cdot \text{rate \_ max} + y(i-1) & \text{rate} > \text{rate \_ max} \\ \Delta t \cdot \text{rate \_ min} + y(i-1) & \text{rate} < \text{rate \_ min} \\ u(i) & \text{其他} \end{cases}$$

$$(2-166)$$

2.2.2.4.5　飞行任务管理模型

对于飞机、无人机等飞行器，飞行任务管理包括飞行任务规划、机载设备故障判断与处理、飞行性能管理等内容，相对而言，防空导弹飞行控制系统涉及到的飞行任务管理要简单许多，主要包括射前、初制导阶段（或者分离阶段）、中制导阶段、末制导阶段的飞行任务规划，弹上设备故障判断和判据生成等功能，如图 2-33 所示。飞行任务管理基本按照时间顺序执行，在进行仿真与测试时，通过舱静态测试、飞行控制系统三通道全弹道仿真等手段都可以检验飞行任务管理流程是否正确。在进行飞行控制系统测试时，针对弹上设备故障判断地功能，需要设计若干故障模式进行验证。

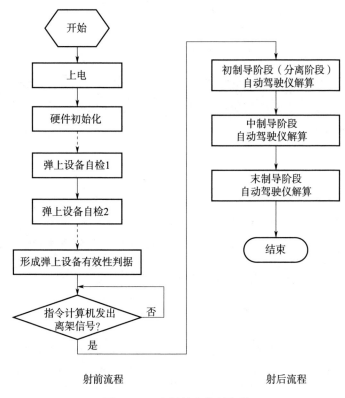

射前流程　　　　　　　　　　　　　　　射后流程

图 2-33　飞行任务管理流程

2.2.2.5　飞行控制系统全参量仿真模型

相较于定点仿真（定点仿真的概念见 2.1.3 节）模型，全参量仿真模型能够更真实地反映导弹实际飞行状态。本节重点讲述飞行控制系统全参量仿真模型的建立过程。

2.2.2.5.1　飞行控制系统全参量仿真原理

飞行控制系统全参量仿真模型运行时序如图 2 - 34 所示。稳定控制系统解算模块通过接收制导指令及导弹当前飞行速度、动压、攻角等信息生成俯仰、偏航、滚动三个通道的舵偏指令（见 2.2.2.4.1 及 2.2.2.4.2 节），通过舵偏分配生成四路舵机的舵指令（见 2.2.2.4.4 节），经舵机数学模型形成四路舵机舵偏角，再合成为三个通道舵偏角，作为气动力及气动力矩计算模块的输入之一。导弹的质量、质心及转动惯量变化是由导弹飞行阶段、发动机的工作状态变化引起的，质量计算模块通过接收推力计算模块传递的发动机工作状态信息，对试验测量数据进行插值，得到导弹当前质量、质心及转动惯量的信息，作为气动力及气动力矩计算模块的输入之一。气动力和气动力矩计算模块是在弹体旋转坐标系下进行的，因此首先将弹体坐标系（或执行坐标系）上的舵偏角及弹体角速度等信息表达在弹体旋转坐标系下，输入给通过 CFD 计算或风洞实验整理的气动包，得到弹体旋转坐标系下的气动力和气动力矩系数，经坐标变换得到弹体坐标系下气动力和气动力矩系数，结合导弹质量、质心及转动惯量信息，进而得到弹体坐标系下导弹所受到的气动力和气动力矩，作用导弹运动，弹体六自由度捷联解算模型模拟导弹的真实运动，进行导弹全参量微分方程组［见式（2 - 105）、式（2 - 107）～式（2 - 109）］的求解，输出导弹的飞行状态信息，包括速度、过载、姿态角速度等，作为稳定控制解算模块的输入；输出气流滚转角、合成攻角、速度等，作为气动力和气动力矩计算模块的输入，实现闭环。

2.2.2.5.2　发动机推力模型

导弹飞行中受到的发动机推力 P 作用于导弹质心，方向沿弹体

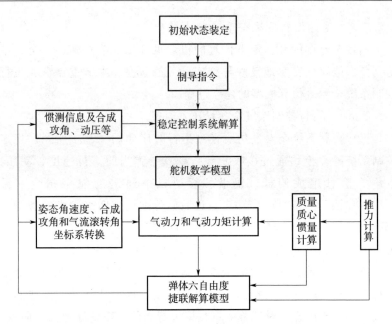

图 2 - 34　飞行控制系统全参量仿真时序图

纵轴向前，是影响飞行速度的重要因素。

目前防空导弹多采用固体火箭发动机，发动机推力模型可以采用简单估计的方法建立，也可以根据发动机地面试车实验数据建立。

简单估算的方法是用发动机平均推力近似代替发动机每一时刻的推力，相应的计算公式为

$$P = \frac{I_F}{t_a} \qquad\qquad (2-167)$$

式中　I_F ——发动机推力总冲量；

　　　t_a ——发动机总工作时间。

另一种计算发动机推力的公式为

$$P = P_0 + S_a(101\ 325.0 - p_H) \qquad (2-168)$$

式中　P_0 ——根据发动机地面试车实验数据插值出来的推力；

　　　S_a ——发动机喷口面积；

　　　p_H ——导弹所处高度的大气静压强。

2.2.2.5.3　气动参数模型

2.1.4.1 节提到，导弹在飞行过程中受到的空气动力和空气动力矩与弹体气动参数、导弹飞行状态以及导弹特征参数有关，其中弹体气动参数通过风洞实验获得，可以根据风洞实验数据结合式（2-50）、式（2-54）建立空气动力模型。

（1）计算空气动力的坐标系

导弹气动专业根据风洞实验数据计算空气动力时定义的坐标系如图 2-35 所示。$OX_1Y_1Z_1$ 定义为弹体固连坐标系，OX_1 轴与弹体纵轴重合，相对弹体的位置随来流方向时刻变化；$OXYZ$ 定义为弹体旋转坐标系，OX 轴与弹体纵轴重合，相对弹体的位置固定。

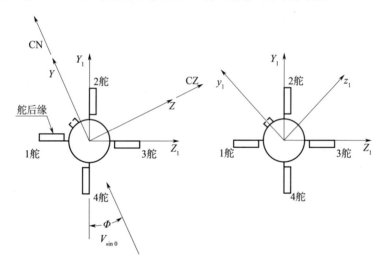

（a）弹体固连坐标系和弹体旋转坐标系　（b）弹体固连坐标系与弹体坐标系

图 2-35　计算空气动力的坐标系

弹体旋转坐标系与弹体固连坐标系之间相差 Φ，它们之间的转换关系为

$$\begin{bmatrix} X_1 \\ Y_1 \\ Z_1 \end{bmatrix} = \begin{bmatrix} 1 & 0 & 0 \\ 0 & \cos\Phi & \sin\Phi \\ 0 & -\sin\Phi & \cos\Phi \end{bmatrix} \cdot \begin{bmatrix} X \\ Y \\ Z \end{bmatrix} \qquad (2-169)$$

弹体固连坐标系与弹体坐标系之间相差 $45°$，它们之间的转换关系为

$$\begin{bmatrix} x_1 \\ y_1 \\ z_1 \end{bmatrix} = \begin{bmatrix} 1 & 0 & 0 \\ 0 & 0.707 & -0.707 \\ 0 & 0.707 & 0.707 \end{bmatrix} \cdot \begin{bmatrix} X_1 \\ Y_1 \\ Z_1 \end{bmatrix} \qquad (2-170)$$

（2）气动参数

气动专业对导弹 CFD 计算数据或风洞实验结果进行分析处理，形成不同舵偏角、合成攻角、气流滚转角和速度条件下相关气动参数的数据表或插值程序提供各专业使用。

气动插值计算程序（气动包）中对舵偏角的定义如表 2-7 所示，其中 δ_B 即为俯仰舵偏 δ_P，δ_A 即为偏航舵偏 δ_Y。

表 2-7　气动计算程序定义的舵偏角

符号	含义	计算公式
δ_A	1，3 舵面的平均偏转角	$\delta_A = (\delta_3 - \delta_1)/2$
δ_B	2，4 舵面的平均偏转角	$\delta_B = (\delta_2 - \delta_4)/2$
δ_R	副翼偏转角	$\delta_R = (\delta_1 + \delta_2 + \delta_3 + \delta_4)/4$
δ_{RA}	1，3 舵的副翼偏转角	$\delta_{RA} = (\delta_1 + \delta_3)/2$
δ_{RB}	2，4 舵的副翼偏转角	$\delta_{RB} = (\delta_2 + \delta_4)/2$

气动插值计算程序的输入、输出定义如表 2-8 所示。

表 2-8　气动计算程序提供的气动系数

气动系数	调用参数列表	说明
CN	$M_a, \alpha_\Phi, \Phi, \delta_A, \delta_B$	全弹法向力系数
CZ	$M_a, \alpha_\Phi, \Phi, \delta_A, \delta_B, \delta_{RA}, \delta_{RB}$	全弹侧向力系数
m_x	$M_a, \alpha_\Phi, \Phi, \delta_A, \delta_B, \delta_{RA}, \delta_{RB}$	滚转力矩数
m_z	$M_a, \alpha_\Phi, \Phi, \delta_A, \delta_B, \overline{X}_G$	俯仰力矩系数
m_y	$M_a, \alpha_\Phi, \Phi, \delta_A, \delta_B, \delta_{RA}, \delta_{RB}, \overline{X}_G$	偏航力矩系数
CA1	$M_a, \alpha_\Phi, \Phi, \delta_A, \delta_B, \delta_{RA}, \delta_{RB}, H$	主动段全弹轴向力系数
CA2	$M_a, \alpha_\Phi, \Phi, \delta_A, \delta_B, \delta_{RA}, \delta_{RB}, H$	被动段全弹轴向力系数

续表

气动系数	调用参数列表	说明
$\overline{X}_{CP}$	M_a, α_{Φ}, Φ	全弹纵向压力中心
$m_x^{\overline{\omega}_x}$	M_a	横向滚转阻尼力矩导数
$m_z^{\overline{\omega}_z}$	$M_a, \overline{X}_G$	纵向阻尼力矩导数
$m_z^{\overline{\dot{\alpha}}}$	$M_a, \overline{X}_G$	纵向洗流时差阻尼力矩导数
$m_x^{\overline{\omega}_y} / \alpha$	M_a	倾斜螺旋交叉力矩导数
$m_y^{\overline{\omega}_x} / \alpha$	$M_a, \overline{X}_G$	偏航螺旋交叉力矩导数

计算得到的全弹力系数 CN、CZ、CA1、CA2 和力矩系数 M_X、M_Y、M_Z 定义在弹体旋转坐标系上；动导数定义在弹体坐标系上，包括阻尼力矩导数 $m_x^{\overline{\omega}_x}$、$m_z^{\overline{\omega}_z}$、$m_z^{\overline{\dot{\alpha}}}$ 和螺旋交叉力矩导数 $m_x^{\overline{\omega}_y} / \alpha$、$m_y^{\overline{\omega}_x} / \alpha$。

调用参数列表中的变量是计算气动系数需输入的导弹飞行状态，正如前面所分析的，起主要作用的是马赫数 Ma、合成攻角 α_{Φ} 和气流滚转角 Φ、质心位置 $\overline{X}_G$ 以及舵偏角。

2.2.2.5.4　捷联解算模型

捷联解算模型根据导弹当前质量、质心、转动惯量及发动机推力信息，结合受到的空气动力及动力矩信息，进行导弹全参量数学模型的求解，输出飞行状态信息。由于可用气动参数的限制及飞行过程中可能出现的问题，需要对式（2-105）、式（2-107）～式（2-109）进行必要的转化。

（1）姿态解算

根据气动数据计算程序输出的力矩系数和动导数，可以建立导弹的力矩平衡方程。为了方便分析，我们将力矩系数转换到弹体坐标系下，转换关系如式（2-171）所示

$$\begin{bmatrix} m_x \\ m_y \\ m_z \end{bmatrix} = \left[\boldsymbol{L}(45) \cdot \boldsymbol{L}(\Phi) \right] \begin{bmatrix} M_X \\ M_Y \\ M_Z \end{bmatrix} \qquad (2-171)$$

令 $\overline{\omega}_x = \omega_x L / V$，$\overline{\omega}_y = \omega_y L / V$，$\overline{\omega}_z = \omega_z L / V$，$\overline{\dot{\alpha}} = \dot{\alpha} L / V$，$\overline{\dot{\beta}} =$

$\dot{\beta}L/V$ 建立力矩平衡方程，即将式（2-107）转化为式（2-172），对弹体姿态角速度进行实时计算

$$
\begin{cases}
\dot{\omega}_{x1} = \dfrac{\left[m_x + m_x^{\bar{\omega}x}\bar{\omega}_x + (m_x^{\bar{\omega}y}/\alpha)\bar{\omega}_y\alpha - (m_x^{\bar{\omega}y}/\alpha)\bar{\omega}_z\beta \right]qSL}{J_x} \\[2mm]
\dot{\omega}_{y1} = \dfrac{\left[m_y + m_z^{\bar{\omega}z}\bar{\omega}_z + m_z^{\bar{\alpha}}\bar{\beta} + (m_y^{\bar{\omega}x}/\alpha)\bar{\omega}_x\alpha \right]qSL - (J_x - J_z)\omega_{x1}\omega_{z1}}{J_y} \\[2mm]
\dot{\omega}_{z1} = \dfrac{\left[m_z + m_z^{\bar{\omega}z}\bar{\omega}_z + m_z^{\bar{\alpha}}\bar{\dot{\alpha}} - (m_y^{\bar{\omega}x}/\alpha)\bar{\omega}_z\beta \right]qSL - (J_y - J_x)\omega_{y1}\omega_{z1}}{J_z}
\end{cases}
$$

$$(2-172)$$

在实际飞行中，弹体姿态角速度由速率陀螺测量，在仿真模型中，速率陀螺由拟合得到的数学模型代替，如式（2-173）所示

$$
G_{gy}(s) = \frac{-922.7s + 7.143 \times 10^5}{s^2 + 1\,433s + 7.072 \times 10^5} \qquad (2-173)
$$

利用式（2-109）计算弹体姿态，形成姿态转换矩阵，包含大量的三角函数计算，在导弹垂直发射时还会出现奇异，因此通常利用四元数法计算弹体姿态。

以四元数法描述的姿态矩阵微分方程如（2-174）所示

$$
\begin{bmatrix} \dot{q}_0 \\ \dot{q}_1 \\ \dot{q}_2 \\ \dot{q}_3 \end{bmatrix} = \frac{1}{2} \cdot
\begin{bmatrix}
0 & -\omega_{x1} & -\omega_{y1} & -\omega_{z1} \\
\omega_{x1} & 0 & \omega_{z1} & -\omega_{y1} \\
\omega_{y1} & -\omega_{z1} & 0 & \omega_{x1} \\
\omega_{z1} & \omega_{y1} & -\omega_{x1} & 0
\end{bmatrix} \cdot
\begin{bmatrix} q'_0 \\ q'_1 \\ q'_2 \\ q'_3 \end{bmatrix}
$$

$$(2-174)$$

其中　　
$$
\begin{bmatrix} q'_0 \\ q'_1 \\ q'_2 \\ q'_3 \end{bmatrix} = \frac{1}{\sqrt{q_0^2 + q_1^2 + q_2^2 + q_3^2}}
\begin{bmatrix} q_0 \\ q_1 \\ q_2 \\ q_3 \end{bmatrix}
$$

严格保证了 4 个分量的平方和为 1 的约束；弹体角速度单位为 rad/s。

给定姿态角初值 $\theta_0, \Psi_0, \gamma_0$，利用式（2-175）计算四元数初

值，根据式（2-174）可以实时解算四元数，进而解算姿态转换矩阵式（2-176）

$$
\begin{cases}
q_0 = \cos\left(\dfrac{\vartheta_0}{2}\right)\cos\left(\dfrac{\Psi_0}{2}\right)\cos\left(\dfrac{\gamma_0}{2}\right) - \sin\left(\dfrac{\vartheta_0}{2}\right)\sin\left(\dfrac{\Psi_0}{2}\right)\sin\left(\dfrac{\gamma_0}{2}\right) \\[2mm]
q_1 = \cos\left(\dfrac{\vartheta_0}{2}\right)\cos\left(\dfrac{\Psi_0}{2}\right)\sin\left(\dfrac{\gamma_0}{2}\right) + \sin\left(\dfrac{\vartheta_0}{2}\right)\sin\left(\dfrac{\Psi_0}{2}\right)\cos\left(\dfrac{\gamma_0}{2}\right) \\[2mm]
q_2 = \cos\left(\dfrac{\vartheta_0}{2}\right)\sin\left(\dfrac{\Psi_0}{2}\right)\cos\left(\dfrac{\gamma_0}{2}\right) + \sin\left(\dfrac{\vartheta_0}{2}\right)\cos\left(\dfrac{\Psi_0}{2}\right)\sin\left(\dfrac{\gamma_0}{2}\right) \\[2mm]
q_3 = \sin\left(\dfrac{\vartheta_0}{2}\right)\cos\left(\dfrac{\Psi_0}{2}\right)\cos\left(\dfrac{\gamma_0}{2}\right) - \cos\left(\dfrac{\vartheta_0}{2}\right)\sin\left(\dfrac{\Psi_0}{2}\right)\sin\left(\dfrac{\gamma_0}{2}\right)
\end{cases}
$$

$$(2-175)$$

$$
\boldsymbol{L}(q_0,q_1,q_2,q_3)=
\begin{bmatrix}
q_0^2+q_1^2-q_2^2-q_3^2 & 2(q_0q_3+q_1q_2) & 2(q_1q_3-q_0q_2) \\
2(q_1q_2-q_0q_3) & q_0^2-q_1^2+q_2^2-q_3^2 & 2(q_2q_3+q_0q_1) \\
2(q_1q_3+q_0q_2) & 2(q_2q_3-q_0q_1) & q_0^2-q_1^2-q_2^2+q_3^2
\end{bmatrix}
$$

$$(2-176)$$

比较四元数表示的姿态转换矩阵与欧拉姿态角表示的姿态转换矩阵，可以得到导弹姿态角的提取公式

$$
\begin{cases}
\gamma = -\arctan\left(\dfrac{2q_2q_3-2q_0q_1}{1-2q_1^2-2q_3^2}\right) \\[2mm]
\theta = \arcsin(2q_1q_2+2q_0q_3) \\[2mm]
\Psi = -\arctan\left(\dfrac{2q_1q_3-2q_0q_2}{1-2q_2^2-2q_3^2}\right)
\end{cases}
$$

$$(2-177)$$

（2）导航解算

根据气动数据计算程序输出的力系数，可以建立导弹的力平衡方程。同样的，首先将力系数转换到弹体坐标系上，转换关系如式（2-178）所示

$$
\begin{bmatrix} c_a \\ c_n \\ c_z \end{bmatrix} = \begin{bmatrix} \boldsymbol{L}(45) \cdot \boldsymbol{L}(\Phi) \end{bmatrix} \begin{bmatrix} CA \\ CN \\ CZ \end{bmatrix}
$$

$$(2-178)$$

力的平衡方程如式（2-179）所示，其中 P 为发动机推力；

N_{x1} ，N_{y1} ，N_{z1} 为导弹在 ox_1, oy_1, oz_1 轴方向的过载

$$\begin{cases} A_{x1} = \dfrac{P - c_a qS}{m} \\[2mm] A_{y1} = \dfrac{c_n qS}{m} \\[2mm] A_{z1} = \dfrac{c_z qS}{m} \end{cases}$$

$$\begin{bmatrix} N_{x1} \\ N_{y1} \\ N_{z1} \end{bmatrix} = \begin{bmatrix} A_{x1}/g \\ A_{y1}/g \\ A_{z1}/g \end{bmatrix} \qquad (2-179)$$

实际飞行中由加速度计测量得到，在仿真模型中，加速度计由拟合得到的数学模型代替，如式（2-180）所示

$$G_{acc}(s) = \frac{1}{(0.001\,99s)^2 + 2 \times 0.001\,99 \times 0.4s + 1}$$

$$(2-180)$$

速度积分方程表示在弹体坐标系上，如式（2-181）所示，可以实时计算弹体坐标系上的速度

$$\boldsymbol{V}_1 = \boldsymbol{N}_1 g - \boldsymbol{\omega}_1 \times \boldsymbol{V}_1 + \boldsymbol{g}_1 \qquad (2-181)$$

式中　$\boldsymbol{V}_1$ ——弹体坐标系上的速度矢量；

　　　$\boldsymbol{N}_1$ ——弹体坐标系上的过载矢量；

　　　$\boldsymbol{\omega}_1$ ——弹体坐标系上的角速度矢量；

　　　$\boldsymbol{g}_1$ ——弹体坐标系上的重力矢量。

利用式（2-182），可以将速度矢量表示在惯性坐标系上，进而计算导弹在惯性空间的位置，得到式（2-183）

$$\begin{bmatrix} V_{xe} \\ V_{ye} \\ V_{ze} \end{bmatrix} = \boldsymbol{L}^{\mathrm{T}}(q_0, q_1, q_2, q_3) \begin{bmatrix} V_{x1} \\ V_{y1} \\ V_{z1} \end{bmatrix} \qquad (2-182)$$

$$\begin{bmatrix} \dot{X} \\ \dot{Y} \\ \dot{Z} \end{bmatrix} = \begin{bmatrix} V_{xe} \\ V_{ye} \\ V_{ze} \end{bmatrix} \qquad (2-183)$$

（3）飞行状态解算

在综合考虑空气动力、推力和重力影响后，得到速度在惯性坐标系下三个方向的分量，据此可计算导弹的飞行速度，为一个标量，见式（2－184）

$$V_m = \sqrt{V_{xe}^2 + V_{ye}^2 + V_{ze}^2} \qquad (2-184)$$

合成攻角和气流滚转角可以用弹体坐标系下的速度分量计算得到

$$\begin{cases} \alpha_\Phi = \arccos\left(\dfrac{V_{x1}}{V_m}\right) \\[3mm] \Phi = \arctan\left(\dfrac{V_{z1}}{-V_{y1}}\right) + 45° \end{cases} \qquad (2-185)$$

Y 为导弹的飞行高度，通过对大气密度数据插值得到飞行高度处的密度 ρ，进而得到动压 Q

$$Q = \frac{1}{2}\rho V_m^2 \qquad (2-186)$$

在建立稳定控制回路的数学模型时，要注意核对任务书中的敏感元件的敏感轴是在弹体坐标系下还是在执行坐标系下。若敏感元件的敏感轴定义在执行坐标系下，弹体坐标系下的角速度和过载都应转换到执行坐标系下，分别对应俯仰通道、偏航通道、滚动通道进行飞行控制律的解算，得到通道舵偏 $\delta_P, \delta_Y, \delta_R$。其中计算控制参数需用到的弹道参数（如 V_m, q, α_Φ 等）为前面计算过程中的中间变量。

2.2.2.5.5　定点仿真模型与全参量仿真模型对比

2.2.2.2 节在对未扰动运动假设的基础上，利用小扰动线性化及系数冻结法，将能够完全描述导弹空间质点运动与姿态运动的非线性微分方程组转化成三通道解耦的定常时不变的定点数学模型，以便应用线性系统理论进行分析与控制器设计。由于在模型转化的过程中，忽略了导弹通道之间的耦合及动态响应过程中导弹气动特性、结构变化的影响，使得定点仿真不能完全反映导弹的实际飞行情况，需要用全参量仿真进行稳定控制系统控制品质的评价与考核。定点仿真模型和全参量仿真模型的对比如表 2-9 所示。

表 2-9 定点仿真数学模型和全参量仿真数学模型对比

定点仿真数学模型	全参量仿真数学模型
反映导弹在配平状态下受到激励后的动态响应过程	反映导弹实际飞行的动态响应过程
飞行状态是离散的，表现为特征点的仿真过程中： 1) 弹道参数不变 2) 弹体气动特性不变 3) 稳定控制回路的控制参数不变	飞行状态是连续变化的，表现为仿真过程中： 1) 弹道参数连续变化 2) 弹体气动特性改变 3) 稳定控制回路的控制参数连续变化
通常是单通道独自进行仿真，不涉及坐标系转换关系	通常是三个通道同时进行仿真，需要将状态变量进行坐标系转换
输入为典型输入信号，如阶跃信号、斜坡信号、正弦信号等	制导指令或程序控制指令
用于定量考核特定飞行状态下的动态响应品质和稳态响应品质	全面表征导弹运动学（包括运动学耦合、惯性耦合、气动交叉耦合等）的前提下，对飞控系统的性能进行准确考核

了规模庞大、覆盖面极广的三十多个工具箱，其内容包括通信（communications）、控制系统（control system）、曲面拟合（curve fitting）、信号处理（signal processing）、图像处理（image processing）、小波分析（wavelet）、鲁棒控制（robust control）、系统辨识（system identification）、非线性控制（non‑linear control）、模糊逻辑（fuzzy logic）、虚拟现实（virtual reality）等大量现代工程技术学科内容。

相比其他高级语言，MATLAB 具有其自身优势，但同样具有自身缺点。MATLAB 是解释性语言，程序执行速度相对较慢，且很难脱离 MATLAB 环境独立运行。

飞行控制系统 MATLAB 仿真一般流程如图 3‑1 所示，首先进行数据文件的编写，实现弹道数据的调用和飞行控制系统参数初始化，通过运行 Simulink 仿真模型，实现仿真结果的计算与保存，最后对保存在工作空间内仿真数据进行判读和图形化显示，同时将仿真结果写入相应文件保存。

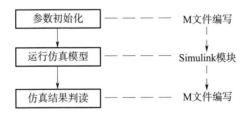

图 3‑1　飞行控制系统 MATLAB 仿真一般流程

3.2.1　Simulink 模块化建模方法

Simulink 具有相对独立的功能和使用方法，仿真模型由方框图表示，实现了可视化建模。Simulink 支持线性和非线性系统，还支持连续、离散以及混合系统。它是一个交互式的动态系统建模、仿真和分析的集成开发环境（IDE），并可利用 MATLAB 强大的数值计算处理能力，同时用户自己也可定制模块来增强其功能。MAT-

LAB/Simulink 相对于 C++等计算机高级编程语言来说，其仿真过程可视化效果好，图形处理也比较容易，从而使用户可以把主要的精力集中在数学模型的建立和结果的分析上，这给仿真带来了极大的便利。

Simulink 可以处理的系统包括：线性、非线性系统；离散、连续及混合系统；单任务、多任务离散事件系统。在 Simulink 提供的图形用户界面 GUI 上，只要进行鼠标的简单拖拉操作就可构造出复杂的仿真模型。它外表以方块图形式呈现，且采用分层结构。从建模角度讲，这既适于自上而下（top-down）的设计流程（概念、功能、系统、子系统、直至器件），又适于自下而上（bottom-up）逆程设计。从分析研究角度讲，这种 Simulink 模型不仅能让用户知道具体环节的动态细节，而且能让用户清晰地了解各器件、各子系统、各系统间的信息交换，掌握各部分之间的交互影响。

Simulink 模块中常用的模型函数如图 3-2 所示。对于飞控系统而言，常用的模型库主要有"Sources"信号源模块库（图 3-3）、"Sink"显示模块库（图 3-4）、"Continuous"连续系统模块库（图 3-5）、"Discrete"离散系统模块库（图 3-6）、"Discontinuities"非线性模块库（图 3-7）、"Math Operations"数学运算库（图 3-8）以及"Logic and Bit Operations"逻辑和位操作库（图 3-9）等。

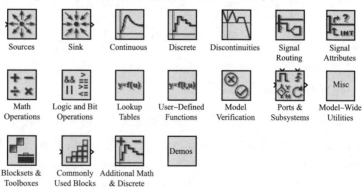

图 3-2　Simulink 包含的常用模块

"Sources"信号源模块库中的模块可以用来驱动系统，作为系统的输入信号源，包含阶跃输入模块 Step，时钟模块 Clock，信号发生器模块 Signal Generator，文件输入模块 From File，工作空间输入模块 From Workspace，正弦信号输入模块 Sine Wave，斜坡信号模块 Ramp，脉冲信号模块 Pulse Generator，周期信号发生器 Repeating Sequence，输入端模块 In，连续白噪声信号发生模块 Band - Limited White Noise 等。

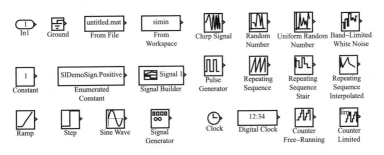

图 3 - 3　"Sources"信号源模块库

"Sink"显示模块库允许用户将仿真结果以不同形式输出，包含示波器模块 Scope 和 Floating Scope，x - y 轨迹示波器 X - Y Graph，数字显示模块 Display，存文件模块 To File，返回工作空间模块 To Workspace，还有输出端子模块 Out 等输出模块，另外，Stop Simulation 模块允许用户在仿真过程中终止仿真进程，Terminator 模块可以令某个不需要的信号不输出。

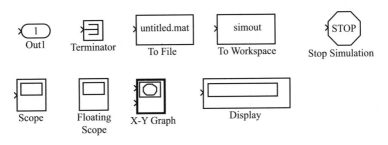

图 3 - 4　"Sink"显示模块库

利用"Continuous"连续系统模块库可以搭建起连续线性系统的 Simulink 仿真模型，其包含状态方程模块 State – Space，传递函数模块 Transfer Fcn 及零极点模块 Zero – Pole 这三个最常用的线性连续系统模块，时间延迟模块 Transport Delay 和 Variable Transport Delay，积分器模块组 Integrators，微分器模块 Derivative 及 PID 控制器模块组 PID Cntrollers 等。

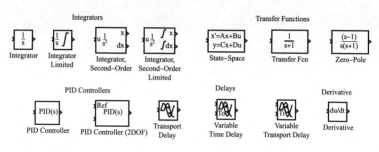

图 3 – 5　　"Continuous"连续系统模块库

"Discrete"离散系统模块库包含常用的线性离散模块，其中有零阶保持器模块 Zero – Order Hold，一阶保持器模块 First – Order Hold，离散传递函数模块 Discrete Transfer Fcn，离散状态方程模块 Discrete State – Space，离散零极点模块 Discrete Zero – Pole，离散滤波器模块 Discrete Filter，单位时间延迟模块 Unit Delay 和离散时间积分器模块 Discrete – Time Integrator，返回上一时刻信号值模块 Memory 等。

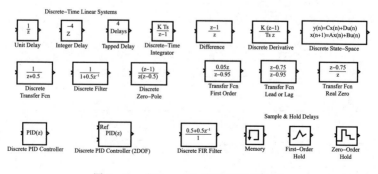

图 3 – 6　　"Discrete"离散系统模块库

"Discontinuities"非线性系统模块库主要包含常见的分段线性、非线性静态模块，其中有饱和非线性模块 Saturation，死区非线性模块 Dead Zone，继电非线性模块 Relay，静态限制信号变化速率模块 Rate Limiter，动态限制信号变化速率模块 Rate Limiter Dynamic，量化器模块 Quantizer，磁滞回环模块 Backlash，库仑和黏度摩擦非线性模块 Coulomb & Viscous Friction，冲击非线性模块 Hit Crossing 等。

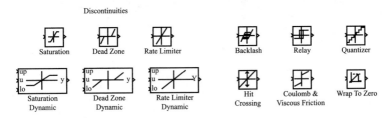

图 3 - 7　"Discontinuities"非线性系统模块库

"Math Operations"数学运算库包含了常用数学函数模块组，利用这个模块可以构造出任意复杂的数学运算，逻辑运算不由此模块给出，而由"Logic and Bit Operations"逻辑和位操作库给出。

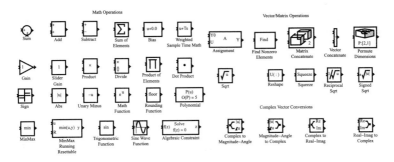

图 3 - 8　"Math Operations"数学运算库

正是由于上述模型库的存在，使用户摆脱理论演绎，将更多的精力投入到事物最核心的本质，同时在 Simulink 环境中，用户可以在仿真进程中改变感兴趣的参数，实时地观察系统行为的变化。

在 MATLAB 中，可直接在 Simulink 环境中运作的工具包很多，已覆盖通信、控制、信号处理、DSP、电力系统等诸多领域，所涉内容专业性极强。下面利用 Simulink 模块库仅针对与飞行控制系统相关的内容进行实现。

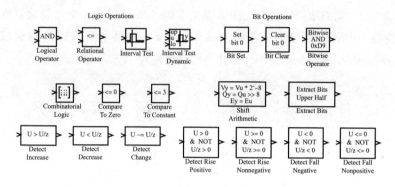

图 3-9　"Logic and Bit Operations"逻辑和位操作库

图 3-10 为通过 Simulink 仿真工具搭建的飞行控制系统俯仰通道仿真模型，包括俯仰通道弹体模型子模块、驾驶仪模型子模块、惯测模型子模块、舵系统模型子模块几部分。通过示波器窗口可以方便地观察仿真结果是否满足要求。

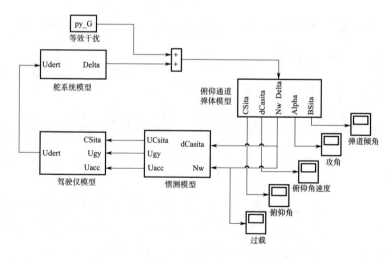

图 3-10　俯仰通道飞行控制系统仿真模型

在 Simulink 中通过模块的组合，可以建立微分方程组的模型。由式（2-114）俯仰通道的定点数学模型，即可在 Simulink 中搭建俯仰通道的刚体模型，如图 3-11 所示。

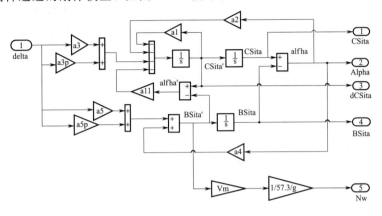

图 3-11　俯仰通道弹体模型子模块（刚体）

Simulink 模块式的建模方法特别适合根据原理框图建立模型，如图 3-12 所示的俯仰通道的驾驶仪模型，即为图 2-27 俯仰通道控制原理框图中驾驶仪部分的 Simulink 实现。

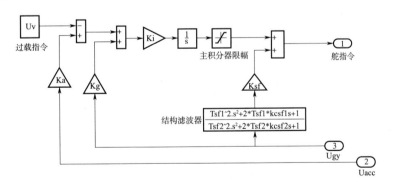

图 3-12　驾驶仪模型子模块

惯测组合在仿真中以传递函数的形式表示，见式（2-173）和式（2-180），舵系统模型见式（3-1），Simulink 中通过"Transfer Fcn"

模块实现，如图 3 - 13 所示。

$$G(s) = \frac{3.6}{0.004\ 5^2 s^2 + 2 \times 0.004\ 5 \times 0.3s + 1} \tag{3-1}$$

Simulink 环境采用更为直观的方法反映模型的运行原理，使用户摆脱了深奥数学推演的压力和烦琐编程的困扰，可以将更多的精力投入到算法本身，提高了编程效率。

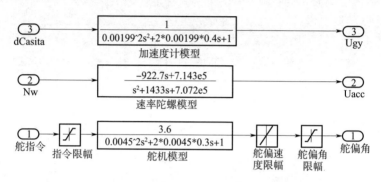

图 3 - 13　惯测模型和舵系统模型子模块

3.2.2　S 函数建模方法

S 函数是扩展 Simulink 功能的强有力工具，可以改善仿真的效率。S 函数使用一种特殊的调用规则来使得用户可以与 Simulink 的内部解法器进行交互。这种交互与 Simulink 内部解法器与内置的模块之间的交互非常相似，而且可以适用于不同性质的系统，例如连续系统、离散系统以及混合系统。

在实际应用中，通常会发现有些过程用普通的 Simulink 模块不容易搭建，可以使用 Simulink 支持的 S 函数格式，用 MATLAB 语言或 C 等语言写出描述过程的程序，构成 S 函数模块，像标准 Simulink 模块那样直接调用。

S 函数是系统函数（system function）的简称，是指采用非图形化的方式描述的一个功能块。用户可以采用 MATLAB 编写 S 函数，还可以采用 C，C++，Fortran 或 Ada 等语言编写，不过用这些语言编写程序时，需要用编译器生成动态链接库（DLL 文件），才可以在 Simulink 中直接调用。用 MATLAB 语言编写的 S 函数只能用于基于 Simulink 的仿真，并不能将其转换成独立于 MATLAB 的独立程序，用 C 语言格式建立的 S 函数则可以转换成独立程序。

　　S 函数由一种特定的语法构成，用来描述并实现连续系统、离散系统以及复合系统等动态系统。S 函数能够接收来自 Simulink 求解器的相关信息，并对求解器发出的命令做出适当的响应，这种交互作用类似于 Simulink 系统模块与求解器的相互作用。一个结构体系完整的 S 函数包含了描述动态系统所需的全部能力，所有其他的使用情况都是这个结构体系的特例。

　　几乎所有 Simulink 内置功能模块都能用 S 函数编写，新编写的 S 函数可以被封装成新的 Simulink 模块。使用 Simulink 的封装工具，可以很方便地为新的模块创建属性页及图标，能不断拓展 Simulink 的模块库，为用户提供有效、便捷的开发工具，这是 Simulink 的精华所在。

　　S 函数一旦被正确地嵌入位于 Simulink 标准模块库中的 S-Function 框架模块中，它就可以向其他 Simulink 标准模块一样，与 Simulink 的方程解算器（Solver）交互，实现其功能。这种生成的 S 函数模块可以通过不同的参数设置，体现出不同的个性。

　　S 函数的应用场合：生成用户自己研究中可能经常反复调用的 S 函数模块；生成某硬件装置的 S 函数模块；把已存在的 C 代码程序构造成 S 函数模块；为一组数学方程所描述的系统，构建一个专门的 S 函数模块；构建用于图形动画表现的 S 函数模块。

　　S 函数的引导语句为：

function [sys, x0, str, ts] = f (t, x, u, flag, P1, P2, …)

其中，f 为 s 函数的函数名，t，x，u 分别为时间、状态和输入信号，flag 为标志位。表 3-1 中给出给出了不同 flag 代表的功能、函数名及返回的参数类型。

表 3 - 1　flag 标志位相关信息

取值	功能	调用函数名	返回参数
0	初始化	mdlInitializeSizes	sys 为初始化参数；x0，str，ts 为其定义
1	连续状态计算	mdlUpdate	sys 返回连续状态
2	离散状态计算	mdlUpdate	sys 返回离散状态
3	输出信号计算	mdlOutputs	sys 返回系统输出
4	下一步仿真时刻	mdlGetTimeOfNextVarHit	sys 下一步仿真时间
9	终止仿真设定	mdlTerminate	无

MATLAB 提供的 S 函数 M 文件标准模板，命名为 sfuntmpl. m，存放在 MATLAB 软件根目录上的 toolbox \ Simulink \ blocks 子目录下。

function [sys，x0，str，ts] = sfuntmpl (t，x，u，flag)

% 函数名 sfuntmpl 是模板文件名，用户在"裁剪"生成自己 S 函数时，重新起名。

% 输出变量名称、数目。排列次序，用户勿改动。

% 输入变量的数目不得小于 4。这前 4 个变量的名称、排列次序，切勿改动。

% 用户根据需要，可以把任意数目的变量依次添加在第 5、第 6 位置上。

% t，x，u 分别为时间、状态和输入信号。

% flag 是"标记"变量。它的 6 个不同的取值，指向 6 个功能各不相同的子函数。

%双击 S - funtion 模块，可以在 S - function parameters 中添加需要的参数，以参数的变量名写入。

% 这些函数称为"回调方法（Callback methods）。

switch flag，

case 0，

［sys，x0，str，ts］＝mdlInitializeSizes；％调用"模块初始化"子函数

case 1，

sys ＝ mdlDerivatives（t，x，u）；％调用"计算模块导数"子函数

case 2，

sys ＝ mdlUpdate（t，x，u）；％调用"更新模块离散状态"子函数

case 3，

sys ＝ mdlOutputs（t，x，u）；％调用"计算模块输出"子函数

case 4，

sys ＝ mdlGetTimeOfNextVarHit（t，x，u）；％调用"计算下一个采样时点"子函数

case 9，

sys ＝ mdlTerminate（t，x，u）；％调用"结束仿真"子函数

otherwise

error（［'Unhandled flag ＝'，num2str（flag)］）；

end

％－－－－－－－－－－－－－－－－－－－－－－－－－

function ［sys，x0，str，ts］ ＝ mdlInitializeSizes

sizes ＝ simsizes；％ 调用 simsizes 函数，返回规范格式的 sizes 构架，该条指令用户切勿修改

sizes. NumContStates ＝ 0；％ 连续状态数目，缺省值为 0，用户根据自己描述的系统修改

sizes. NumDiscStates ＝ 0；％ 离散状态数目，缺省值为 0，用户根据自己描述的系统修改

sizes. NumOutputs ＝ 0；％ 输出数目，缺省值为 0，用户根据自己描述的系统修改

sizes. NumInputs ＝ 0；％ 输入数目，缺省值为 0，用户根据自己描述的系统修改

sizes. DirFeedthrough ＝ 1；％ 直通前向馈路数目，缺省值为 1，用

户根据自己描述的系统修改

sizes. NumSampleTimes = 1；% at least one sample time is needed

% 采样时间数目，缺省值为1，用户根据自己描述的系统修改

sys = simsizes（sizes）；　　　　%该条语句勿修改

x0 = []；　　　　　　　　　　%向模块初始值赋值

str = []；　　　　　　　　　　%特殊保留变量，用户勿修改

ts = [0 0]；

% "二元对"，描写采用时间及偏移量。[0 0] 为缺省值。

% [0 0] 适用于纯连续系统

% 若 [−1 0]，则该模块采样时间继承其前模块采用的时间设置。

function sys = mdlDerivatives（t，x，u）

sys = []；

%此处填写计算导数矢量指令

%这里 [ ] 是模板缺省设置

%用户必须把计算的离散状态矢量赋给 sys

function sys = mdlUpdate（t，x，u）

sys = [ ]；

%此处填写计算离散状态矢量指令

%这里 [ ] 是模板缺省设置

%用户必须把计算的离散状态矢量赋给 sys

function sys＝mdlOutputs（t，x，u）

sys = []；

%此处填写计算模块输出矢量指令

%这里 [ ] 是模板缺省设置

%用户必须把计算的模块输出矢量赋给 sys

function sys＝mdlGetTimeOfNextVarHit（t，x，u）

sampleTime = 1；%Example, set the next hit to be one second later.

sys = t + sampleTime；% 该函数用户勿动

```
function sys = mdlTerminate (t, x, u)
sys = [];
% end mdlTerminate
```
%其中 t 为仿真时间

　　MATLAB 提供的 S 函数 C 语言标准模板，文件名为 sfuntmpl_basic，存放在 MATLAB 目录中的 Simulink \ src 子目录下。

```
#define S_FUNCTION_NAME sfuntmpl_basic
#define S_FUNCTION_LEVEL 2
#include "simstruc.h"
```
/ * 函数名 sfuntmpl_basic 是模板文件名，用户在"裁剪"生成自己 S 函数时，重新起名 */
/ * 需要 simstruc.h 头文件，用到 SimStruct 的定义及其相关的宏定义 */

```
static void mdlInitializeSizes (SimStruct * S) / * 初始化函数 */
{
    ssSetNumSFcnParams (S, 0);
    / * 附加参数个数 */
    if (ssGetNumSFcnParams (S) ! = ssGetSFcnParamsCount
(S))
    {
        return;
    / * 若附加参数个数与实际参数个数不一致则返回 */
    }
    ssSetNumContStates (S, 1); / * 连续状态个数 */
    ssSetNumDiscStates (S, 0); / * 离散状态个数 */
    if (! ssSetNumInputPorts (S, 1)) return;
    / * 输入端口个数 */
    ssSetInputPortWidth (S, 0, 1); / * 每个输入端口维数 */
    ssSetInputPortRequiredContiguous (S, 0, true);
```

/ * 直接输入信号，设置直接输入标志（1＝yes，0＝no）若输入作用在 mdlOutputs 或 mdlGetTimeOfNextVarHit 函数中称为直接输入 * /

```
    ssSetInputPortDirectFeedThrough (S, 0, 1);
    / * 是否将输入直接传到输出 * /
    if (! ssSetNumOutputPorts (S, 1)) return;
    / * 输出端口个数 * /
    ssSetOutputPortWidth (S, 0, 1);  / * 每个输出端口维数 * /
    ssSetNumSampleTimes (S, 1);  / * 采用周期个数 * /
    ssSetNumRWork (S, 0);
    ssSetNumIWork (S, 0);
    ssSetNumPWork (S, 0);
    ssSetNumModes (S, 0);
    ssSetNumNonsampledZCs (S, 0);
    ssSetOptions (S, 0);
}
static void mdlInitializeSampleTimes (SimStruct * S)
/ * 采样周期设置子程序 * /
{
    ssSetSampleTime ( S,  0,  CONTINUOUS _ SAMPLE _
TIME);
    ssSetOffsetTime (S, 0, 0.0);
}
# define MDL _ INITIALIZE _ CONDITIONS
# if defined (MDL _ INITIALIZE _ CONDITIONS)
/ * 状态变量赋初值 * /
    static void mdlInitializeConditions (SimStruct * S)
    {
    }
```

```
# endif
# define MDL _ START
# if defined （MDL _ START）
    static void mdlStart （SimStruct  * S）
    {
    }
# endif
static void mdlOutputs （SimStruct  * S，int _ T tid）
/ * 定义输出函数 * /
{
    const real _ T  * u ＝ （const real _ T * ） ssGetInputPortSignal
（S，0）；/ * 用这样固定方式获得 u 和 y 的指针 * /
    real _ T        * y ＝ ssGetOutputPortSignal （S，0）；
    y ［0］ ＝ u ［0］；
}
# define MDL _ UPDATE
# if defined （MDL _ UPDATE）
    static void mdlUpdate （SimStruct  * S，int _ T tid）
    / * 离散变量矢量指令 * /
    {
    }
# endif
# define MDL _ DERIVATIVES
# if defined （MDL _ DERIVATIVES）
    / * 描述系统模型 * /
    static void mdlDerivatives （SimStruct  * S）
    {
    }
# endif
```

```
static void mdlTerminate (SimStruct * S)
/ * 仿真结束需要进行的操作，如释放内存 * /
{
}
#ifdef MATLAB _ MEX _ FILE
#include "Simulink. c"
#else
#include "cg _ sfun. h"
#endif
```

编写了 C 语言程序后，还需要对之进行编译，生成所需的动态连接库文件（DLL 文件），第一次运行 C 语言编译器前需要进行编译环境设置，在 MATLAB 的命令窗口给出下面的命令：

```
>> mex – setup
```

按照提示回答一系列问题，就可以建立起一个与 C 编译器之间的关系，用户可以根据需要选择 MATLAB 自带的 LCC 编译器或机器上安装的 Visual C++编译器。

建立起和 C 语言编译器之间的关系，则需要给出下面的命令对 C 程序进行编译。关于 Mex 文件的编译建模方法将在下一节介绍。

```
>> mex sfuntmpl _ basic. c
```

在编译时一定要给出后缀名。如果程序本身没有错误，则将生成 sfuntmpl. dll 文件，该文件的作用和 M 文件相同。

下面为分别采用 MATLAB 和 C 语言编写 S 函数实现结构滤波器的实例。

结构滤波器如式（3-2）所示

$$W_{sf}(s) = \frac{T_{sfn}^2 s^2 + 2T_{sfn}\xi_{sfn}s + 1}{T_{sfd}^2 s^2 + 2T_{sfd}\xi_{sfd}s + 1} \qquad (3-2)$$

其中，T_{sfn}，T_{sfd} 确定结构滤波器对应频率；ξ_{sfn}，ξ_{sfd} 确定结构滤波器开口的宽度和深度。

$$T_{sfn} = \begin{cases} 1/(8 \times t + 240) & t < 5 \text{ s} \\ 1/280 & t \geqslant 5 \text{ s} \end{cases}$$

$$T_{sfd} = \begin{cases} 1/(8 \times t + 220) & t < 5 \text{ s} \\ 1/260 & t \geqslant 5 \text{ s} \end{cases}$$

$$\xi_{sfn} = 0.05 \text{ , } \xi_{sfd} = 1.20$$

M 文件编写的 S 函数如下：

```
function [sys，x0，str，ts] = M_S (t，x，u，flag)
% 结构滤波器（用 s 函数实现结构滤波器）
% 函数的主要目的是用于三通道仿真中结构滤波器实现
%结构滤波器随导弹飞行时间变参规律（t 为系统仿真时间）
if t < 5
  fTsfn = 1.0. / (8.0 * t+240.0);
  fTsfd = 1.0. / (8.0 * t+220.0);
else
  fTsfn = 1.0/280.0;
  fTsfd = 1.0/260.0;
end
%参数 fEsfn、fEsfd 决定结构滤波器漏斗的宽度和深度
fEsfn = 0.05;
fEsfd = 1.2;
num = [ fTsfn * fTsfn  2 * fTsfn * fEsfn  1 ];
den = [ fTsfd * fTsfd  2 * fTsfd * fEsfd  1 ];
[A，B，C，D] = tf2ss (num，den);
switch flag，
  case 0，
[sys，x0，str，ts] = mdlInitializeSizes (A，B，C，D，
fTsfn，fTsfd，fEsfn，fEsfd，num，den);
  case 1，
    sys = mdlDerivatives (t，x，u，A，B，C，D);
  case 2，
    sys = mdlUpdate (t，x，u);
```

```
    case 3,
        sys = mdlOutputs (t, x, u, A, B, C, D);
    case 4,
        sys = mdlGetTimeOfNextVarHit (t, x, u);
    case 9,
        sys = mdlTerminate (t, x, u);
    otherwise
        error (['Unhandled flag =', num2str (flag)]);
end
function [sys, x0, str, ts] = mdlInitializeSizes (A, B, C, D,
fTsfn, fTsfd, fEsfn, fEsfd, num, den)
sizes = simsizes;
sizes. NumContStates = 2;
sizes. NumDiscStates = 0;
sizes. NumOutputs = 1;
sizes. NumInputs = 1;
sizes. DirFeedthrough = 1;    % D阵不是空阵
sizes. NumSampleTimes = 1;    % 至少需要一个采样时间
sys = simsizes (sizes);
x0 = [0, 0];
str = [];
ts = [0 0];
function sys = mdlDerivatives (t, x, u, A, B, C, D)
sys = A * x + B * u;
function sys = mdlUpdate (t, x, u)
sys = [];
function sys = mdlOutputs (t, x, u, A, B, C, D)
sys = C * x + D * u;
```

% end mdlOutputs

function sys＝mdlGetTimeOfNextVarHit（t，x，u）

sampleTime ＝ 1；

sys ＝ t + sampleTime；

% end mdlGetTimeOfNextVarHit

function sys ＝ mdlTerminate（t，x，u）

sys ＝ []；

% end mdlTerminate

C 语言编写的 S 函数如下：

```
＃define S _ FUNCTION _ NAME C _ S
＃define S _ FUNCTION _ LEVEL 2
＃include "simstruc. h"
static void mdlInitializeSizes（SimStruct ＊ S）
{
    ssSetNumSFcnParams（S，0）；
    if（ssGetNumSFcnParams（S）！ ＝ ssGetSFcnParamsCount（S））
    {
        return；
    }
    ssSetNumContStates（S，2）；
    ssSetNumDiscStates（S，0）；
    if（! ssSetNumInputPorts（S，1）） return；
    ssSetInputPortWidth（S，0，1）；
    ssSetInputPortRequiredContiguous（S，0，true）；
    ssSetInputPortDirectFeedThrough（S，0，1）；
    if（! ssSetNumOutputPorts（S，1）） return；
    ssSetOutputPortWidth（S，0，1）；
    ssSetNumSampleTimes（S，1）；
    ssSetNumRWork（S，0）；
```

```
    ssSetNumIWork (S, 0);
    ssSetNumPWork (S, 0);
    ssSetNumModes (S, 0);
    ssSetNumNonsampledZCs (S, 0);
    ssSetOptions (S, 0);
}
static void mdlInitializeSampleTimes (SimStruct * S)
{
    ssSetSampleTime (S, 0, CONTINUOUS _ SAMPLE _ TIME);
    ssSetOffsetTime (S, 0, 0.0);
}
# define MDL _ INITIALIZE _ CONDITIONS
# if defined (MDL _ INITIALIZE _ CONDITIONS)
  static void mdlInitializeConditions (SimStruct * S)
   {
   }
# endif
# define MDL _ START
# if defined (MDL _ START)
static void mdlStart (SimStruct * S)
   {
   }
# endif
static void mdlOutputs (SimStruct * S, int _ T tid)
{
    const real _ T * u = (const real _ T *) ssGetInputPortSignal
(S, 0);
    real _ T      * x= ssGetContStates (S);
    real _ T      * y = ssGetOutputPortSignal (S, 0);
```

```
real _ T      fEsfn，fEsfd，fTsfn，fTsfd；
time _ T      t＝ssGetT（S）；/＊获取系统时间＊/
  fEsfn ＝ 0.05；
  fEsfd ＝ 1.2；
  if（t＜5）
   {
      fTsfn ＝ 1.0/（8.0＊t＋240.0）；
      fTsfd ＝ 1.0/（8.0＊t＋220.0）；
   }
  else
   {
      fTsfn ＝ 1.0/280.0；
      fTsfd ＝ 1.0/260.0；
   }
  y［0］＝fTsfn＊fTsfn＊u［0］/（fTsfd＊fTsfd）＋（2＊fTsfn＊
      fEsfn－2＊fTsfn＊fTsfn＊fEsfd/fTsfd）＊x［1］＋
      （1－fTsfn＊fTsfn/（fTsfd＊fTsfd））＊x［0］；
      %将传递函数转化为状态空间方程，得到输出方程
}
#define MDL _ UPDATE
#if defined（MDL _ UPDATE）
  static void mdlUpdate（SimStruct ＊S，int _ T tid）
   {
   }
#endif
#define MDL _ DERIVATIVES
#if defined（MDL _ DERIVATIVES）
  static void mdlDerivatives（SimStruct ＊S）
   {
```

```
    real _ T * x= ssGetContStates (S);
    real _ T * dx= ssGetdX (S);
    const real _ T * u = (const real _ T *) ssGetInputPortSignal
(S, 0);

    real _ T fEsfn, fEsfd, fTsfn, fTsfd;
    time _ T t=ssGetT (S);
    fEsfn = 0. 05;
    fEsfd = 1. 2;

    if (t < 5 )
     {
        fTsfn = 1. 0/ (8. 0 * t+240. 0);
        fTsfd = 1. 0/ (8. 0 * t+220. 0);
    }
    else
     {
        fTsfn = 1. 0/280. 0;
        fTsfd = 1. 0/260. 0;
    }
    ％状态空间表达式
    dx [0] = x [1];
    dx [1] = (u [0] - 2 * fTsfd * fEsfd * x [1] - x [0]) /
(fTsfd * fTsfd);
    }
# endif
static void mdlTerminate (SimStruct * S)
{
}
```

#ifdef　MATLAB _ MEX _ FILE

include "Simulink. c"

else

include "cg _ sfun. h"

endif

　　按前述方法对 C 语言文件进行编译，在 Simulink 下搭建框图如图 3 - 14 所示。

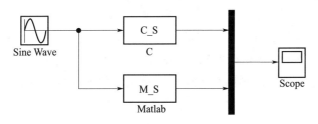

图 3 - 14　S 函数应用框图

　　输入信号为 $\sin(100 \cdot t)$，仿真结果如图 3 - 15 所示，可以看到 M 语言编写的 S 函数与 C 语言编写的 S 函数输出结果基本一致。

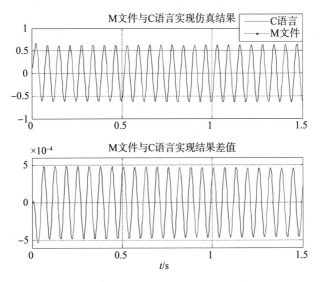

图 3 - 15　M 文件与 C 语言编写 S 函数仿真结果

　　将图 3-6 所示的框图分解为两个框图，使 MATLAB 编写的 S-函数和 C 语言编写的 S-函数单独运行，输入信号不变，并分别命名为 Matlab_S. mdl 和 CLG_S. mdl，在 MATLAB 命令窗口中执行如下命令：

　　>>tic，[t，y] =sim ('CLG_S')；toc

　　%执行 C 语言编写 S 函数的 Simulink 程序，计算运行时间运行结果：Elapsed time is 0. 019834 seconds.

　　>>tic，[t，y] =sim ('Matlab_S')；toc

　　%执行 M 文件编写 S 函数的 Simulink 程序，计算运行时间运行结果：Elapsed time is 0. 206217 seconds.

　　C 语言编写的 S 函数相对 M 语言编写的 S 函数执行效率高，编写复杂，具体应用应根据实际仿真需求选择。

3.2.3　C-MEX 混合编译建模方法

　　在工程实践中，用户有时需要在 MATLAB 环境中调用已编写的 C/C++代码，有时需要在 C/C++中调用 MATLAB 编写的数值处理、矩阵运算等代码，这就产生了 MATLAB 和 C/C++混合编程的问题。一般形式的 C 源码程序并不能直接被编译成在 MATLAB 中可以调用的 MEX 文件，只有按一定的格式编写的 C 源码文件才能转化为有效的 MEX 文件。MEX 文件是一种 MATLAB 可执行的程序文件，通过编写 mexFunction 函数入口，将 C、C++和 FORTRAN 等语言的程序代码嵌入 MEX 文件中，实现在 MATLAB 开发环境中调用其他语言程序代码。MEX 文件的源码是由 C 或 FORTRAN 语言编写，后经 MATLAB 编译器处理而生成的二进制文件，它是可以被 MATLAB 解释器自动装载并执行的。

　　使用 MEX 文件的优势主要有以下几点：

　　1) 使用 MEX 文件，可以直接嵌入其他语言功能程序代码段，而不需要重新编写 M 文件代码，为程序代码的移植和重用提供了一种非常有效而且高效的途径。

2）MATLAB 为解释性语言，在执行 M 文件过程中，边解释边执行，执行速度慢，使用 MEX 文件，可以提高代码的执行速度和执行效率。

3）使用 MEX 文件，可编写硬件驱动程序，扩展了 MATLAB 开发环境的应用场合。

因此，主要在以下场合应用 MEX 文件：

1）工程实践中，对于已编写好的 C/C++代码、FORTRAN 代码，可以通过 MATLAB 应用程序接口（API）函数库，把用 C/C++或者 FORTRAN 等程序设计语言编写的函数或者子程序编译成 MEX 文件后，在 MATLAB 工作环境中直接调用，而不必重新编写 M 文件，实现计算机不同语言程序代码的移植。

2）对一些计算复杂、运算时间长的功能程序代码，可以编写相应的 C、C++或 FORTRAN 程序，编译成 MEX 文件后，提高 MATLAB 程序代码的运行速度和执行效率。

3）需要实现与底层硬件设备的接口时，利用 MEX 文件可以直接编写硬件驱动程序，极大扩展 MATLAB 开发环境的应用场合。

使用 MEX 文件，需要先配置开发环境。成功配置 MEX 开发环境必须具备两个条件：

1）MATLAB 开发环境、应用程序接口（API）组件和 MAT-LAB 接口程序编译器（Compiler）。

2）C、C++或者 FORTRAN 语言的编译器，比如 Visual Studio C++、FORTRAN 等不同语言编译器环境。

然后在命令窗口输入 mex -setup，设置 mex 的编译环境，将编译器设置为相应编译器，如图 3-16 所示。

MEX 源码的编写具有特定要求。在 MEX 文件中必须包含♯include "mex. h" 语句，以便能正确地声明入口点和接口子程序。MEX 文件的源代码由两部分组成：

```
>> mex -setup
Please choose your compiler for building external interface (MEX) files:

Would you like mex to locate installed compilers [y]/n? y

Select a compiler:
[1] Borland C++Builder version 6.0 in D:\Program Files\Borland
[2] Digital Visual Fortran version 6.0 in C:\Program Files\Microsoft Visual Studio
[3] Lcc C version 2.4 in C:\MATLAB6P5\sys\lcc
[4] Microsoft Visual C/C++ version 6.0 in C:\Program Files\Microsoft Visual Studio

[0] None

Compiler:
```

图 3 - 16　设置编译环境

1）计算子程序。

在 MEX 文件中需要实现的计算和对数据的处理，以及输入、输出数据的代码都包含在这里。

2）入口子程序。

通过 void mexFunction（int nlhs，mxArray * plhs []，int nrhs，const mxArray * prhs []）入口点函数和它的参数 nlhs，plhs，nrhs 和 prhs 实现计算子程序与 MATLAB 的连接。nlhs 和 nrhs 分别表示输出参数个数和输入参数个数，指针 plhs 和 prhs 分别指向输出参数矩阵和输入参数矩阵的头指针。

在 mexFunction 中定义相关变量后，需要对输入、输出参数列表的变量类型及参数个数进行检测，检测正常后入口子程序调用计算子程序，完成整个 MEX 文件任务。

这两个子程序和 MATLAB 的作用及相互关系是：

当一个程序调用 MEX 文件时，MATLAB 自动将输入参数的个数和地址放进 nrhs 和 prhs。mexFunction 通过 prhs 数组中的指针，取出输入参数传给计算子程序处理数据，计算程序处理数据。计算子程序返回后，mexFunction 将计算结果的指针保存在 plhs 数组中。如此，当 MEX 文件返回时，结果就传给了调用程序。MEX 文件与 M 文件不同，没有自己的工作空间，当 MEX 文件返回到 MATLAB 时，凡是不在 plhs［］列表中的变量就会被清除，在 MEX 文件执行过程中由函数 mxCalloc、mxMalloc 或 mxRealloc 分配的内存也将被自动释放。

　　使用 MATLAB 应用程序接口（API）函数库编写 MEX 文件时，使用比较频繁的是 MEX 函数库和 MX 函数库。MEX 函数库主要实现在 MATLAB 工作环境的接口作用，其常用函数如表 3 - 2 所示。MX 函数库主要是矩阵操作函数库，其常用函数如表 3 - 3 所示。

表 3 - 2　常用 MEX 函数库函数

函数名称	功能描述
mexCallMATLAB	调用 MATLAB 函数
mexEvalString	在 MATLAB 窗口中执行字符串命令
mexFunction	C 语言 MEX 文件的定义
mexGetVariable	将工作窗口中的变量复制给定义变量
mexPutVariable	把 mxArray 临时变量复制到给定的工作窗口中
mexErrMsgTxt	在工作窗口中显示错误信息
mexWarnMsgTxt	在工作窗口中显示警告信息

表 3 - 3　常用 MX 函数库函数

函数名称	功能描述
mxCalloc	给矩阵分配临时内存空间
mxDestroyArray	释放临时分配的内存空间
以 mxGet 为前缀的函数	获取变量数值、类型、指针等
以 mxCreate 为前缀的函数	创建不同数据类型的矩阵、矢量等
以 mxls 为前缀的函数	数据类型、内存空间等判读函数
以 mxSet 为前缀的函数	设置变量数据维数、大小指针等

　　在了解了 MEX 源码编写的基本要求和常用函数后，本节通过一个简单的应用实例说明 MEX 文件的使用。该应用实例中，通过 C 语言编写的函数"void CalAtmosphere（float altitude，float velocity）"功能是根据导弹当前的高度，求解出该时刻导弹所处位置的空

气密度和声速，并根据导弹速度依据公式 $Q = 0.5\rho V^2$ 求出导弹当前动压 Q。为了保证该函数的执行效率，采用复杂、晦涩的查表方式，对于非专业人员很难从物理概念，即代码走读方式判断其正确性。为验证该函数正确性，采用交叉编译方式，在原函数中加入 MAT-LAB 接口，将其编译成可在 MATLAB 中运行的"CalAtmosphere. dll"文件，在 MATLAB 中运行该 C 函数，用法如图 3-17 所示，通过与 Simulink 中"COESA Atmosphere Model"模块进行对比，可以验证该 C 语言函数的正确性。

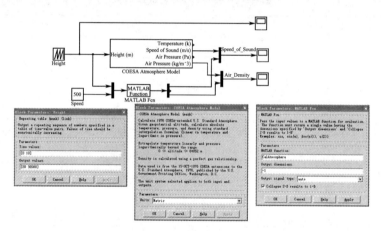

图 3-17　C-MEX 混合编译建模仿真示意图

CalAtmosphere. c 文件具体代码如下：

```
//Calculate Atmosphere Model
#include <math. h>
#include "mex. h"


//计算子程序
void CalAtmosphere (double * ParamIn, double * ParamOut)
{
Int    data                          //初始化参数
```

```
    fAltitude  =  ParamIn [0];            //MATLAB 接口
    g_fVm = ParamIn [1];                  //MATLAB 接口
    .........                             //相关功能实现
    ParamOut [0] = g_fVelocityOfSound;    // MATLAB 接口
    ParamOut [1] = g_fQv;                 // MATLAB 接口
    ParamOut [2] = g_fDensity;            // MATLAB 接口
}
// Matlab 接口函数（必须包含该函数）
    void mexFunction ( int nlhs, mxArray * plhs [], int nrhs,
const mxArray * prhs [] )
{
    double * x;
    double * y;
    / * 参数个数检测 * /
if (nrhs ! = 1)
{
    mexErrMsgTxt ( "One input arguments required. ");
}
else if (nlhs > 1)
{
    mexErrMsgTxt ( "Too many output arguments. ");
}
else
{
//获取变量的指针和建立初始值
    plhs [0] = mxCreateDoubleMatrix (1, 3, mxREAL);
    x = mxGetPr (prhs [0]);
    y = mxGetPr (plhs [0]) ;
//调用计算子程序
```

CalAtmosphere（x，y）；　　　　　　　//MATLAB 函数接口
}

以上代码，在配置好编译环境后，通过 MATLAB 命令窗口输入 mex CalAtmosphere. c，可生成 . dll 文件或是 . mex32 文件（高版本 MATLAB 编译后生成 . mex32 文件，低版本 MATLAB 生成 . dll 文件）。然后可以在命令窗口或 M 文件中直接调用该函数。也可以在 Simulink 中调用，例如本例，在 Simulink 模型中，通过 MAT-LAB FUNCTION 模块调用该函数，必须建立一个简单的 MATLAB 函数，代码如下：

Function z＝jsCalAtmosphere（y）

z＝CalAtmosphere（y）；

CalAtmosphere. c 代码中 mexFunction 用到了上面列举的其中三个常用函数，这里对其展开介绍，以便读者更好地理解这个实例。

MxErrMsgTxt 函数语法为：void mexErrMsgTxt（const char * error _ msg)或 void mexErrMsgTxt（"error _ msg"），它把 error _ msg 的内容显示在命令窗口，显示完成后，MATLAB 终止 MEX 文件的执行，把控制权返回 MATLAB 命令窗口。

mxCreatDoubleMatrix 用来生成一个双精度矩阵，语法为 mx-Array * mxCreateDoubleMatrix（int m，int n，mxComplexity ComplexFlag），参数 m 和 n 为要生成矩阵的行和列，ComplexFlag 取 mxREAL 或 mxCOMPLEX。mxREAL 表示矩阵中只有实数项，而 mxCOMPLEX 表示可有复数项，如果成功则返回新矩阵的指针。

mxGetPr 语法为 double * mxGet（const mxArray * array _ ptr），用于返回 mxArray 矩阵 * array _ ptr 的指针。mxGetPr 函数给出指针 array _ ptr 指向的矩阵的实数的起始地址。如果需要获取虚数起始地址时可使用 mxGetPi 函数。

3. 2. 4　Stateflow 建模方法

Stateflow 是有限状态机的图形实现工具，它可以用于解决复杂

的监控逻辑问题，用户可以用图形化的工具来实现各个状态之间的转换。例如防空导弹在攻击目标的过程中通常分为初制导段、中制导段与末制导段，在 MATLAB 仿真中，每个阶段之间的衔接与转换就可以通过 Stateflow 实现。Stateflow 生成的监控逻辑可以直接嵌入到 Simulink 模型下，从而实现二者的无缝连接。事实上，在仿真初始化过程中，Simulink 将自动启动编译程序，将 Stateflow 绘制的逻辑框图变换为 C 格式的 S 函数，从而在仿真过程中直接调用相应的动态连接库文件，将二者构成一个仿真整体。

Stateflow 仿真的原理是有限状态机（finite state machine, FSM）理论，所谓有限状态机是指在系统中有可数的状态，在某些事件发生时，系统从一个状态转换成另一个状态。在有限状态机的描述中，可以设计出从一个状态到另一个状态转换的条件，在每对相互可转换的状态下都设计出状态迁移事件，从而构成状态迁移图。

在 Stateflow 中提供了图形界面支持的设计有限状态机的方法，它允许用户建立起有限的状态，并用图形的形式绘制出状态转移的条件，从而构造出整个有限状态机系统。所以在 Stateflow 下，状态和状态转换是其最基本的元素。有限状态机的示意图如图 3 - 18 所示，图中有 4 个状态，这几个状态直接的转换是有条件的，其中有的是状态之间相互的转换，还有状态 A 自行的转换，在有限状态机的表示中，还应该表明这些状态迁移的条件或事件。

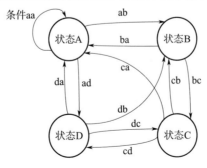

图 3 - 18 有限状态机示意图

下面以一个简单的例子说明 Stateflow 的一些基本应用。

在斜坡输入 U 的作用下，期望输出 Out 如下所示

$$\text{Out} = \begin{cases} U^2 & t \leqslant 2 \\ 50\sin(U) & 2 < t \leqslant 7 \\ U & 7 < t < 10 \end{cases}$$

s. t. 　　$-25 \leqslant \text{Out} \leqslant 200$

在 Matlab 命令窗口中输入 sfnew，可以创立一个新的带有 Stateflow 模块的 Simulink 模型，搭建如图 3 - 19 所示框图。

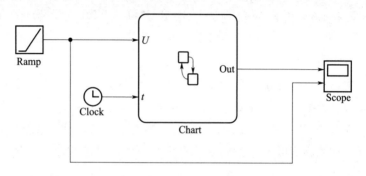

图 3 - 19　Stateflow 应用框图

Stateflow 模块包含 2 个输入 U 和 t，1 个输出 Out，Stateflow 内部结构如图 3 - 20 所示。通过选择 Add \ Data \ Input from Simulink 菜单项可以定义 Stateflow 模块的输入项，如图 3 - 21 所示。在 name 中定义输入的名称，在 port 中定义输入的端口号，同样，可以通过 Add \ Data \ Output to Simulink 定义 Stateflow 模块的输出项，设置方式与输入相似。可以通过 Tools \ Explore 查看定义的输入与输出变量。

一个 Stateflow 图由图形对象和非图形对象构成。图形对象包括状态（state）、转换（transition）、节点（junction）、图形函数（graphical function）等，非图形对象则包括数据（data）和事件（event）的定义。图 3 - 20 中的圆角矩形表示状态，箭头线表示状态的转换，需要注意状态转换的方向。图 3 - 20 中包含 3 个状态

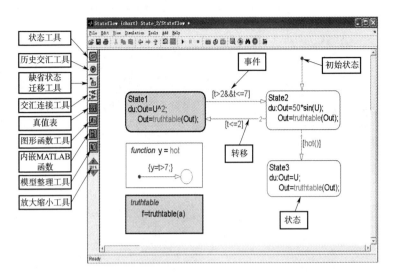

图 3 - 20　Stateflow 内部结构

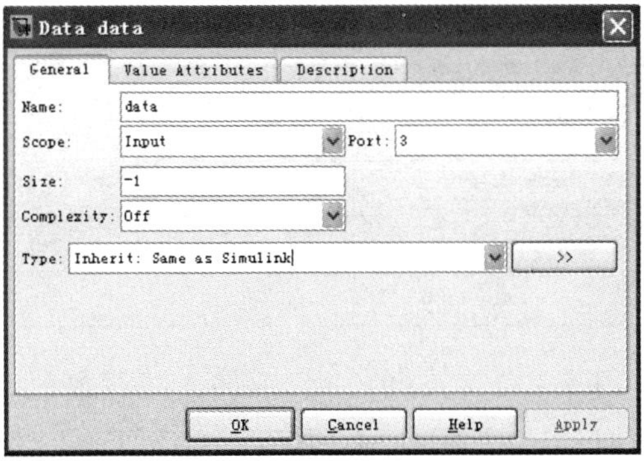

图 3 - 21　Stateflow 模块的输入项定义

State1，State2，State3，可以双击代表状态的圆角矩形也可以通过
鼠标右键点选 Properties 标识状态，状态的一般标识格式如下：

name/

entry：entry action

during：during action

exit：exit acion

on event _ name：on event _ name action

状态标识由状态名称和斜杠开始，斜杠可省略。状态名称后面可以定义状态的响应情况，entry 表示系统由其他状态转换到该状态时所进行的操作；during 表示系统保持在该状态时进行的操作；exit 表示系统由该状态向其他状态转移后进行的操作；on event _ name 用来定义对指定事件的响应操作。其中，entry，during，exit 也可以分别简写为 en，du，ex。

对输出 Out 的约束 $-25 \leqslant Out \leqslant 200$ 在本例中使用真值表实现。Stateflow 使用函数来处理在 Stateflow 图中需反复处理的动作或判断。在真值表中，用户可以用条件、决策和动作来进行逻辑判断，并执行相应的操作。Stateflow 真值表含有条件、决策和动作。根据对输出的约束可以写出如表 3 - 4 所示的真值表。

表 3 - 4　真值表

Condition（条件）	Decision1（决策 1）	Decision2（决策 2）	Default Decision（缺省决策）
Out>200	T	F	—
$-25 \leqslant Out \leqslant 200$	F	T	—
Out<−25	F	F	—
Action（动作）	Out=200	直接输出 Out	Out=−25

Condition（条件）列中的每个条件先要判断是真（T）或假（F），每个条件可以如表 3 - 4 所示标记为 T、F 或—（即不论 T 或 F）。每个 Decision（决策）列隐含着各个条件的"与"操作。执行过程中，Stateflow 会从 Decision1 开始判断真值表中的每个决策，如果哪个 Decision 为真，就执行该 Decision 对应的操作。在图 3 - 20 的 truthtable 模块中，需要键入真值表函数名及其形参名 f＝truthtable（a），其中 f 是输出形参，a 是输入形参，truthtable 为本例的真值表函数名。双击真值表图标，真值表编辑器如图 3 - 22 所示。在真值表编辑器中，编写表 3 - 4 的内容就可以了。

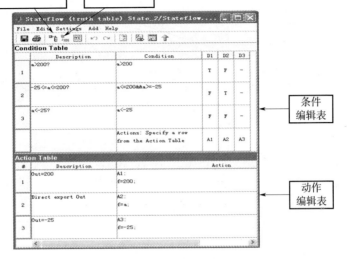

图 3 - 22 真值表编辑器

鼠标右键点选转换箭头线的 Properties（属性），可以设置状态转换的条件，即事件；"[ ]"中可定义转换条件，"{ }"中可定义操作。在这个例子中利用 Stateflow 的图形函数工具 $f()$ 引入了一个引起状态转换的事件，在图形函数中绘制了一条缺省状态迁移线，并设置事件 $\{y=t>7\}$，意思是将 $t>7$ 为真时设置 $y=1$，发生状态转换，否则 $y=0$，不发生状态转换。

搭建 Stateflow 模块需要注意状态之间的转换逻辑，图 3 - 20 的 State3 及其转换不能断开与 State2 的连接而与 State1 连接，因为在 $2 < t \leqslant 7$ 时间段，状态是停留在 State2 中的，$t > 7$ 以后的状态 State3 就需要与 State2 连接。

仿真结果如图 3 - 23 所示。

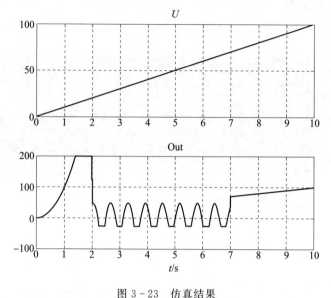

图 3 - 23　仿真结果

3.2.5　MATLAB 与 ADMAS 联合建模方法

3.2.5.1　ADAMS 软件简介

　　ADAMS 软件，即机械系统动力学自动分析软件（Automatic Dynamic Analysis of Mechanical Systems），是美国 MDI 公司（Mechanical Dynamics Inc.）开发的虚拟样机分析软件。

　　ADAMS 软件使用交互式图形环境和零件库、约束库、力库，创建完全参数化的机械系统几何模型，其求解器采用多刚体系统动力学理论中的拉格朗日方程方法，建立系统动力学方程，对虚拟机械系统进行静力学、运动学和动力学分析，输出位移、速度、加速度和反作用力曲线。ADAMS 软件的仿真可用于预测机械系统的性能、运动范围、碰撞检测、峰值载荷，以及计算有限元的输入载荷等。基于强大的仿真功能，ADAMS 软件目前已在全世界各行业得到应用。

3.2.5.2　MATLAB 与 ADMAS 联合建模意义

机电系统的传统设计过程是机械系统设计师和控制系统设计师从同一个概念出发，分别进行机械和控制系统设计，二者采用不同的分析软件进行独立的建模、仿真、调试，只有在后期物理样机测试中，两个设计结果才被第一次结合起来。这种设计方式不可避免地会发生机械和控制系统不匹配的问题，方案的修改与调试必须实物验证，过程繁冗，制约了设计进度。

在此基础上，发展产生了控制系统与机械系统的联合建模和仿真。通过联合建模和仿真平台，机械工程师和控制工程师可以共享一个样机模型，协同在联合平台上进行设计、分析和调试，极大地提高了工作效率。

借助 MATLAB 强大的控制仿真能力和 ADAMS 完善的机构运动分析能力，国内航空航天领域目前普遍采用 MATLAB 与 AD-AMS 进行控制系统与机械系统的联合建模和仿真。

MATLAB 与 ADAMS 联合建模和仿真可以实现以下功能：

1) 在控制系统建模中使用机构模型代替数学模型，可以在机构模型中方便地添加摩擦、间隙、结构弹性等非线性因素，同时机构模型能够表示减速比系数变化等影响因素，使得控制工程师不必花费大量精力对传动机构进行辨识和建模，简化了控制工程师的工作，并使模型更接近物理样机。

2) 联合建模后进行仿真，能够以图表或动画形式直观显示不同控制算法下机械系统的运动情况，更便于对控制系统进行参数调整和结果评判。

3.2.5.3　MATLAB 与 ADMAS 联合建模步骤

MATLAB 和 ADAMS 联合仿真主要包括以下四个设计步骤。

（1）在 ADAMS 中建立系统的机械动力学模型

建立控制模型前，需在 ADAMS 中完成机械系统的动力学模型。可以直接在 ADAMS 中建立简单机械系统的动力学模型，或者利用

ADAMS 中的接口模块，将其他三维造型软件中已建立的机械系统样机模型导入到 ADAMS 环境中，然后施加约束和作用力，进行机械系统的仿真分析。

（2）确定 ADAMS 的输入变量和输出变量

ADAMS 的输入和输出是与 MATLAB 控制系统进行数据通信的接口。ADAMS 的输出变量是进入控制系统 MATLAB 中的输入变量，而 ADAMS 的输入变量是控制系统 MATLAB 返回到 AD-AMS 的输出变量。通过定义输入和输出，实现联合仿真的信息交换，进而构成了一个闭环控制系统。

（3）构建控制模型

采用 MATLAB/Simulink 搭建控制系统的模型，并设置各个模块的参数和所需的测量量。同时，将 ADAMS 中建立的机械系统模型模块导入到 Simulink 中。

（4）联合仿真

在 Simulink 中设置仿真步长，调整仿真参数，就可以完成联合仿真，并能够观察仿真曲线，得到仿真结果。在此过程中，还可以对机械系统模型和控制模型进行调试，直到达到所要求的性能为止。

3.2.5.4　MATLAB 与 ADAMS 联合建模实例

本节以某型传动机构为例，按照 3.2.5.3 节步骤进行 ADAMS 动力学模型的建立及其与 MATLAB 的联合建模和仿真，需要注意的是，联合建模前必需设置 ADAMS 与 MATLAB 的工作目录，且二者应一致。

（1）建立机械动力学模型

某型传动机构由齿轮副、丝杠副、舵轴摇臂组合、电位计及反馈扇齿等组成，本节采用 Pro/E 软件建立精确的三维模型，将 Pro/E 模型转换为 *.x_t 格式导入 ADAMS 软件（也可使用其他中间格式或使用 Mechanism/Pro 接口模块将 Pro/E 模型导入 ADAMS 软件），简化后的实体模型示意如图 3 - 24 所示。在导入的模型中设置构件的材料特性，对各构件进行合适的运动副约束定义，经过定义

后的机构自由度为 1。本节定义的构件材料及约束类别如表 3 - 5 和
表 3 - 6 所示。

图 3 - 24　传动机构动力学模型示意图

表 3 - 5　动力学模型中的构件

名称	包含零件	材料
P001	齿轮 1	钢
P002	齿轮 2＋螺杆＋轴承	钢
P003	螺母＋轴套	钢
P004	舵轴＋摇臂＋轴承＋扇齿	钢、铝
P005	反馈齿轮	铝

表 3 - 6　动力学模型中的运动副约束

名称	约束类型	作用构件
JOINT _ 1	旋转副/Revolute	P001→ground
JOINT _ 2	旋转副/Revolute	P002→ground
JOINT _ 3	旋转副/Revolute	P004→ground
JOINT _ 4	旋转副/Revolute	P005→ground
JOINT _ 5	圆柱副/Cylindrical	P003→ground
JOINT _ 6	齿轮副/Gear	P002→P001
JOINT _ 7	齿轮副/Gear	P005→P004
JOINT _ 8	螺杆副/Screw	P003→P002
Contact _ 1	接触/Contact	P003→P004

（2）确定输入、输出变量

该型传动机构应用于位置控制系统，传动机构的输入是电机转速，输出为反馈齿轮转速，输入作用在 P001 上。为使仿真模型更加准确，将电机的转动惯量叠加在 P001 上。定义输入变量为 .helm. v _ gear _ in，表示电机输出转速，输出变量为 .helm. v _ gear _ fb，表示反馈齿轮转速。定义完整输入、输出变量后，使用 ADMAS 软件 Controls 菜单下的 Plant Export 子选项生成用与 MATLAB 联合仿真的文件，生成文件的类型分别为 *.m、*.cmd、*.adm。在 MATLAB 中调用生成的 *.m 文件，将 ADAMS 模型的输入、输出关系及其他特性导入 MATLAB 工作空间，之后在 MATLAB 中输入命令"Adams _ sys"，即可观察 ADAMS 输出到 MATLAB 的动力学模型子模块，如图 3 - 25 所示。我们在搭建 MATLAB 控制模型时主要使用其中的 adams _ sub 框图，其内部结构如图 3 - 25 右边所示。

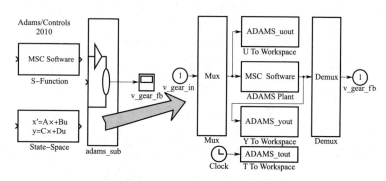

图 3 - 25　ADMAS 输出到 MATLAB 的动力学模型子模块

（3）构建控制模型

使用 ADMAS 生成的动力学模型子模块"adams _ sub"代替传统模型中的传动机构部分，在 MATLAB/Simulink 中按照控制算法建立伺服系统的数学仿真模型，如图 3 - 26 所示。

（4）实现联合仿真

在图 3 - 26 所示联合仿真控制模型中设置合适的步长，输入指令信号，可以得到伺服系统的响应。图 3 - 27 左边是输入 10°阶跃信

号的响应曲线，右边是输入 5 Hz、1.8°正弦信号的响应曲线，由图
3-27可以读出空载下伺服系统的超调量及相位滞后。

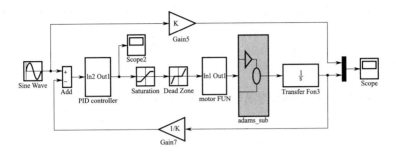

图 3-26　Matlab 与 Adams 联合仿真控制模型

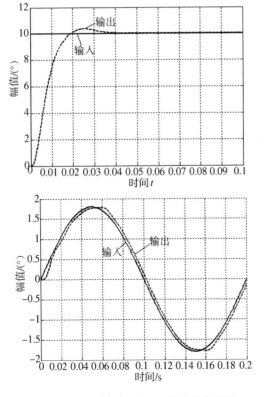

图 3-27　Matlab 与 Adams 联合仿真结果

采用 MATLAB 与 ADAMS 联合仿真，使用机构动力学模型代替传统数学模型，在模型中方便地添加摩擦、间隙、结构弹性等非线性因素，能够使模型更接近物理样机，更便于对控制系统进行参数调整和结果评判，能极大简化控制系统工程师的工作。

3.2.6　综合示例

在本节中，综合运用前面介绍的 MATLAB 建模方法，实现飞行控制系统全参量仿真模型的搭建，仿真框图如图 3 - 28 所示。该仿真模型模拟真实弹上信号传输流程，外部输入信号为俯仰和偏航两个通道的过载指令，内部结构包括控制单元、舵机模型、弹体模型及惯测组合模型。控制单元中控制参数的计算由 C - MEX 混合编译方法实现，三路通道舵指令到四路舵机指令由 Stateflow 方法实现；弹体模型由 C 语言编写的 S 函数实现。

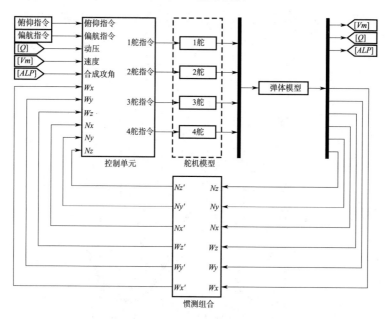

图 3 - 28　飞行控制系统仿真模型

　　1) 弹体模型输入为四路舵机的舵偏角，输出为导弹飞行状态（速度、动压、合成攻角及过载和姿态角速度）信息，内部包含气动系数计算和弹体运动解算两个模块。气动系数计算模块根据导弹的飞行状态及舵偏角信息经插值计算得到弹体坐标系上的气动力和气动力矩系数，传递给弹体运动解算模块；弹体运动解算模块通过求解弹体动力学和运动学微分方程（见 2.2.2.5.4 节），更新弹体的飞行状态信息。

　　为了提高执行效率，弹体模型由 C 语言编写的 S 函数实现。

　　弹体模型解算流程如图 3 - 29 所示。导弹的飞行状态信息输入给气动包，得到力系数、力矩系数及动导数（气动包的输入、输出见 2.2.2.5.3 节）；由气动包输出的各系数经坐标变化，结合发动机推力信息及质量与转动惯量信息，根据式（2 - 171）、式（2 - 172）、式（2 - 178）和式（2 - 179）计算弹体坐标系上导弹所受的力与力矩，进而计算弹体坐标系上的姿态角速度与过载；由弹体坐标系上的姿态角速度信息，根据式（2 - 174）～式（2 - 177）进行导弹姿态运动解算，得到惯性坐标系到弹体坐标系的转换矩阵 C_I^B；由姿态角速度、过载信息及 C_I^B，根据式（2 - 181）～式（2 - 183）进行导弹在惯性坐标系上速度及位置的解算；根据式（2 - 184）～式（2 - 186）进行导弹飞行状态更新。

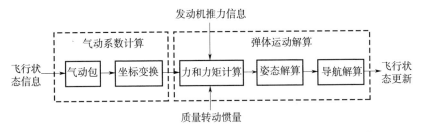

图 3 - 29　弹体模型解算流程

　　2) 惯测组合［式（2 - 173）、式（2 - 180）］实时测量弹体的加速度及姿态角速度，信息传递给控制单元。

3）控制单元输入为俯仰、偏航两个通道的过载指令及弹体的飞行状态信息，输出为四路舵机的舵指令，内部包含控制律解算与舵偏分配两个部分，如图 3 - 30 所示。控制律解算的内容详见2.2.2.4.1 节～2.2.2.4.3 节，舵偏分配的内容详见 2.2.2.4.4 节，在此不再赘述。

在控制单元模块中，控制参数的计算使用了 3.2.3 节介绍的C - MEX混合编译的方法；三路通道舵指令生成四路舵偏指令的过程中，存在按照时间逻辑划分的姿态控制与过载控制段，同时存在四路舵偏指令的限幅。为了使得仿真流程更加清晰，方便同一段程序被反复调用，使用 3.2.4 节介绍的 Stateflow 方法实现这部分内容，如图 3 - 31 所示，其中 DltMax 为舵指令限幅值，TimeSat 为姿态控制与过载控制的切换时间，Cdj 为舵系统传递系数。Stateflow内部结构如图 3 - 32 所示，四路舵偏指令限幅由真值表实现，方便反复调用。

通过循环执行以上过程即可实现导弹飞行控制系统全参量模型数字仿真，并得到分析所需的飞行状态信息。

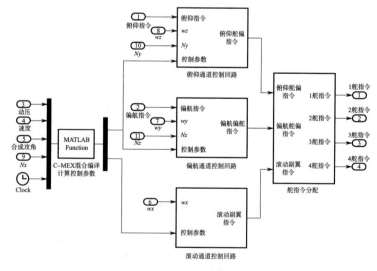

图 3 - 30　控制单元模型

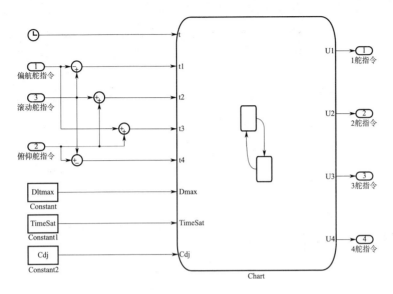

图 3 - 31　Stateflow 实现舵指令转换

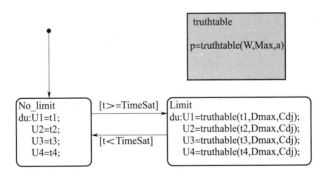

图 3 - 32　Stateflow 内部结构

　　在飞行控制系统全参量仿真模型中，设置仿真条件：导弹初始位置 [0，10 000，0] m，初始速度 300 m/s，初始攻角 0°，初始气流滚转角 135°，初始姿态角与姿态角速度均为 0，飞行控制系统在 2 s 后跟踪俯仰和偏航过载均为 5 g 的阶跃指令。过载响应曲线如图 3 - 33 所示。

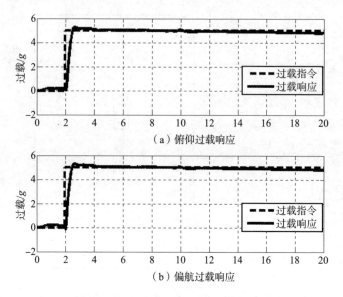

图 3 - 33　飞行控制系统过载响应曲线

通过上述方法建立的飞行控制系统全参量仿真模型在每一个仿真周期内都需要解算导弹动力学方程、导弹运动学方程以及控制参数的计算，其中涉及大量的坐标转换关系，若全部以 Simulink 模块搭建将十分烦琐，用 S 函数编写全参量弹体模型，执行效率高，容易调试。

3.3　C＋＋语言实现方法

在控制系统工程实现后期，需进行硬件在回路的半实物仿真及全实物仿真，这时通常选用 C＋＋语言来进行模型实现。原因主要体现在两个方面：一是目前，市面上仿真测试硬件平台大多支持 C＋＋语言编程，保证了硬件在回路仿真的可实现性；二是 C＋＋语言简洁高效、模块化程度高，具有较好的可移植性，确保仿真测试平台的通用化设计。

3.3.1　C＋＋语言概述

C＋＋语言建立在 C 语言的基础上，是一种面向对象的编程语言。

3.3.1.1　面向对象编程

随着面向对象编程（object‐oriented programming，简写为 OOP）日益增加的程序复杂性，程序设计方法也在不断地变化。比如，在最开始发明计算机时，程序设计是利用 1 和 0 的不同组合形成机器语言，通过穿孔卡片进行识别，程序只有寥寥几百行指令。随着程序越来越大，人们发明了汇编语言，可以让程序员使用机器指令的表示符号处理更大、更复杂的程序。

程序设计最终引入了高级语言，它为程序员提供了更多处理复杂性问题的工具。第一个得到广泛应用的语言是 FORTRAN。尽管 FORTRAN 是给人深刻印象的第一种程序设计语言，但很难说是一种能够促进程序清晰和更易于理解的语言。

20 世纪 60 年代产生了结构化程序设计——这种办法得到了诸如 C 和 Pascal 这些语言的支持。通过使用结构化语言，人们第一次能够相当容易地编写中等复杂程度的程序。但是，即使使用结构化设计方法，一旦项目达到一定的规模，其复杂性也会使得程序员难以管理。

程序设计发展过程中的每个里程碑，都创造了新的技术和工具，使程序员能够处理日益增加的更加复杂的程序设计。这一历程中的每一步，新的办法都汲取了原有方法的精华，并有所发展。在发明 OOP 之前，许多项目已经接近（或者超过）结构化方法失效的临界点。为了解决这个问题，面向对象编程出现了。

面向对象编程吸收了结构化程序设计中最好的思想，并把这些思想与几个概念相结合，结果形成了程序组织的一种新办法。按照最一般的认识，程序可以有两种组织方式：围绕代码（做什么）或者围绕数据（作用于什么）。仅仅使用结构化编程技术，程序通常是围绕代码组织的，这种方法可以被理解为"作用于数据的代码"。比如，用结构化语言如 C 编写的程序是由其函数定义的，这种函数可以对程序使用的任一数据操作。

面向对象编程则是以另一种方式工作的。它们是围绕数据组织的，其关键的原则是"数据控制代码访问"。在面向对象语言中，可以定义数据和允许作用于该数据的历程，因此，数据类型明确定义了可用于该数据的操作类型。

为了支持面向对象编程的原则，所有的 OOP 语言都有三个共同的特征：封装、多态和继承。以下逐一介绍这三个概念。

（1）封装

封装（encapsulation）是把代码和处理的数据捆绑到一起的机制，并保护两者避免被外部干扰或者误用。在面向对象语言中，代码和数据可以通过这种方式结合在一起，形成一个自包含的"黑盒子"。一旦代码和数据以这种方式联系起来，就构成了一个对象。换句话说，对象是支持封装的一种设施。

在对象内部，代码、数据或者两者可以对于该对象是私有的，也可以是公共的。私有的代码或者数据只能被对象的其他部分识别和访问。就是说，私有代码和数据不能被存在于对象之外的程序片段访问。如果代码或数据是公共的，即使是在对象内部定义，程序的其他部分仍然可以访问它。典型地，对象的公共部分用于为对象的私有部分提供一个控制接口。

无论从哪一个方面来看，对象都是一个用户定义类型的变量。乍一思考可能有些奇怪，对象作为一个变量，却同时联系了代码和数据。但是在面向对象编程中，恰好就是这种情况。在定义对象的同时，也就意味着你创建了一个新的数据类型。

（2）多态

面向对象编程语言支持多态（polymorphism），用一句话来说就是"一个界面，多种方法"。用简单的术语讲，多态就是这样一种特性：它允许界面与一类通用操作一起使用，选择哪一个操作由情况的具体特质决定。现实世界中多态的一个实例是自动温度调节器。不管住房使用哪一种炉子（燃气、燃油、电力等），温度调节器总是按相同的方式工作。这种情况下，无论你是什么类型的炉子（方法），自动温度调节器（界面）总是一样的。比方说你希望 70° 的温度，就是将温度调节器调到 70°，而不必考虑供热的炉子是什么类型。

同样的原理也可用于程序设计。比如，有一个程序定义了三种不同类型的堆栈：一个堆栈用于整数值，一个用于字符值，而另一个用于浮点数。由于多态性，可以创建三组叫 push（）和 pop（）的函数，分别用于不同的数据类型。总的概念（界面）是向堆栈压入数据和从堆栈弹出数据。这些函数有对每种数据类型定义完成这一工作的具体方式（方法）。如果你要把数据压入堆栈，决定具体调用哪一个版本 push（）函数的是数据的类型。

通过允许使用同一个界面表示一类通用操作，多态可以帮助降低复杂性。对于应用的不同情形，选择具体的操作是编译器的任务，不需要程序员进行人为选择，只需要记住并使用通用的界面。第一个面向对象程序语言是解释程序，因而在运行时支持多态。不过，由于 C++ 是一种编译语言，同时在运行时和编译时支持多态。

（3）继承

继承（inheritance）是一个对象能够获取另一个对象的属性的方法。继承之所以重要是因为它支持分类的概念。认真想一下，大多数知识都是通过层次化的分类而变得容易掌握。比如，红富士苹果属于苹果类，苹果又属于水果类，而水果又属于更大的食品类。如果不使用分类，每个对象都需要明确地定义自己的所有属性。而使用分类，对象就只需要定义那些在同类中特殊的性质。正是继承机制，使得一个对象成为另外一种更广泛的事例的特殊实例成为可能。

3.3.1.2　C++ 类简介

类（class）是 C++ 的根基。在创建一个 C++ 对象之前，必须首先使用关键字 class 定义它的一种形式。类在语法上类似于结构。

作为一个例子，下面的类定义了一个类型 TCacuMobileR 用于实现滚动回路的弹体解算。

```
class TCacuMobileR // 计算滚动回路
{
  private：
    struct TMobileR
      {
        //定义弹体模型的成员变量
        // c1，c3，c3pp，dert，dertb；
      };
    double h；
    Int n；
    TMobileR Mobile；
  public：
      void funcs （double * y，double * dy）；
      void Cacu （TMotionR *）；
    TCacuMobileR （）；
    ～TCacuMobileR （）；
}；
```

　　类可以包含私有和公共部分。默认情况下，在类中定义的所有项都是私有的。比如，结构体 TMobileR 和 Mobile 都是私有的，这意味着它们不能被不是该类成员的函数访问。封装就是这样实现的——通过保持特定数据项的私有性来严格控制对它们的访问。尽管这个例子没有表示出来，还可以定义私有函数，但私有函数只能被类的其他成员调用。

　　要使类的某一部分成为公共的（程序的其他部分可以访问），必须在关键字 public 之后对它们进行声明。在 public 之后声明的所有变量和函数都可以被程序中的所有其他函数访问。通常，程序的其他部分通过对象的公共函数访问一个对象。尽管可以使用公共变量，但应该尽量减少或者避免使用公共变量。相反，应该使所有的数据成为私有的，并通过公共函数控制对它的访问。这样，公共函数就为类的私有数据提供了界面，这样做有利于保持封装。需要注意的另一点是：public 关键字后面有一个冒号。

函数 funcs（）和 Cacu（）被称为成员函数，因为它们是类 TCacuMobileR 的一部分。变量 h 和结构体 TMobileR 被称为成员函数或者数据成员。只有成员函数可以访问它们的类的私有成员。所以，只有 funcs（）和 Cacu（）可以访问变量 h 和结构体 TMobileR。

一旦定义了一个类，就可以使用类名创建那个类型的对象。类名实质上变为一个新的数据类型标识符。例如，这行代码构造了一个 TCacuMobileR 类型的对象 CacuMobileR：

TCacuMobileR　CacuMobileR；

也可以在定义类的同时构造对象，与结构完全一样，只要把变量放在闭括号的后面。

类声明的一般形式为：

class class‐name ｛

　　Private data and functions

public：

　　Public data and functions

｝object‐list；

当然，object‐list 可以是空的。

在 TCacuMobileR 的声明中使用了成员函数的原型。在 C＋＋中，如果需要让编译器识别一个函数，必须使用函数的完整原型格式。以后，在 C＋＋中所有的函数都必须有原型，原型不是可选的，就像它们在 C 中一样。

当需要实际编码实现作为某个类的成员函数时，必须告诉编译器函数属于哪个类。如果，这是实现 funcs（）函数的一种方式：

void TCacuMobileR：：funcs（double ＊ y，double ＊ dy）

　　　　{

　　　　　　dy [0] = y [1];

　　dy [1] = − Mobile. c1 * y [1] − Mobile. c3 * Mobile. dert − Mobile. c3pp * Mobile. dertb；

　　　　}

　　∷称为作用域分解运算符。它实际上是告诉编译器 funcs () 的这个版本属于 TCacuMobileR 类，或者换句话说，这个 funcs () 在 TCacuMobileR 的作用域内。在 C＋＋中，几个不同的类可以具有同名的函数。通过作用域分解运算符和类名，编译器能够知道哪个函数属于哪个类。

　　要在程序中某个类的成员之外的地方调用它的成员函数必须使用对象名和点号运算符。比如，这个程序片段对对象 a 调用了 funcs ()：

　　TCacuMobileR a，b；

　　a. funcs (y，dy)；

　　非常重要的一点是要了解 a 和 b 是两个完全不同的对象。这意味着初始化 a 不会引起 b 的初始化。a 和 b 之间的唯一关系是，它们是同一个类型的对象。另外，a 具有的变量 h 和结构体 TMobileR 的副本也完全独立于 b 的副本。

　　只有当成员函数被所属类之外的代码调用时，才需要使用对象名和点号运算符。否则，一个成员函数可以直接调用另一个成员函数，不需要使用点号运算符。同样，成员函数也可以直接引用成员变量而无须使用点号运算符。

3.3.1.3　函数重载

　　C＋＋实现多态的一种方式是使用函数重载。在 C＋＋中，只要参数声明不同，两个或者更多函数可以共用同一个名字。这种情况下，那些共享同一个名字的函数被称为重载的。比如，考虑这个程序：

　　♯include ⟨iostream⟩

```
Using namespace std;

int sqr _ it (int i);
double sqr _ it (double d);
long sqr _ it (long l);
int main ()
{
    Cout≪sqr _ it (10) ≪" \ n";
    Cout≪sqr _ it (11. 0) ≪" \ n";
    Cout≪sqr _ it (9L) ≪" \ n";
  Return 0;
}
int sqr _ it (int i);
{
    Cout≪" Inside the sqr _ it () function that uses";
    Cout≪" an integer argument. \ n";
  Return i * i;
}
double sqr _ it (double d);
{
    Cout≪" Inside the sqr _ it () function that uses";
    Cout≪" a double argument. \ n";
    Return d * d;
}
long sqr _ it (long l);
{
    Cout≪" Inside the sqr _ it () function that uses";
    Cout≪" a long argument. \ n";
    Return l * l;
```

　　}

　　这个程序创建了三个类似但不同的 sqr _ it （）函数，每个函数都返回其参数的平方。程序表明，编译器可以根据参数的类型知道每种情形下要使用哪一个函数。重载函数的价值在于它允许使用同一个名字访问相关的一系列函数。从某种意义上来说，函数重载让你为某个操作定义一个通用名，编译器决定实际需要哪个函数来执行这个操作。

3.3.1.4　运算符重载

　　C++实现多态的另外一种方式是通过运算符重载。比如，可以在 C++中使用《和》执行控制台 I/O 操作。能够这样做是因为在头〈iostream〉中，这些运算符被重载了。如果一个运算符被重载，它对于某个特定的类有了新的含义。不过，它仍然保有原来的所有含义。

　　一般而言，可以通过定义与某个特定类相关的含义重载 C++运算符。比如，回想前面设计的 TCacuMobileR 类，可以针对 TCacuMobileR 类型的对象重载"+"运算符，让它把一个队列的内容追加到另一个上。而对于其他的数据类型，"+"仍然保留原来的含义。

3.3.1.5　继承

　　继承是面向对象语言最重要的特性之一。在 C++中，通过允许一个类把另一个类合并到自身的声明中来实现继承。继承允许构造一个类的层次结构，从最一般的到最特殊的。这一方法包括最先定义的基类，它定义了从这个基类派生的所有对象共有的那些特性。基类代表了最一般的描述。从基类派生的类通常被称为派生类。派生类包含了通用基类的所有性质并加上了自己特有的属性。继承的应用会在以后的章节中论述。

3.3.1.6　构造函数与析构函数

　　构造函数是一种特殊的函数，它是类的成员并且与类具有相同的名字，用来完成函数的自动初始化。如 TCacuMobileR（）为 TCacuMobileR 类的构造函数。构造函数没有指定返回类型。在 C＋＋中，构造函数不能有返值。TCacuMobileR（）函数编码如下：

TCacuMobileR：：TCacuMobileR（）

{

　　n＝2；

}

对象在创建时自动调用其构造函数，这意味着构造函数是在执行对象声明时调用的。在 C 式的声明语句和 C＋＋声明之间存在一个重要的区别。不严格地讲，在 C 中变量声明是被动的，主要在编译时确定。换句话说，在 C 中变量声明不被认为是可执行语句。但是在 C＋＋中，变量声明是主动语句，实际上在运行时是执行的。一个原因就是对象声明可能需要调用构造函数，从而引起函数的执行。尽管现在看起来这一区别可能非常微妙而且主要是理论性的，在后面会看到它与变量初始化有一些重要的牵连。

对于全局或者 static 局部对象，对象构造函数只调用一次。对于局部对象，每次遇到对象声明都要调用构造函数。

与构造函数对应的析构函数，在许多情况下，对象销毁时需要执行某些操作。局部对象在进入它们所在的模块时创建，而在离开该模块时销毁。全局对象则在程序终止时销毁。有许多原因可能需要析构函数。比如，对象可能需要释放占用的内存。在 C＋＋中执行释放操作的就是析构函数。析构函数与构造函数具有相同的名字，只是在前面加上一个"～"。下面是 TCacuMobileR 类的析构函数（由于 TCacuMobileR 类并不需要析构函数，故函数内语句为空）。

TCacuMobileR：：～TCacuMobileR（）

　　{

　　}

3.3.2　控制系统软件的工程实现

在工程实现中，为了提高仿真软件的移植性和维护性，经常能运用到 C＋＋类封装和继承的概念，以便适应于不同型号的仿真测试。这一节将通过设计弹体模型及飞行控制系统模型来介绍 C＋＋语言的编程方法。

3.3.2.1　C＋＋语言工程实现的原则

在使用 C＋＋语言实现数学模型的过程中，应该遵循以下原则。

（1）提高可靠性

C＋＋语言提供了类的构造函数及析构函数，用于避免由于未初始化模型成员变量或未显式释放动态分配的空间而带来的灾难性的危害。

在上一节定义的 TCacuMobileR 滚动回路解算类中，需对类成员变量进行初始化。然而在定义类时，直接初始化数据成员是不允许的，因此，下列类定义会产生错误：

```
class TCacuMobileR        // 计算滚动回路
{
    …………
public：
    int n＝2；//出错
};
```

在类定义初始化成员本来就没有什么意义，因为类定义只是指出每个成员是什么类型，并不实际预定成员。要想初始化成员，必须要有该类的一个具体实例。为了进行初始化，提供公有成员函数是个好办法，如下例所示：

```
    void initial （）
    {
      n＝2；
      …………
    }
```

把这个函数加到 TCacuMobileR 类定义的公有段内，使它能为程序的其他函数调用。然而初始化函数仍要用被显式调用。一旦忘记先对类实例进行初始化，有可能带来灾难性的危害。在上例中，如果忘记调用 initial 操作，那么数据成员变量得不到初始化，有可能运用于模型解算的时候用的是随机值，导致解算异常。

为了提高程序的可靠性，类的构造函数在此处得到了应用，在上一节中已经介绍了构造函数的定义方法及用法，此处不再重复。同理，为避免忘记对动态创建空间的释放，析构函数的使用也尤为重要。

（2）提高通用化

针对不同型号数学模型的差异，为了提高仿测软件的可移植性和维护性，软件中大量地运用了 C＋＋类封装和继承概念，如飞行控制系统模型的实现，在飞行控制系统基类中定义了仿真时间、驾驶仪输出等共性的变量，以及俯偏通道、滚动通道计算的纯虚函数，而将不同型号的驾驶仪模型定义成不同的子类，以下详细介绍该方法的定义及应用。

3.3.2.2　弹体模型的实现方法

弹体模型常以微分方程组的形式表示，这样一组方程，通常得不到解析解，只有在一些十分特殊的情况下，通过大量简化，方能求出近似方程的解析解。但是，在导弹的弹道研究中进行比较精确的计算时，往往不允许进行过分的简化。因此，工程上通常先将弹体模型转化为一阶微分方程组，然后运用数值积分方法求解这一微分方程组，从而实现弹体模型解算。数值积分的特点在于可以获得导弹各运动参数的变化规律，但它只可能获得相对应某些初始条件下的特解，而得不到包含任意常数的一般解。

3.3.2.2.1　微分方程数值积分

常用的数值积分方法有欧拉法、阿当姆斯法和龙格-库塔法，其中龙格-库塔法由于其存储量小、解算精度高、可以自启动等特点，是求解一阶微分方程组的常用算法。

龙格-库塔法的精度取决于步长 h 的大小及求解的方法。许多计算实例表明，为达到相同的精度，四阶方法的步长可以比二阶方法大 10 倍，而四阶方法的每步计算量仅比二阶方法大 1 倍，所以总的计算量仍比二阶方法小。但是高于四阶的方法每步计算量增加明显，而精度提高不快，因此一般系统数字仿真常用四阶龙格-库塔法。

四阶龙格-库塔法的计算公式如下

$$\begin{cases} x_{k+1} = x_k + \dfrac{h}{6}(k_1 + 2k_2 + 2k_3 + k_4) \\ k_1 = f(t, x_k) \\ k_2 = f(t + \dfrac{h}{2}, x_k + k_1\dfrac{h}{2}) \\ k_3 = f(t + \dfrac{h}{2}, x_k + k_2\dfrac{h}{2}) \\ k_4 = f(t + h, x_k + k_3 h) \end{cases} \quad (3-3)$$

式中　h——解算步长；

　　　t——当前时间；

　　　x_k—— 第 k 步计算结果。

四阶龙格-库塔算法的 C 语言实现方式如下：

（1）龙格-库塔函数语句与形参说明

void RK _ 4 _ Cacu（double t，unsigned n，double y []，double ly []，double h，void（＊DFun）（double t，unsigned n，double y []，double dy []））

形参说明：

　　t：当前时刻

　　n：一阶微分方程组的方程个数

　　y：数组，存放当前时刻 n 个状态值

　　ly：数组，存放前一时刻 n 个状态值

　　h：计算步长

　　＊Dfun：函数指针，指向描述一阶微分方程组的函数

返回值：无

　　源程序：

　　void RK _ 4 _ Cacu（double t，unsigned n，double y []，double ly []，double h，void（＊DFun）（double t，unsigned n，

```
double y []，double dy []))
    {    unsigned i;
        double * dy1，* dy2，* dy3，* dy4；
        dy1＝malloc（n * sizeof（double））；
        dy2＝malloc（n * sizeof（double））；
        dy3＝malloc（n * sizeof（double））；
        dy4＝malloc（n * sizeof（double））；
        for（i＝0；i＜n；i＋＋）
        ly [i] ＝y [i]；//ly - - ->y（k）
        （* DFun）（t，n，y，dy1）；            //dy1 - - ->K1
        for（i＝0；i＜n；i＋＋）
        y [i] ＝ly [i] ＋h * dy1 [i] /2.0；//y - - ->y（k）＋K1 * h/2
        （* DFun）（t＋h/2.0，n，y，dy2）；//dy2 - - ->K2
        for（i＝0；i＜n；i＋＋）
         y [i] ＝ly [i] ＋h * dy2 [i] /2.0；//y - - ->y（k）＋K2 * h/2
        （* DFun）（t＋h/2.0，n，y，dy3）；//dy3 - - ->K3
        for（i＝0；i＜n；i＋＋）
        y [i] ＝ly [i] ＋h * dy3 [i] /2.0；//y - - ->y（k）＋K3 * h/2
        （* DFun）（t＋h，n，y，dy4）；//dy - - ->K4
        for（i＝0；i＜n；i＋＋）
        {
             y [i] ＝ly [i] ＋（dy1 [i] ＋2.0 * dy2 [i] ＋2.0 *
dy3 [i] ＋dy4 [i]） * h/6.0；
//y（k＋1） - - ->y（k）＋h * （K1＋2 * K2＋2 * K3＋K4）/6
        }
        free（dy1）；
        free（dy2）；
        free（dy3）；
```

　　　　　free（dy4）；

　　}

（2）描述一阶微分方程组的函数语句与形参说明

void funcs（double t，unsigned n，double y []，double dy []）

入口参数：

　　t：方程组中右端函数的时间变量

　　n：方程组中的方程个数

　　y：数组，保存 n 个右端函数状态变量

　　dy：数组，保存计算得到的 n 个右端函数的值

返回值：无

　　描述一阶微分方程组的函数应类似于如下形式：

void funcs（double t，unsigned n，double y []，double dy []）

｛

　　…

　　dy [0] $=f_0$（t，y [0]，…，y [n−1]）；

　　dy [1] $=f_1$（t，y [0]，…，y [n−1]）；

　　…

　　dy [n−1] $=f_{n-1}$（t，y [0]，…，y [n−1]）；

　　…

｝

3.3.2.2.2　弹体模型实现举例

　　利用 C＋＋语言来实现弹体模型，即求解运动方程组，首先应确定计算方案，包括数学模型、原始数据、计算方法、计算步长、初值及初始条件、计算要求，然后确定语言编写结构设计。

　　求解运动方程组一般包括以下步骤。

　　（1）建立数学模型

　　以式（3−4）和式（3−5）所示定点模型为例，举例说明俯仰、偏航、滚动通道的运动方程组的 C＋＋语言实现过程

$$
\begin{cases}
\ddot{\vartheta} + a_1\dot{\vartheta} + a_2\alpha + a_3\delta + a'_1\dot{\alpha} + a''_3\delta_P = 0 \\
\dot{\theta} - a_4\alpha - a_5\delta - a''_5\delta_P = 0 \\
\vartheta = \theta + \alpha \\
\delta_P = \delta \\
\ddot{q}_1 + 2\xi_1\omega_1\dot{q}_1 + \omega_1^2 q_1 = D_{11}\dot{\vartheta} + D_{21}\alpha + D_{31}\delta + D_{41}\delta_P \\
\ddot{q}_2 + 2\xi_2\omega_2\dot{q}_2 + \omega_2^2 q_2 = D_{12}\dot{\vartheta} + D_{22}\alpha + D_{32}\delta + D_{42}\delta_P
\end{cases}
\tag{3-4}
$$

$$
\begin{cases}
\ddot{\gamma} + C_1\dot{\gamma} + C_3\delta_F + C'_3\delta_{FP} = 0 \\
\delta_{FP} = \delta_F
\end{cases}
\tag{3-6}
$$

式 (3-6) 所示为高阶微分方程组, 无法直接运用数值积分法求解, 需要将其转化为一阶微分方程组的形式, 以便通过 C++ 语言实现。

以式 (3-4) 为例, 设: $y_0 = \vartheta$, $y_1 = \dot{\vartheta}$, $y_2 = \alpha$, $y_3 = q_1$, $y_4 = \dot{q}_1$, $y_5 = q_2$, $y_6 = \dot{q}_2$, 则

$$
\begin{cases}
\dot{y}_0 = y_1 \\
\dot{y}_1 = -(a_1 + a_{11})y_1 - (a_2 - a_{11}a_4)y_2 + (a_{11}a_5 + a_{11}a_{5P} - a_3 - a_{3P})\delta_P \\
\dot{y}_2 = y_1 - a_4 y_2 - (a_5 + a_{5P})\delta_P \\
\dot{y}_3 = y_4 \\
\dot{y}_4 = -2\xi_1\omega_1 y_4 - \omega_1^2 y_3 + D_{11}y_1 + D_{21}y_2 + (D_{31} + D_{41})\delta_P \\
\dot{y}_5 = y_6 \\
\dot{y}_6 = -2\xi_2\omega_2 y_6 - \omega_2^2 y_5 + D_{12}y_1 + D_{22}y_2 + (D_{32} + D_{42})\delta_P
\end{cases}
$$

$$
\tag{3-6}
$$

（2）准备原始数据

求解导弹运动方程组, 必须给出所需的原始数据, 它们一般来源于总体初步设计、估算和实验结果。这些原始数据是以文件的形式给出, 半实物定点仿真时, 通过时间点查找相对应的原始数据。以式 (3-4) 和式 (3-5) 所示定点模型为例, 原始数据如表 3-7 所示。

表 3 - 7　原始数据及其定义

序号	数学符号	物理意义	单位
1	a_1	俯仰通道阻尼项动力系数	1/s
2	a_2	俯仰通道稳定力矩项动力系数	$1/s^2$
3	a_3	俯仰通道空气舵操纵力矩项动力系数	$1/s^2$
4	a_4	俯仰通道升力项动力系数	1/s
5	a_5	俯仰通道空气舵操纵升力项动力系数	1/s
6	a''_3	俯仰通道燃气舵操纵力矩项动力系数	$1/s^2$
7	a''_5	俯仰通道燃气舵操纵升力项动力系数	1/s
8	c_1	滚动阻尼项动力系数	1/s
9	c_3	空气舵滚动操纵效率项动力系数	$1/s^2$
10	C''_3	燃气舵滚动操纵效率项动力系数	$1/s^2$
11	ξ_1	一阶结构阻尼系数	
12	ξ_2	二阶结构阻尼系数	
13	D_{11}	气动阻尼项一阶弹性动力系数	m/s
14	D_{21}	攻角项一阶弹性动力系数	m/s^2
15	D_{31}	空气舵偏项一阶弹性动力系数	m/s^2
16	D_{41}	燃气舵偏项一阶弹性动力系数	m/s^2
17	D_{12}	气动阻尼项二阶弹性动力系数	m/s
18	D_{22}	攻角项二阶弹性动力系数	m/s^2
19	D_{32}	空气舵偏项二阶弹性动力系数	m/s^2
20	D_{42}	燃气舵偏项二阶弹性动力系数	m/s^2
21	q_1	一阶广义坐标	m
22	q_2	二阶广义坐标	m
23	ω_1	一阶自振圆频率	rad/s
24	ω_2	二阶自振圆频率	rad/s

（3）确定数值积分方法并选取积分步长

利用 C++ 语言编程求解时，采用龙格－库塔法进行积分。积分步长需小于制导控制系统的解算周期。

（4）语言结构设计

仿真程序中用 TCacuMobilePY 类、TCacuMobileR 类来分别实现俯偏、滚动通道的弹体模型，类的定义如下：

```
class TCacuMobilePY        // 计算俯偏回路
{
    private：
    struct TMobilePY
    {
        //定义弹体模型的成员变量
        / * a1，a2，a3，a4，a5，a1p，a3pp，a5pp，d11，d21，
d31，d41，d12，d22；* /
            / * d32，d42，omega1，omega2，w1，w2，z1，z2，
la，xi1，xi2，dert，dertb，g，vm；* /
    }；
    TMobilePY Mobile；
    public：
    ……
    void funcs（double * y，double * dy）；
    //描述一阶微分方程组的函数
    void Cacu（TMotionPY * ）；        //弹体解算
}
class TCacuMobileR        // 计算滚动回路
{
    private：
    struct TMobileR
     {
        //定义弹体模型的成员变量
      // c1，c3，c3pp，dert，dertb；
    }；
```

```
    TMobileR Mobile;
    public:
        void funcs (double * y, double * dy);
        void Cacu (TMotionR *);
        ……
};
```

根据以上各环节的一阶微分方程组形式,具体函数如下:

```
// DertF        副翼偏角
// c1, c3, c3p 动力系数
//----滚动通道弹体运动微分方程组----
void TCacuMobileR::funcs (double * y, double * dy)
{
    dy [0] = y [1];
    dy [1] = -Mobile. c1 * y [1] -Mobile. c3 * Mobile. dert -
Mobile. c3pp * Mobile. dertb;
}
//-----求解滚动通道弹体运动微分方程组-----
{


    double * y, * ly;


    y=new double [2];
    ly=new double [2];


    y [0] =MotionR->gamma;
    y [1] =MotionR->gammap;


    ly [0] =0;
    ly [1] =0;
```

RK _ 4 _ Cacu (n，y，ly，h，this)；

MotionR—>gamma＝y [0]；
MotionR—>gammap＝y [1]；

}
//－－－－俯偏通道弹体运动微分方程组－－－－

```
void TCacuMobilePY：：funcs (double * y，double * dy)
{
    dy [0] = y [1]；
    dy [1] = － (Mobile. a1 ＋ Mobile. a1p) * y [1] － (Mo-
bile. a2 － Mobile. a1p * Mobile. a4) * y [2]
            ＋ (Mobile. a1p * Mobile. a5 － Mobile. a3 ＋ Mo-
bile. a1p * Mobile. a5pp － Mobile. a3pp) * Mobile. dert；
    dy [2] = y [1] － Mobile. a4 * y [2] － (Mobile. a5 ＋ Mo-
bile. a5pp) * Mobile. dert；
    dy [3] = y [4]；
    dy [4] = －2. 0 * Mobile. xi1 * Mobile. omega1 * y [4] －
Mobile. omega1 * Mobile. omega1 * y [3]
            ＋ Mobile. d11 * y [1] ＋ Mobile. d21 * y [2] ＋
(Mobile. d31＋ Mobile. d41) * Mobile. dert；
    dy [5] = y [6]；
    dy [6] = －2. 0 * Mobile. xi2 * Mobile. omega2 * y [6] －
Mobile. omega2 * Mobile. omega2 * y [5]
            ＋ Mobile. d12 * y [1] ＋ Mobile. d22 * y [2] ＋
(Mobile. d32＋ Mobile. d42) * Mobile. dert；
}
```

//－－－－求解俯偏通道弹体运动微分方程组－－－－

void TCacuMobilePY：：Cacu (TMotionPY * MotionPY)

```
{

    double  * y,  * ly;
    unsigned i;

    y = new double [7];
    ly = new double [7];

    y [0] = MotionPY—>vartheta;
    y [1] = MotionPY—>varthetap;
    y [2] = MotionPY—>alpha;
    y [3] = MotionPY—>q1 [0];
    y [4] = MotionPY—>q1 [1];
    y [5] = MotionPY—>q2 [0];
    y [6] = MotionPY—>q2 [1];

    for ( i = 0; i < 7; i++ )
        ly [i] = 0;

    RK _ 4 _ Cacu (n, y, ly, h, this);

    MotionPY—>vartheta = y [0];
    MotionPY—>varthetap = y [1];
    MotionPY—>alpha = y [2];
    MotionPY—>q1 [0] = y [3];
    MotionPY—>q1 [1] = y [4];
    MotionPY—>q2 [0] = y [5];
    MotionPY—>q2 [1] = y [6];
    ……
}
```

3.3.2.3　飞行控制算法的实现方法

实现飞行控制系统模型首先将连续系统的数学模型进行离散化处理，得到比较简单的近似计算公式，以便于在计算机上快速运算。出于对运算精算和开销时间的折中考虑，通常选择双线性变换法进行离散化处理。具体的双线性变换离散方法参见 2.1.1.3.3 节。本节从可复用面向对象软件的角度出发，详解在编写飞行控制算法时所要遵守的设计模式要求，以类的方式实现程序的结构化、模块化，最大程度地减少由于改变飞行控制算法而带来的代码上烦琐的修改。

（1）类的定义

首先定义存放飞行控制系统输入变量的结构体，形式为：

```
typedef struct _ tagPilotInputParams
{
    double time;        //仿真时间点
    double q;           //动压
    double vm;          //速度
    double height;      //高度

    // 制导指令
    double poseCmd [3];
    double acclCmd [2];

    // IMU 信息
    double gyroVolt [3];
    double acclVolt [2];
} TPilotInputParams;
```

定义飞行控制系统基类，形式为：

```
class TAutoPilot
{
public:
```

```
    enum TPilotChannelName { YAW = 0, PITCH = 1, ROLL =
2 };
    _ fastcall TAutoPilot ();
    virtual _ fastcall ~TAutoPilot ();


    virtual void _ fastcall calcPilot (const TPilotInputParams& in-
puts, double gearCmdVolt []) = 0;
    void _ fastcall setTimeInterval (double interval);
protected:
    double timeInterval;              //采样周期
    int calcTimes;                    //实时仿真时间
    double UDelta _ p, UDelta _ y, UDelta _ r;
    //俯仰、偏航、滚动通道输出
private:
    virtual void _ fastcall adjustPilotParams () = 0;
    //计算飞行控制系统各通道系数
    virtual double _ fastcall calcYaw () = 0;
    //计算偏航通道
    virtual double _ fastcall calcPitch () = 0;
    //计算俯仰通道
    virtual double _ fastcall calcRoll () = 0;
    //计算滚动通道
};
```

根据飞行控制系统形式，在基类的基础上派生新的类，以适应不同的飞行控制系统的需求。以某型号为例派生新类，形式如下：

```
class TABCPilot: public TAutoPilot
{
public:
    _ fastcall TABCPilot ();
```

```
    virtual _ fastcall ～ TABCPilot ();
    virtual void _ fastcall calcPilot (const TPilotInputParams& in-
puts, double gearCmdVolt []);


protected:
private:
//定义飞行控制系统回路中所用到的系数及中间变量
    ......
    TPilotInputParams pilotInputs;
    TChannelInputParams channelParams [3];

    virtual void _ fastcall adjustPilotParams ();
    virtual double _ fastcall calcYaw ();
    virtual double _ fastcall calcPitch ();
    virtual double _ fastcall calcRoll ();
};
//- - - - - - - - - - - - - - - - - - - -
class T123Pilot: public TAutoPilot
{
public:
    _ fastcall T123Pilot ();
    virtual _ fastcall ～ T123Pilot ();
    virtual void _ fastcall calcPilot (const TPilotInputParams& in-
puts, double gearCmdVolt []);


protected:


private:
//定义飞行控制系统回路中所用到的系数及中间变量
```

```
……
TPilotInputParams pilotInputs;
TChannelInputParams channelParams [3];

virtual void _ fastcall adjustPilotParams ();
virtual double _ fastcall calcYaw ();
virtual double _ fastcall calcPitch ();
virtual double _ fastcall calcRoll ();
};
```

从以上代码可以看出，程序使用了虚函数的概念，即在基类中使用 virtual 声明，并在派生类中被重定义。虚函数之所以特殊，是因为当通过指向派生类对象的基类指针调用（或者引用）它时，C++根据指向的对象类型在运行时决定要调用哪一个函数。这样，如果指向不同的对象，就会执行虚函数的不同版本。另外，使用虚函数时必须使用基类指针或者引用来访问这些函数。尽管像普通函数那样使用点号运算符调用虚函数也是合法的，但只有通过基类指针（或者引用）调用虚函数才能得到运行时多态的效果。

通过定义虚函数，飞行控制系统基类规定了从它派生的任何对象都会具有的通用接口，而让派生类定义实际的方法。这就意味着编程人员只需记住一个而不是几个接口。

（2）类的实现

以下通过实例解释为何要用虚函数。以上已创建基类 TAutoPilot，该类定义了计算驾驶仪回路所需的基本变量及函数，calcPilot () 函数被声明为 virtual，因为各型号的飞行控制系统回路的计算是不同的。程序使用 TAutoPilot 派生了两个特殊类，分别为 TABCPilot 和 T123Pilot。

以下分别是两个派生类 calcPilot () 函数的实现方法：

```
double _ fastcall TABCPilot：：calcYaw ()
 {
```

```
    //计算型号 1 飞行控制系统偏航回路
        return (Ud);
}
//- - - - - - - - - - - - - - -
double _ fastcall T123Pilot∷calcYaw ()
{
    //计算型号 2 飞行控制系统偏航回路
        return (Ud);
}
Int main ()
{
        TAutoPilot ∗ autoPilot;
        TABCPilot pilot1;
        T123Pilot pilot2;

        autopilot = & pilot1;
        autopilot-> calcPilot (……);
        //调用型号 1 的飞行控制系统计算方法

    autopilot = & pilot2;
    autopilot-> calcPilot (……);
    //调用型号 2 的飞行控制系统计算方法

        return 0;
}
```

通过以上例子可以看出，autoPilot 是指向 TAutoPilot 对象的指针，pilot1 和 pilot2 是两个派生类对象，接下来，把 pilot1 的地址赋予了 autoPilot，并调用了 calcPilot 函数。因为 calcPilot 函数被声明为 virtual，C++根据 autoPilot 所指向的对象类型在运行时决定引用 calcPilot 的哪个版本。这里是 TABCPilot 类型的对象，所以执行的是 TABCPilot 内声明的 calcPilot 版本。pilot2 采用的也是同样的道理。

　　本节利用 C++ 类的封装、继承及虚函数多态等概念，对飞行控制系统中弹体模型及飞行控制算法进行了工程实现，下面针对各模块利用的 C++ 概念进行总结：

　　1）运用 C++ 类封装的概念对弹体模型的三通道微分方程组、龙格-库塔数值积分算法等功能模块进行封装，提高了程序易读性、移植性；

　　2）运用 C++ 类继承的概念，定义了飞行控制算法等模型的基类与子类，在基类中定义了相关共用功能模块，使程序更加简洁，提高了编程效率；

　　3）运用 C++ 虚函数多态的概念，结合类的定义，实现不同飞行控制算法模型中相同功能模块的调用，提高了程序的通用化。

第4章　飞行控制系统仿真测试内容与方法

测试，指在科研生产中，为确定物体的特性所进行的具有试验过程和研究性质的测量，也可以理解为试验和测量的综合。测试的目的是检查被测对象的性能是否满足所预期的要求，获得的结果是合格或不合格。

4.1　试验内容与方法

防空导弹飞行控制系统的测试主要包括伺服系统测试、速率陀螺测试和飞行控制系统仿真测试。

4.1.1　伺服系统测试

伺服系统的性能测试是利用各种试验设备、试验条件对导弹飞行过程中伺服系统的工作环境进行模拟，验证伺服系统在各种状态下的性能。伺服系统测试项目如图 4 - 1 所示。

4.1.1.1　系统组成

伺服系统常规性能测试中常用测试设备或仪表如表 4 - 1 所示。

常规性能测试系统连接如图 4 - 2 所示，图中实箭头线表示测试电缆连接；虚线部分代表负载条件下性能测试、环境适应性条件下测试时，根据所要求的试验条件需增加相应试验设备。例如，负载性能测试时，需增加加载台，需将伺服系统固定在加载台台面上，使 4 个舵轴与加载接口对接；高低温性能测试时，需增加高低温试验箱，将伺服系统固定在高低温试验箱中，以模拟伺服系统高低温环境。负载条件下测试性能时，伺服系统的加载方式一般有弹

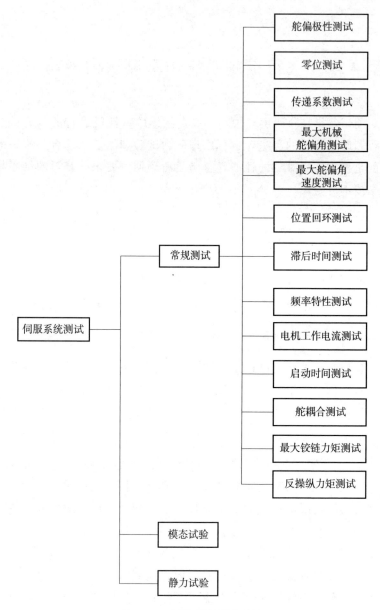

图 4-1 伺服系统测试项目

表 4 - 1　伺服系统测试系统常用设备、仪表

序号	设备名称	备 注
1	伺服系统测试台	
2	直流稳压电源	
3	大功率直流电源	
4	三用表	通用测试设备
5	笔录仪	
6	信号发生器	
7	频率相位分析仪	
8	测试加载台	
9	电流传感器	负载性能测试设备
10	扭矩传感器	
11	测试振动工装夹具	
12	高低温试验箱	
13	低温低气压试验箱	
14	离心机	
15	振动台	环境适应性测试设备
16	湿热试验箱	
17	吹砂试验箱	
18	兆欧表	
19	游标卡尺	
20	电爆管测试仪	

性加载（如采用扭杆）、恒值加载（如采用电机或马达）等，还包括弯矩加载、惯性加载，以及上述各种负载的复合加载。图 4 - 2 中功率电源为舵机伺服电机供电，控制电源为舵机控制部分供电。

4.1.1.2　指标定义

　　伺服系统（舵机）作为飞行控制系统的执行机构，其性能直接影响飞行控制系统的控制品质和导弹飞行安全。下面对伺服系统的主要性能指标进行逐一介绍。

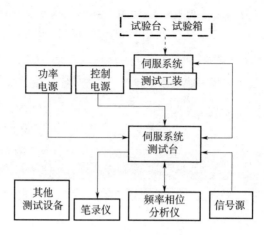

图 4-2 伺服系统常规性能测试系统连接图

（1）舵偏极性

舵偏极性由导弹总体根据实际情况定义，如某型号舵偏极性规定如下：舵机舱正常放置时（通常是以某些特征为基准，如滑块在上或下、脱落插头在上或下等），顺航向看，舵面后沿绕弹轴顺时针偏转为正舵偏，反之为负舵偏。

舵偏极性与飞行控制系统的回路极性密切相关：若舵偏极性与设计要求相反，飞行控制系统的回路将从负反馈变化为正反馈，导致系统失稳。

（2）零位

零位是指在舵指令为零的情况下，舵面实际位置与零位基准间的绝对偏角，常用指标包括机械零位和电气零位。舵面零位超出一定量值会引起差动副翼，影响飞行控制系统的控制精度乃至稳定性。

（3）传递系数

传递系数表征舵偏指令与舵偏角的对应关系，即单位指令对应的舵偏角度

$$K_w = \delta / U_z \qquad (4-1)$$

式中 δ ——舵偏角；

U_z——输入指令。

传递系数指标一般根据控制系统需要（包括弹上信号传输方式、指令幅值范围等）而确定。伺服系统传递系数的精度主要对飞行控制系统的稳定性造成一定影响。

（4）最大机械舵偏角

最大机械舵偏角定义为舵面偏转到机械极限位置时相对零位基准的舵偏角度，包括正向和负向。最大机械舵偏角对导弹操控能力、过载能力等产生重要影响。最大机械舵偏角指标的确定取决于导弹的机动能力、外形特性（调整比）及飞行控制系统的动态舵偏需求。

（5）最大舵偏角速度

最大舵偏角速度指的是单位时间内舵面偏转的最大角度，是衡量伺服系统动态性能的重要指标。舵偏角速度对飞控系统响应过载和抑制干扰的快速性及系统稳定性均产生重要影响。最大舵偏角速度指标可通过飞行控制系统设计与仿真确定。

通常，除对空载状态及额定负载状态下的最大舵偏角速度指标有要求外，对舵偏角速度不对称性和不同舵机舵偏角速度同向偏差也有一定的要求。

舵偏角速度不对称性是指单个舵在正负极性两个方向输出速度的不一致性，其计算公式为

$$\varepsilon_1 = \frac{2 \times |\delta_{正} - \delta_{负}|}{\delta_{正} + \delta_{负}} \tag{4-2}$$

式中　ε_1——舵偏角速度不对称性；

　　　$\delta_{正}$——正向舵偏角速度的绝对值；

　　　$\delta_{负}$——反向舵偏角速度的绝对值。

舵偏角速度同向偏差是指同一通道的一对舵正向或负向输出速度的不一致性，其计算公式为

$$\varepsilon_2 = \frac{2 \times |\delta_1 - \delta_2|}{\delta_1 + \delta_2} \tag{4-3}$$

式中　ε_2——舵偏角速度同向偏差；

　　　δ_1, δ_2——同一通道的一对舵的同一方向的速度的绝对值。

（6）位置回环

在伺服系统输入端加入一定幅值的低频三角波或正弦波舵指令信号，记录舵指令信号从正到负和从负到正过 0 V 时的舵偏角，两次舵偏角的差值即为位置回环宽度，如图 4 - 3 所示。对于液压舵机，目前多采用阀控系统，位置回环主要是由于伺服阀本身的滞环、系统传动机构等因素的影响；对于电动舵机，位置回环主要由传动机构的间隙产生。

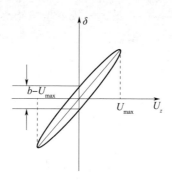

图 4 - 3　位置回环宽度定义

（7）滞后时间

滞后时间是指伺服系统从接收到舵指令到舵面产生动作（舵反馈变化）的时间差。滞后时间决定了伺服系统的快速响应能力，其产生主要是由于惯性、死区、摩擦和间隙等非线性特性的存在。

（8）频率特性

频率特性表征伺服系统的动态响应能力，通常用谐振峰值、带宽、相移等指标来衡量。谐振峰值对飞行控制系统的弹性体稳定性造成影响；带宽对飞行控制系统的动态响应能力、抑制干扰能力和弹性体稳定性造成影响；相移对飞行控制系统的刚体稳定性和弹性体稳定性造成影响。伺服系统的频率特性直接影响飞行控制系统的开环频率特性，其指标要求可通过飞行控制系统设计与仿真确定。

(9) 电机工作电流

电机工作电流主要针对液压伺服系统而言。

一般而言，电机工作电流主要包括稳态工作电流、大指令工作电流。

舵机通电闭环工作条件下，舵指令为零时的电机电流即为电机稳态工作电流；对舵机施加大指令时（指令大小依具体情况而定）的电流即为电机大指令工作电流。

稳态工作电流主要用于检验小流量时（即稳态工作时）的电机工作电流，大指令工作电流主要用于检验大流量时（即大舵偏工作时）的电机工作电流。

(10) 最大铰链力矩

最大铰链力矩指舵机抵抗舵面铰链力矩的最大能力。

对于液压舵机，决定最大铰链力矩（M）的因素主要为液压系统工作压力（P）、活塞作动筒面积（S）、传动机构中支臂的有效长度（L）及效率（η），写成公式有 $M = P \cdot S \cdot L \cdot \eta$。

对于电动舵机，决定最大铰链力矩（M）的因素主要为电机堵转力矩（T）、传动机构的减速比（i）及效率（η），写成公式有 $M = T \cdot i \cdot \eta$。

(11) 反操纵力矩

反操纵力矩的定义见 1.3.3.4 节，舵机的反操纵力矩反映了其控制舵面偏转时抵抗外界同向铰链力矩作用时的能力。

(12) 启动时间

启动时间主要针对液压伺服系统而言。

伺服系统的启动时间，指从弹上热电池（或地面电源）给电机供电到系统建立起额定压力的时间。启动时间决定了液压伺服系统快速响应的能力。

(13) 舵耦合测试

舵机工作过程中，当给 1 个舵面加恒值信号时，其余 3 个舵会产生一定的耦合，舵偏角会产生微小的变化，即为舵耦合现象。舵耦合现象的发生导致在实际飞行过程中，给稳定控制回路造成不必要的干扰。

4.1.1.3　常规测试项目

常规性能测试指通过各种试验台、试验箱模拟伺服系统在空中可能遇到的各种环境、受力情况；通过测试台实现伺服系统的指令输入、反馈监测；通过伺服系统的地面供电口实现控制电源输入；用地面工作电源或蓄电池等代替弹上控制电源和功率电源的热电池；测试台与伺服系统之间、伺服系统供电口与地面电源之间通过相应的测试电缆进行连接。同时，利用仪器设备（如存储记录仪、示波器）通过测试台对伺服系统的相应节点进行监控以对伺服系统的性能曲线进行判读。

以下依次对常规性能测试的常见测试项目及测试方法进行逐一介绍。

（1）舵偏极性测试

在舵机空载工作的状态下，同时给四路舵加入舵指令（舵指令的幅值根据具体情况而定），观察舵面的偏转情况，并根据舵偏极性的定义判断舵面极性、舵反馈遥测电压或舵反馈电位器输出电压极性。

（2）零位测试

可采用机械量角器的测量方法进行角度测量。受舵机舱外形及舵面外形所限，在机械量角器较难保证测量精度的情况下，一般采用机械零位与电气零位代数和的方法，此时机械零位与电气零位均采用舵面电气反馈进行测量。

①机械零位测试

机械零位最简单、最常用的测试方法是假定舵面与舵轴为无间隙刚性连接，通过测角罗盘等机械量角器与舵轴连接（测角罗盘的接口与舵面完全一致，从而保证刻盘能准确地反映舵面的位置），在舵系统通电（液压舵系统还需通油）工作后，给舵面置零指令，检测此时测角罗盘上零度刻线与舱体上零位基准的偏角，即为机械零位。图4-4为某型号舵机舱测量机械零位所使用的测角工装示意图。

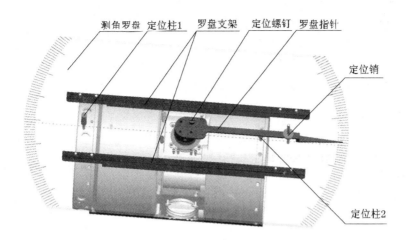

图 4 - 4　机械零位测角工装

在图 4 - 4 所示的测角工装中，罗盘指针与舵轴相固联，定位螺钉保证罗盘指针与舵轴间的定位；测角罗盘通过罗盘支架转接与舱体固联，定位柱 1、定位柱 2 保证测角罗盘与舱体间的定位；定位销保证初始状态下，罗盘指针与测角罗盘零位重合。

图 4 - 4 所示的测角工装使用原理为：舵轴转动，带动固联于舵轴的罗盘指针同步转动，通过判读测角罗盘与罗盘指针重合点处刻度即可估算舵轴转过的角度。估算出的舵轴角度精确度由测角罗盘的密度决定。

②电气零位测试

导弹舵机角度位置传感器一般安装于舵轴处，因此，在舵轴与舵面刚性连接的情况下，伺服系统的电气零位也能很好地反映实际舵面的零位。伺服系统的电气零位测试过程为：在舵系统通电工作后，给舵面置零指令，记录舵反馈传感器输出电压的绝对值，根据舵系统的转换系数折算为相应的角度值，即为舵机的电气零位。

（3）传递系数测试

在舵机空载工作的状态下，输入一定幅值的舵指令，测量此时的舵偏角，通过式（4 - 1）即可计算得到伺服系统的传递系数。为减小测量误差，一般取较大的舵指令，如对于最大舵偏角为 30° 的舵系统，可输入 18° 的舵指令。

可通过角度测量装置测量舵偏角，在实际研制过程中，舵偏角也常用舵反馈来折算，从而传递系数也可用舵系统增益来间接表示，即用于表示舵指令与舵反馈的对应关系。

（4）最大机械舵偏角测试

最大机械舵偏角测试是在舵机空载工作的状态下，输入大于机械限位的指令电压，确保舵轴偏转到达机械极限位置，测量舵轴正向、负向最大机械舵偏角。具体包括以下二种测量方法。

①机械测量测试

通过测角罗盘等机械量角器与舵轴连接（测角罗盘的接口与舵面完全一致，保证刻盘能准确地反映舵面的位置），舵面偏转零度时，罗盘上零度刻线与舱体上零位基准相重合。当舵轴旋转至正向（负向）机械极限位置时，判读测角罗盘上零度刻线与舱体上零位基准的偏角，即为正向（负向）最大机械舵偏角。

②电气测量测试

在舵机空载工作的状态下，输入大于机械限位设计值的指令电压，监测舵反馈曲线，读取舵轴偏转到正向（负向）机械极限位置时刻的舵反馈值，结合传递系数，即可得到正向（负向）最大机械舵偏角。

图 4-5 为某型号采用电气测量法测量最大机械舵偏角时的舵指令及舵反馈曲线。当舵轴旋转到机械极限位置时，舵反馈不再跟踪舵指令，反馈曲线出现"削顶"现象，读取此时的舵反馈值，结合传递系数，即为该方向最大机械舵偏角。

测试过程中，若舵机的结构特性使得采用角度刻盘测量难度较大时，常采用电气测量测试方法。

（5）最大舵偏角速度测试

①空载最大舵偏角速度测试

测试空载最大舵偏角速度时，考虑到伺服系统的非线性特性，

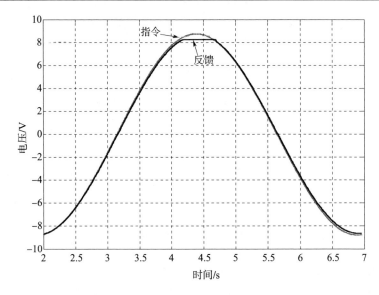

图 4 - 5　某型号最大机械舵偏角测量曲线

要求输入的舵指令幅值能够保证舵机的最大速度得到发挥，因此一般要求输入大幅值的方波信号指令（方波信号的幅值依具体情况而定）。在空载状态下加入适当的方波信号舵指令，监测舵指令和舵反馈遥测信号曲线，选取舵反馈曲线中斜率最大的一段，计算判读出空载最大舵偏角速度。

若监测到的舵指令及舵反馈曲线如图 4 - 6 所示，在单位时间 t 内舵反馈变化的最大值为 u，传递系数为 K_w，则舵机的空载最大舵偏角速度为

$$\omega_{max} = \frac{K_w \times u}{t} \qquad (4-4)$$

②负载最大舵偏角速度测试

将伺服系统固定在加载台台面上，调节加载装置（如扭杆粗细和长度）使得其输出负载刚度满足要求。舵机通电工作，输入大幅值的方波指令信号（舵机在该幅值方波指令信号下，承受的最大负

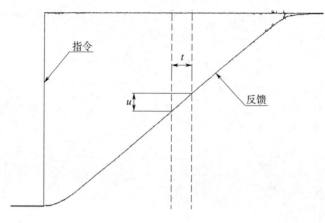

图 4 - 6　舵偏角速度

载需大于指定负载），判读舵机在指定负载扭矩附近的斜率最大的舵反馈数据，结合传递系数计算，判读得到负载最大舵偏角速度。

值得注意的是，在采用扭杆的弹性加载方式时，判读舵反馈数据时应该读取正操纵时的数据，不可读取反操纵时的数据。

（6）位置回环测试

在空载状态下，舵指令输入端（可四个舵同时输入指令）加入适当的三角波指令信号或正弦信号，记录舵指令信号从正到负和从负到正穿过 0 V 时舵反馈遥测输出信号，计算其差值的绝对值，结合舵机的传递系数，可得到舵机位置回环宽度。

需要注意的是，对于液压舵机和电动舵机，位置回环测试时指令幅值要求存在差异。对于液压舵机，在活塞作动筒面积、传动机构支臂有效长度不变的情况下，其最大输出力矩是由油压决定的，因此当舵指令超过最大舵偏角处于限位状态时，并不会对舵机带来太大影响；而对于电动舵机，在传动机构减速比不变的情况下，其输出力矩是由舵反馈偏差和电机负载能力决定的，当指令大于舵机的最大舵偏角时，电机将处于堵转状态，保持最大的电流，一旦时间过长，将直接导致电机绕组烧毁，舵机失效。因此，在液压舵机位置回环测试过程中，一般指令幅值可以加到电气上最大值；而在电动舵机位置回环测试过程中，通常指令幅值取为略小于最大舵偏角幅值。

（7）滞后时间测试

舵机工作时，舵指令输入一定幅值的方波信号，以信号上升沿（或下降沿）为起点，以舵反馈达到某一值（如图 4-7 中的 u，一般取指令的 1% 或 2% 响应点，或 10 mV 左右）为终点，起点与终点的时间差即为舵机的滞后时间（如图 4-7 中的 t）。

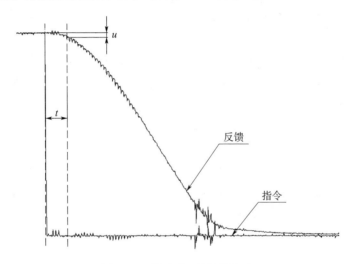

图 4-7　滞后时间的测量方法

（8）频率特性测试

目前主要采用正弦波扫频的方法测量频率特性，即测量伺服系统在 $V_i = A\sin\omega t$ 输入信号下的输出 $y(t) = B\sin(\omega t + \varphi)$ 中的幅值 B 和相位滞后 φ。

①空载频率特性测试

舵机上电工作，相应舵的舵指令输入端输入适当幅值（一般取 1° 舵偏角对应的信号幅值）的正弦波，设置频率特性测试系统每十倍频采样点数（如不小于 15 点等），在所需频率段内，测试舵指令和舵反馈遥测信号之间同一频率处幅值相位关系，根据频率特性指标的定义进行判读，即可得到相应的动态特性指标。

②负载频率特性测试

将伺服系统固定在加载台台面上，调节加载装置（如扭杆粗细和长度），使其输出负载刚度满足要求。舵机通电工作，将四路舵指令信号接地，先后接通控制电源和功率电源，在负载的 1 路舵指令端输入适当峰峰值正弦波，设置频率特性测试系统每十倍频采样点数（如不小于 15 点等），在所需频率段内，测试舵指令和舵反馈遥测信号之间同一频率处幅值相位关系，即可得伺服系统的负载频率特性。

需要注意的是，在采用扭杆的弹性加载方式时，为了保证测试的准确性，负载时选取扭杆的刚度越小越好，这是由于扭杆刚度太大，会使单位角度所引起的负载扭矩变化过大，可能造成扫频时负载扭矩跨度增大，判读误差较大。

（9）电机工作电流测试

舵机上电工作，在舵指令为零时，通过电流传感器测得电机稳态工作电流；大指令工作电流测试时，舵机指令端输入大幅值阶跃信号（具体幅值和频率根据实际情况确定，如某液压舵机大指令工作电流测试时输入指令为 8 V、0.2 Hz 的方波指令），此时通过电流传感器可测得大指令工作电流。

（10）最大铰链力矩测试

最大铰链力矩测试一般可采用弹性加载（如扭杆）方式，将伺服系统固定在加载台台面上，调节加载装置（如扭杆粗细和长度）使得其输出负载刚度满足要求。舵机上电工作，给舵机加适当幅值的正弦指令（在该幅值的正弦指令下，舵机未达到偏转极限位置，且舵反馈曲线出现"削顶"现象），监测舵指令及舵反馈曲线，判读扭矩与舵偏反向时，舵反馈曲线"削顶"处的扭矩值即为最大铰链力矩。

（11）反操纵力矩测试

将伺服系统固定在加载台面上，调节加载装置（如扭杆粗细和长度），使得其输出负载刚度满足要求。舵机上电工作，给舵机加适当幅值的正弦指令（在该幅值的正弦指令下，舵机未达到旋转极限位置，且舵反馈曲线出现"削顶"现象），监测舵指令及舵反馈曲线，判读扭矩与舵偏同向时，舵反馈曲线"削顶"处的扭矩值即为最大反操纵力矩。

（12）启动时间测试

系统压力一般不需要参与闭环控制，液压舵机本身并不设置检测压力的压力传感器。因此，判读系统压力建立的程度需要依靠电机的电流来对比折算。如图 4 - 8 所示，液压系统启动时（a 时刻），直流电机电流曲线会产生一个尖峰，当电流下降到一定程度时（b 时刻），对应系统压力完全建立，液压舵机的启动时间就是 a 时刻、b 时刻的时间差。

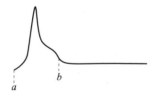

图 4 - 8　启动时间注解

（13）舵耦合测试

将四路舵指令信号接地，先后接通控制电源和功率电源，每路舵指令依次加入一定幅值的电压偏置（其余 3 个舵指令信号接地），记录接地的 3 个舵的舵反馈信号，结合传递系数计算，即可得到各舵耦合情况。

4.1.1.4　其他测试项目

（1）模态试验

伺服系统模态试验是利用一定的设备、条件，模拟自由飞行状态，测量空气舵结构模态参数。该试验能为舵面模态有限元计算模型修正及全弹组合体颤振计算提供原始参数。模态试验最简便的方法是采用锤击法，本节主要介绍锤击试验法。

模态试验参试设备一般包括激励系统、测量系统及数据采集处理系统 3 部分，采用锤击法的基本配置如表 4 - 2 所示。

表 4 - 2 模态试验参试设备

序号	设备名称
1	加速度计
2	力锤
3	力传感器
4	电荷放大器
5	信号分析系统
6	直流稳压电源
7	大功率直流电源
8	测试台
9	笔录仪
10	信号发生器

待测舵面安排 m 个剖面，各剖面有 n 个测点，各剖面测点沿弦向等间距布置（其中 m，n 的值以具体舵面形状而定）。

正式试验前，需进行预试验，检查全弹状态和激励及测量系统，并检查激励点和测量点位置是否合适。预试验结果与预分析结果比较，确定试验状态符合试验技术要求后，方可转入正式试验。

试验时，用橡皮绳将全弹悬挂于龙门架下，以模拟自由飞行状态，导弹四片空气舵安装到位；在待测舵面特定特征点上安装加速度传感器，用于获取待测舵面的加速度信号；用地面电源对伺服系统供电，使四个舵机正常工作；将待测舵面偏转至需求舵偏角状态，设置信号采集分析系统参数（如采样点数、分析频率上限、频率分辨率、谱平均帧数等）；采用锤击法，依次逐一对 $m \times n$ 个测点进行锤击。对每个测点重复以下测试方法：固定该测点锤击四下，多点测响应测量频响函数，然后用分量分析法识别模态参数。整个试验测试系统的连接如图 4 - 9 所示。采用上述锤击法，经过相应的计算、修正，可得到该舵偏角状态下舵面前三阶固有频率、固有振型、模态阻尼比和模态质量。由于各测点试验值略有不同，固有频率和阻尼比是全部测点的平均值。

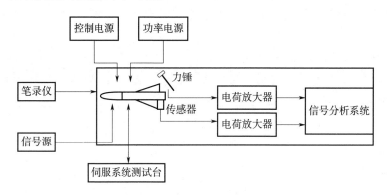

图 4-9　试验测试系统连接图

（2）静力试验

伺服系统静力试验主要是在伺服系统保持静止的情况下，通过对伺服系统施加极限载荷工况（如最大铰链力矩、最大弯矩等）进行试验，用于考核空气舵、舵机舱体强度，以及舵机舱前端面的连接强度。

一般而言，伺服系统静力试验参试产品如表 4-3 所示，参试设备主要有：位移计、应变仪、油压作动筒。

表 4-3　伺服系统静力试验参试产品

序号	部件名称	备注
1	发动机舱	发动机燃烧室壳体（含前封头、弹翼安装支耳），不含装药、点火器和喷管，应能密封和施加内压
2	舵机舱	包括舵机舱舱体、轴套组件（安装空气舵用）、后滑块、后护板等
3	空气舵	在舵机舱上装配，并且将舵保持零位状态

静力试验包括以下步骤。

①预试

按 10% 使用载荷为一级，逐级加载，测量至 30% 使用载荷，退载到零。

②使用载荷试验

按 10% 使用载荷为一级，逐级加载，测量至使用载荷；到达使用载荷后应保载至少 30 s，并拍照；然后退载到零，并测量残余变形。

③设计载荷试验

按 10% 设计载荷为一级，逐级加载，测量至使用载荷；观测、拍照后，继续加载，测量至设计载荷。在达到设计载荷值时进行观察、拍照，如果未发现异常，则继续进行，直到结构破坏为止，或达到 200% 设计载荷值。

试验方法如下：

1）带有空气舵和连接发动机舱的舵机舱安装固定在托架上，固定位置可参照图 4-10，固定时应保证空气舵处于水平位置；

2）在空气舵上施加分布力，在舵机舱后端同时施加横向力，试验进行到结构破坏为止，或达到 200% 设计载荷值；

3）空气舵上力作用点允许钻不大于一定尺寸的孔，开孔位置视空气舵面外形予以确定；

4）试验每次加载后要求均记录位移和应变值，并进行恰当的修正。

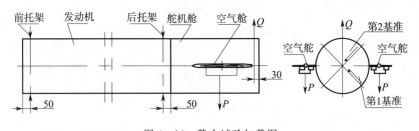

图 4-10　静力试验加载图

4.1.2　速率陀螺测试

防空导弹普遍使用速率陀螺测量姿态角速率。速率陀螺的精度直接影响飞行控制系统的性能。速率陀螺测试项目如图 4 - 11 所示。

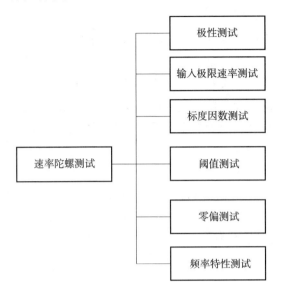

图 4 - 11　速率陀螺测试项目

4.1.2.1　系统组成

速率陀螺测试系统由速率转台、大理石平台、角振动台、高低温箱、专用测试设备（包括测试工装、供电电源、测试工控机及配套电缆）组成。速率转台为陀螺仪提供标准的角速率激励信号，用于完成陀螺标度因数指标的测试；大理石平台为陀螺仪提供一个稳定的安放位置，用于完成零偏系列测试；角振动台为陀螺仪提供角振动激励信号，用于完成角频率特性测试。一般情况下，除了要对产品进行常温环境下的性能指标测试外，部分性能指标还要在全温环境下进行考核，这部分工作主要在高低温箱内进行。

4.1.2.2　指标定义

本书仅列出与飞行控制系统相关的速率陀螺主要性能指标。

（1）极性规定

按照右手螺旋定则，以四指指向陀螺旋转方向，拇指指向陀螺输出轴正方向。绕其输入轴正向旋转时，陀螺输出信号为正。

（2）测量范围

测量范围即输入极限速率，表征陀螺仪所能测量的最大速率。

（3）标度因数指标

陀螺输入输出关系用某一特定直线表示，该直线是根据整个输入角速率范围内测得的输入输出数据，用最小二乘法拟合求得。标度因数为该拟合直线的斜率，反映了陀螺的灵敏度。标度因数的稳定性及线性度直接影响测量值的精确性。

标度因数非线性，即在输入角速度范围内，陀螺输出量相对于最小二乘法拟合直线的最大偏差值与最大输出量之比。

标度因数重复性是指在同样条件下及规定间隔时间内，重复测量陀螺标度因数之间的一致程度，以各次测试所得标度因数的标准偏差与其平均值之比表示。

（4）阈值

阈值是陀螺最小输入量的最大绝对值。由该输入量所产生的输出至少应等于按标度因数所期望的输出的 50%。

（5）零偏指标

零偏即为陀螺中输入速率为零时陀螺的输出量，通常以规定时间内测得的输出量平均值表示。它不包括由于迟滞和加速度产生的输出。

零偏稳定性指当输入角速度为零时，衡量陀螺输出量围绕其均值的离散程度。以规定时间内输出量的标准偏差表示，也可称为零漂。

零偏重复性指在同样条件下及规定间隔时间内，多次通电过程中，陀螺零偏相对其均值的离散程度。以多次测试所得零偏的标准偏差表示。

（6）频率特性

频率特性指标中主要关注的是带宽，相应定义见 2.1.2.2 节。

4.1.2.3 常规测试项目

除非另有规定，速率陀螺常规测试应在产品专用技术条件规定的额定电压、额定频率的电源供电下工作。各项测试中的定位精度，由测试工作台及安装工装的精度来保证，应符合产品专用技术条件的要求。以下为具体测试项目及方法。

（1）极性

陀螺输出极性：把陀螺安装在速率转台上，使其输入基准平行于速率转台轴，且与当地水平面垂直。陀螺正常工作后，使速率转台以某一合适的转速对陀螺施加一个正速率输入，记录陀螺输出信号的极性。

（2）测量范围

把陀螺安装在速率转台上，使其输入基准轴平行于速率转台轴，且与当地水平面垂直。陀螺正常工作后，给陀螺施加正输入极限速率，记录其输出信号。当输入速率减小时，其输出信号应按比例相应减小。

在相反输入速率方向上重复以上测试。

（3）标度因数指标

把陀螺安装在速率转台上，使其输入基准轴平行于速率转台轴，且与当地水平面垂直。根据产品技术条件规定的陀螺阈值和输入极限速率选取速率点，在输入量程内不能少于 11 点，包括极限速率。

陀螺正常工作后，使速率转台从零速率开始，按选定的速率点依次增大到陀螺正输入极限速率，再按选定的速率点依次减小到零，再反向按选定的速率点逐步增大到负输入极限速率，再按选定的速率点依次减小到零，形成一个测试循环。

当转台速率到达每个选定的测量点并且速率稳定后，连续读数不少于 10 次，取其算术平均值作为该点输出信号值。

建立如下陀螺输入输出关系的线性模型

$$y_i = K \cdot X_i + b \tag{4-5}$$

式中 X_i——第 i 个测量点的输入速率 $[(°)/s]$；

y_i ——第 i 个测量点测得的陀螺输出值（V）。

根据最小二乘法，陀螺标度因数计算公式如下，单位为 V/ $[(°)/s]$

$$K = \frac{n\sum_{i=1}^{n} X_i y_i - \sum_{i=1}^{n} X_i \sum_{i=1}^{n} y_i}{n\sum_{i=1}^{n} X_i^2 - (\sum_{i=1}^{n} X_i)^2} \qquad (4-6)$$

线性模型的截距 b 计算公式如下，单位为 V

$$b = \frac{\sum_{i=1}^{n} y_i - K\sum_{i=1}^{n} X_i}{n} \qquad (4-7)$$

根据定义，得标度因数非线性度如下

$$K_n = \frac{\max(y_i - (b + KX_i))}{\max(y_i)} \qquad (4-8)$$

在同样条件下重复 Q 次（6 次以上）测试陀螺标度因数 K_i，得到标度因数重复性，两次测试之间陀螺及其辅助设备关机一定时间冷却至室温

$$K_r = \frac{1}{\overline{K}}\left[\frac{1}{(Q-1)}\sum_{i=1}^{Q}(K_i - \overline{K})^2\right]^{1/2} \qquad (4-9)$$

式中　$\overline{K}$ —— Q 次测量陀螺标度因数平均值。

（4）阈值

把陀螺安装在速率转台上，使其输入基准轴平行于速率转台轴，且与当地水平面垂直。陀螺正常工作后，先测量输入速率为零时的陀螺输出 y_0，再对陀螺平稳无超调地施加一个规定阈值的速率输入 X，记录陀螺的输出 y，其相对于零速率时陀螺输出的变化量应大于测定的标度因数所对应的输出值的 50%，即满足以下不等式

$$\left|\frac{y - y_0}{K \cdot X}\right| > 50\% \qquad (4-10)$$

在相反输入速率方向上重复上述测试。

（5）零偏指标

对于一般的陀螺，把陀螺安装在速率转台上，使其输入基准轴

与速率转台轴平行，然后使速率转台轴与当地水平面平行，同时使陀螺的输出轴与当地水平面垂直。陀螺正常工作后，输入速率为零，测量一段时间内速率陀螺输出信号，求平均值。

零偏公式

$$B_0 = \overline{y} \tag{4-11}$$

y_i 为第 i 个测量点测得的陀螺输出值，单位为 V。一次试验中，测量 n 次，得到零偏稳定性如下

$$B_s = \left[\frac{1}{(n-1)} \sum_{i=1}^{n} (y_i - \overline{y})^2 \right]^{1/2} \tag{4-12}$$

在同样条件下及规定间隔时间内，多次通电，Q 次试验，得到零偏重复性如下：

$$B_r = \left[\frac{1}{(Q-1)} \sum_{i=1}^{Q} (B_{0i} - \overline{B}_0)^2 \right]^{1/2} \tag{4-13}$$

（6）频率特性

带宽：将陀螺固定在角振动台上，设定振动频率和幅值，例如，频率在 10 Hz 到 2 倍带宽之间按对数间隔选取不少于 10 个点，保证角振动台和陀螺的角速度、角加速度在允许范围内。测得速率陀螺输出与输入比值为 0.707 所对应的频率即为带宽值。

4.1.3　飞行控制系统仿真与测试

飞行控制系统仿真与测试主要包括飞行控制系统数字仿真、半实物仿真和综合测试，具体测试项目如图 4-12 所示。

（1）飞行控制系统数字仿真

飞行控制系统数字仿真是指弹体运动、惯测组合、舵系统、稳定控制算法等飞行控制系统组成单元均以数学模型的形式构成，利用计算机技术实现的仿真系统。数字仿真由于不涉及实际系统的任何部件，具有经济性、灵活性及通用性等优点。目前，飞行控制系统数字仿真最常用的实现工具为 MATLAB 工程软件，借助 MATLAB 强大的数学运算能力以及丰富的工具箱搭建飞行控制系统数字仿真系统，进行数字仿真与验证，是控制系统设计过程中的重要手段。数字仿真包括定

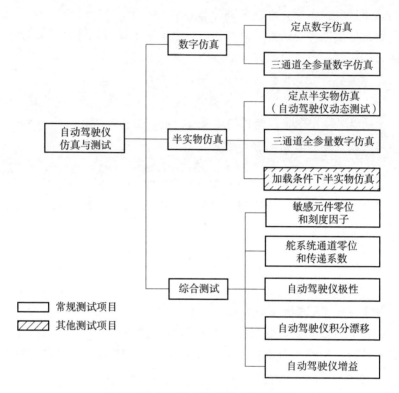

图 4-12　飞行控制系统仿真测试项目

点仿真和三通道全参量仿真，主要完成以下任务：

1）在型号研制中，对控制系统方案进行论证、比较和决策；

2）辅助设计，选择、优化系统参数和结构，在时域、频域内综合分析系统性能；

3）对系统进行灵敏度和容差分析；

4）对系统进行故障风险仿真、故障特性提取和故障对策获取；

5）拟定飞行试验方案。

（2）飞行控制系统半实物仿真

飞行控制系统半实物仿真是指以控制系统相关组成的实物产品取代相应的数学模型部分构成的仿真系统，由于引入了实物，其仿真结果更逼近于物理系统的运行性能，用于系统及其部件的功能性分析与检验，真实反映实物部件动态特性，以及非线性因素对飞行控制系统的性能影响。仿真测试程序多以 C++ 为语言基础的图形化编程软件（C++ builder、VC 等）实现。半实物仿真包括定点半实物仿真、三通道全参量半实物仿真和加载条件下的半实物仿真。主要完成以下任务：

1）定点半实物仿真（即动态仿真）试验是将弹体模型（小扰动线性化模型）、惯测组合模型用计算机软件编排，与飞行控制系统控制单元（即弹上计算机）和伺服系统（即舵机）实物构成闭合回路，模拟弹体运动和驾驶仪稳定控制整个飞行控制过程，以检验飞行控制系统性能，真实反映实物部件动态特性，以及非线性因素对飞行控制系统的性能影响。

2）三通道全参量半实物仿真试验工作原理和定点半实物仿真类似，不同的是在弹体模型方面，三通道仿真使用的弹体模型是六自由度刚体运动的全参量模型，相比小扰动线性化模型，考虑了通道耦合以及气动非线性等未建模特性，达到全面考核弹体气动特性的目的。在惯测组合方面，通过引入三轴转台代替惯测组合数学模型，检验控制系统在考虑敏感元件实物动态特性情况下的控制性能。

（3）飞行控制系统综合测试

飞行控制系统综合测试是对飞行控制系统产品功能和性能的测试，通过对飞行控制系统产品施加激励信号，检查各单机性能指标的符合性，以及各单机连接后系统的匹配性，并考核控制软件解算的正确性。综合测试系统与半实物仿真系统主要区别在于其不包含弹体运动的模型，因此硬件组成略有调整。综合测试是飞行控制系统产品交付测试的重要组成部分，主要完成以下任务：

1）单机测试，主要对惯测组合的零位和刻度因子、舵系统的零位和传递系数等对飞行控制系统产生重要影响的特性进行考核，保证单机的性能满足技术条件要求；

2）系统测试，将单机通过测试电缆连接后进行积分漂移、飞行控制系统增益和极性等测试，主要考核硬件间的电气连接和数字通信等是否正常，考核稳定控制算法的解算是否正确。

4.1.3.1　系统组成

飞行控制系统仿真测试系统用于在飞行控制系统研制过程中完成数字仿真、半实物仿真以及综合测试等设计验证与性能测试，包含了伺服系统测试、惯测组合测试等功能，因参与的实物状态不同而有所区别。

以某型号驾驶仪仿真测试系统为例，其系统组成如图 4 - 13 所示，包括仿真测试计算机（含仿真测试软件）、转台（含转台控制计算机）、测试柜（含电源系统及信号适配配套设施）等，图中带斜线的部分表示进入测试系统的实物部件；虚线部分代表综合测试时，根据所要求的试验条件需增加的相应试验设备。仿真测试计算机作为整个测试系统的主要测试设备，主要实现装定测试项目，弹体运动方程实时解算，事后数据处理和分析等功能。在半实物仿真状态下，仿真测试计算机接收舵反馈信息，完成弹体数学模型的解算，弹体运动的模拟，惯测组合向弹上计算机发送数据的模拟；在综合测试状态下，仿真测试计算机仅完成向弹上计算机发送测试指令，并采集舵系统的反馈信号，惯测组合完成实物与弹上计算机的通信。

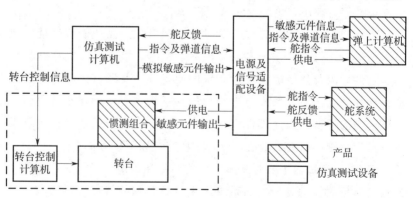

图 4 - 13　驾驶仪仿真测试组成原理框图

在半实物仿真状态下，仿真测试系统是将弹体模型、敏感元件模型用计算机软件编排，与飞行控制系统控制单元（即弹上计算机）和伺服系统（即舵机）实物构成闭合回路，模拟弹体运动和驾驶仪稳定控制整个飞行控制过程，以检验飞行控制系统动态性能。仿真测试计算机和实物产品数据交互流程如图 4 - 14 所示，图中弹体方程、惯测组合用数学模型，弹上计算机和舵机采用实物，U_{gyP}、U_{gyY}、U_{gyR} 分别为俯仰、偏航、滚动通道速率陀螺输出值，单位为 V；U_{accP}、U_{accY} 分别为俯仰、偏航通道加速度计输出值，单位为 V；d_1、d_2、d_3、d_4 分别为四路舵反馈，单位为 V。

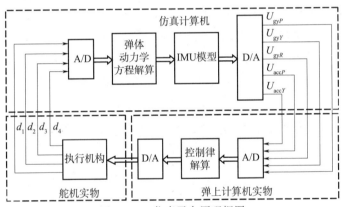

图 4 - 14　仿真平台原理框图

为了能够方便地对比数字仿真结果与半实物仿真结果，并快速辅助解决半实物仿真中可能出现的问题，动态测试设备兼具数字仿真和半实物仿真的功能，其中数字仿真状态下舵机和弹上计算机的功能均由仿真计算机代替实现。通过数字仿真可以检查出弹体模型、惯测组合模型的正确性；通过舵机实物进入回路或弹上计算机进入回路，可以分别检查舵机实物与仿真测试设备间电气接口、弹上计算机与仿真测试设备间电气接口以及信号通信的正确性。

4.1.3.2　系统测试软件实现方法

作为仿真测试计算机的重要组成部分，仿真测试软件一般分为地面仿真测试程序和弹上测试程序两个部分，在半实物仿真状态下，其中地面仿真测试程序用于完成弹体方程、速率陀螺、加速度表数学模型的解算，舵偏角等信号的采集，速率通道、加速度通道、指令、滚动通道信号的形成和输出，以及数据的保存；弹上测试程序根据地面测试程序发出的启动/停止信号，接收制导指令和惯测信息，进行驾驶仪模型解算，并产生舵指令控制舵机偏转。在综合测试状态下，其中地面仿真测试程序用于完成测试项目指令及启动/停止信号的发送，完成测试指令的形成、输出以及数据的保存；弹上测试程序根据接收到的地面测试程序发出的测试项目指令及启动/停止信号，采集惯测组合信息，进行驾驶仪模型解算，并产生舵指令控制舵机偏转。

　　地面仿真测试程序通常是基于操作系统平台具有人机交互界面的软件，其实现方式根据操作系统不同而有所不同，操作系统平台一般包括 Windows 平台和强实时操作系统平台（例如 VxWorks 实时操作系统和 RTX 实时操作系统），具体实现方法在第 5 章中会重点介绍，这里不再详述。下面重点介绍弹上测试程序的具体实现方法。

　　弹上计算机中弹上飞行控制软件的工作流程一般如图 4 - 15 所

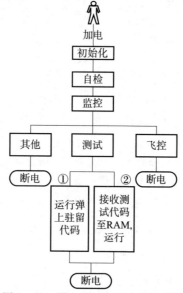

图 4 - 15　弹上测试程序实现示意图

示。弹上计算机在加电完成后，依次完成硬件初始化、自检和监控等功能，在监控程序中根据发控指令运行相应的飞控程序、测试程序或其他内容。目前弹上测试程序实现一般分为两种方式，一种是测试程序直接实现在弹上飞行控制软件中，作为飞行控制软件的一个分支；一种是编写测试程序，由地面上传程序，通过数字接口按照一定协议加载测试程序至弹上计算机 RAM 中。

两种实现方式的弹上测试程序在软件功能和工作流程上是相同的，均运行于弹上计算机中，半实物仿真状态和综合测试状态下的弹上测试程序功能主要是接收测试指令，执行驾驶仪解算模块以及测试结果输出。以某型号综合测试状态下弹上测试程序为例，程序主流程如图 4 - 16 所示，测试程序根据接收到的地面测试程序的指令完成相关测试点的驾驶仪测试，完成的主要功能包括驾驶仪解算时间测试，舵系统零位、传递系数和最大舵偏角测试，积分漂移测

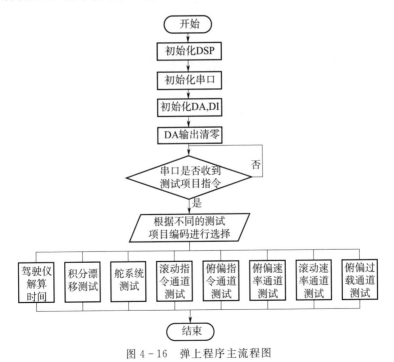

图 4 - 16　弹上程序主流程图

试，滚动指令通道测试，俯偏指令通道测试，滚动速率通道测试，俯偏速率通道测试，俯偏过载通道测试以及极性测试等。

上述各项测试功能在实现流程和方法上基本相同，下面以俯仰速率通道测试为例，介绍软件工作流程，如图 4 - 17 所示。程序主流程在完成相关硬件初始化和接收测试项目指令后，进入俯仰速率通道测试流程。首先加载测试点参数，等待启动信号，收到启动信号后执行定时中断子程序，直至达到测试结束条件或接收到停止信

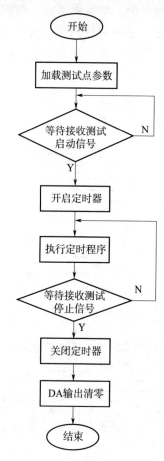

图 4 - 17　弹上程序俯仰速率通道测试流程图

号后，退出定时中断子程序，关闭定时器，相关硬件（如 DA）输出清零，测试流程结束。

定时中断子程序流程如图 4 - 18 所示，主要完成惯测信号采集、自动驾驶仪解算以及舵指令输出，分别对应图中节点①②③，弹上程序的修改主要集中在该三个模块。采用第一种实现方式时，①②③模块直接根据弹上通讯协议以及驾驶仪数学模型编排惯性信号采集函数、自动驾驶仪控制算法函数和舵指令输出函数，采用第二种实现方式时，①②③模块通过直接访问弹上飞行控制软件的相关变量及函数实现。

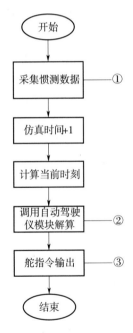

图 4 - 18　定时中断子程序流程图

通过上述分析可以看出，弹上测试程序采用第一种实现方式实现较为方便，下面重点以第二种实现方式举例说明弹上测试程序的实现步骤。

（1）确定弹上测试程序的起始地址

弹上飞行控制软件烧写到 dsp 芯片的 flash 中后，会产生用于描述其内部函数调用地址及变量存放地址的文件，该文件通常为后缀名为"map"的文本文件，并用十六进制数据格式记录全部函数及变量地址。通过查看该地址文件，确定测试程序的起始地址，防止测试程序与弹上飞控软件的地址冲突。

（2）确定地面测试程序与弹上测试程序的通信协议

地面测试程序与弹上测试程序的通信信息包括：测试项目、测试点参数及启动、停止信号。根据通信信息的特性确定传输协议，如为了保证测试项目及测试点参数的精度要求，通常通过 422 通信协议传输，此时需确定传输的端口、速率及数据包格式；启动、停止信号利用 DIO 开关量信号进行传输，需确定传输端口及电平的高低定义。

（3）编写测试程序

在 CCS 平台利用 C 语言根据程序流程图 4 - 16～图 4 - 18 来编写弹上测试程序。

由于第二种方式是通过访问飞控软件的地址来调用驾驶仪模块，驾驶仪模块包括驾驶仪解算函数、舵指令输出函数及惯测组合通信函数，所以需确定飞控软件驾驶仪模块的所有输入输出变量名及驾驶仪模块中各函数的调用方式及函数名，根据名称在地址文件中查找各自的地址，在弹上测试程序中将测试点参数传输到对应的地址中，具体赋值方式见以下代码。根据以下代码将浮点数 0.0 赋值到输入变量中。

```
＊（（float＊）0x9007df）＝ 0.0；
//0x9007df 为驾驶仪模块输入变量的地址。
调用驾驶仪解算函数的代码以下：
typedef void（＊funP）（void）；        //
funP Pwen；
Pwen ＝（funP）0x1d1a；
```

//0x1d1a 为驾驶仪解算函数地址

Pwen ()；

//运行飞控软件中的驾驶仪解算函数

(4) 确定弹上测试程序的执行地址

通过 CCS 平台编译测试程序，生成地址文件，即后缀为 *.map 的文件，查看 "_ c _ int00" 的地址，该地址即为测试程序的执行地址。

(5) 测试程序发布

采用 CCS 平台编写的弹上测试程序经过编译后，会在测试程序工程所在目录下的 "Debug" 文件夹中生成后缀名为 "out" 文件。由于弹上 dsp 片的 RAM 程序存储区只能识别后缀名为 "bin" 的二进制文件，因此还要利用执行命令将上述 ".out" 文件转换为二进制文件，最终弹上测试程序以 ".bin" 文件形式被发布。以 TMS320C3x 为例，转换过程如下：

1) 编写 *.hmd 文件，该文件的目的是规定源文件、目标文件名及转换数据格式，*.hmd 文件内容如下：

*.out　　　//定义成源 out 文件

—o *.hex　　//定义成所要输出的 hex 文件名

—i

—memwidth 8

—romwidth 8

—order MS

2) 运行命令 Hex30 *.hmd，生成 *.hex 文件。

3) 运行命令 hexobj *.hex *.bin，生成最后需发布的 bin 文件。

(6) 测试程序上传

上传弹上测试程序的方法主要有串口和 1553B 总线两种方式，以 1553B 上传方式为例说明。通常弹上飞行控制软件具有根据 1553B 协议编写的数字接口协议，可按照该接口协议编写测试程序上传软件（一般可采用 LabView 编写）。利用测试程序上传软件，通过 1553B 专用通信电缆，将上述以".bin"文件形式发布的弹上测试程序上传至弹上计算机的 RAM 中，上传软件将步骤（4）中确定好的执行地址按照协议发送至弹上计算机，启动弹上测试程序。

4.1.3.3 指标定义

飞行控制系统的指标包括快速性指标和稳定性指标。无论是数字仿真或者半实物仿真，都可以用时域指标来表征快速性。对于线性系统，多用频域指标表征稳定性；若系统中含有非线性环节，或者进行半实物仿真，则用等效的时域指标评判系统的稳定性。以下指标根据飞行控制系统设计规范进行定义，与一般教科书上的定义可能存在些许区别。

（1）等效时间常数 T

系统在阶跃信号作用下，输出量从 0 上升到稳态值的 63.2% 所需的时间。如果将飞行控制系统的动态响应过程等效为一阶惯性环节，则可以将飞行控制系统的闭环传递函数简单表示成

$$G(s) = \frac{1}{T_s + 1} \qquad (4-14)$$

（2）上升时间 t_r

上升时间是飞行控制系统重要的考核指标，具体定义见 2.1.2.1 节。

（3）稳态值

系统在阶跃信号作用下，输出响应的终值。实际的稳态值（Final Value）与理论的稳态值之间的偏差叫稳态偏差，也是飞行控制系统的考核指标之一。

（4）超调量 σ_p

超调量反映了系统的阻尼特性，具体定义见 2.1.2.1 节。

（5）调整时间 t_s

调整时间是综合考虑响应快速性和过渡过程的指标，具体定义见 2.1.2.1 节。

（6）半振荡次数

半振荡次数反映系统的平稳性，是与系统阻尼特性相关的指标，具体定义见 2.1.2.1 节。

第 2~4 项均为系统的常用时域指标，通常以定点阶跃响应仿真进行考核，评判特征点上（特定的速度、动压、攻角等飞行状态下）系统响应快速性和过渡过程的品质。

在半实物仿真中，由于存在非线性特性，系统稳态可能存在小幅振荡，计算稳态值和超调量等指标时需要对数据进行处理，一般是对稳态输出取平均值。某半实物定点仿真过载曲线如图 4 - 19 所示。

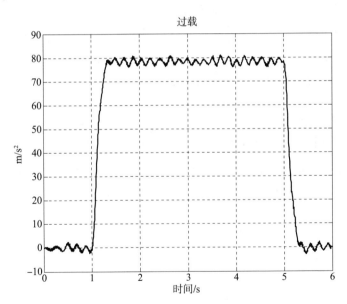

图 4 - 19　半实物定点仿真过载曲线

（7）稳定裕度

稳定裕度是飞行控制系统的重要考核指标。当系统可以用线性模型描述时，常用幅值裕度和相位裕度来描述，一般要求幅值裕度不低于 6 dB，相位裕度不低于 $30°$。幅值裕度 h 是指一个稳定系统，当系统开环对数频率特性的相频曲线与相角"$-\pi$"的直线相交时，其交点对应于幅频特性曲线上的负分贝数，表示幅频特性再增大 h 倍系统将处于临界稳定状态。相位裕度 γ 指一个线性系统在其剪切频率处，开环相频特性与 $-180°$ 之间相差的角度。详细定义和判断方法参见 2.1.2.2 节。

若系统中含有非线性模型，或者系统进行半实物仿真，将不能用幅值裕度和相位裕度评判其稳定性，这时通常要求主通道增益拉偏 2 倍下系统稳定，等效于"幅值裕度不低于 6 dB"的指标要求。

（8）峰峰值 $V_p p$

对于定常或时变的线性系统，当输入为一定幅值的正弦信号时，输出也是正弦信号，但是幅值与输入信号存在差别，峰峰值为定量评判输出信号幅值的指标。我们通常说对于某一时刻的峰峰值，指的是从该时刻起输出信号在一个正弦周期内最大值与最小值之差（如图 4 - 20 所示）。

（9）相位滞后

对于定常或时变的线性系统，当输入为一定频率的正弦信号时，输出也是相同频率的正弦信号，但是相位与输入信号存在差别，相位滞后为定量评判输入输出之间相位差的指标。我们通常所说的对于某一时刻的相位滞后可表示如下，单位为（°）

$$\Delta\varphi = \Delta t \times f \times 360 \qquad (4-15)$$

式中　f——正弦信号的周期（Hz）；

　　Δt——输入与输出正弦信号达到最大值的最小时间差。

4.1.3.4　常规测试项目

（1）定点数字仿真

定点数字仿真是基于小扰动线性化弹体模型的仿真，弹体运动用一组线性定常微分方程组描述，敏感元件和伺服系统用数学模型表示，建立定点仿真的数学模型可参见 2.2.2.2.3 节相关内容。定点数字仿真通过对飞行控制系统在特征点上的时域性能、频域特性进行定量分析，评判是否满足任务书的指标要求，并可以根据需要

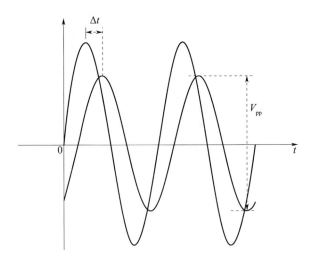

图 4 - 20　峰峰值和相位滞后示意图

设计拉偏状态以及加入特定扰动，全面考核飞行控制系统的控制品质。

按照驾驶仪仿真通道划分，定点数字仿真内容包括：俯仰（偏航）通道过载响应仿真、俯仰（偏航）通道姿态响应仿真、滚动通道抑制干扰响应仿真和滚动通道姿态响应仿真。另外，按照需判别的指标划分，定点数字仿真包括：标称状态仿真、频域特性仿真、主通道增益拉偏状态仿真和弹性振荡频率拉偏状态仿真等，其中，标称状态仿真考核控制系统的响应性能，而频域特性仿真和拉偏状态仿真主要考核控制系统的稳定性。时域状态仿真一般流程如图 4 - 21 所示。

①俯仰（偏航）通道过载响应仿真

在采用过载控制的俯仰（偏航）通道数学模型中，加入一定大小的方波过载指令，运行仿真模型，对过载输出的上升时间、超调量、稳态误差等时域性能进行判别。

将控制回路在控制器输出与舵系统输入之间断开，分析开环传递函数的频率特性，可得到闭环控制系统的幅值裕度和相位裕度；

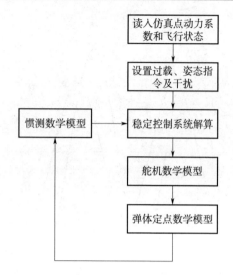

图 4-21　定点数字仿真流程图

若模型中存在非线性环节，不能用稳定裕度进行衡量，则在舵指令输出后串联放大倍数为 2 的增益环节，判断系统稳定性。考虑到设计输入与实际工况存在差异，还需对俯仰（偏航）通道弹体一阶弹性振荡频率进行 $-5 \sim 5\ Hz$ 范围的拉偏，判断系统的稳定性。

②俯仰（偏航）通道姿态响应仿真

在采用姿态角控制的俯仰（偏航）通道数学模型中，加入一定大小的方波姿态角指令，运行仿真模型，对姿态角输出的上升时间、超调量、稳态误差等时域性能进行判别。

稳定性判断同俯仰（偏航）通道过载响应仿真。

③滚动通道抑制干扰响应仿真

在采用抑制干扰控制的滚动通道数学模型中，加入一定大小的方波等效副翼干扰，运行仿真模型，对输出的滚转角上升时间、超调量和最大滚转角速度等时域性能进行判别。

稳定性判断同俯仰（偏航）通道过载响应仿真。

④滚动通道姿态响应仿真

在采用姿态角控制的滚动通道数学模型中，加入一定大小的方波姿态角指令，运行仿真模型，对滚转角输出的上升时间、超调量、稳态误差和最大滚转角速度等时域性能进行判别。

稳定性判断同俯仰（偏航）通道过载响应仿真。

（2）三通道全参量数字仿真

由于单通道定点仿真具有一定的局限性，不能全面考核弹体气动特性，包括通道耦合、气动非线性等未建模特性，因此需要进行三通道全参量仿真。三通道全参量数字仿真使用的弹体模型是六自由度刚体运动的全参量模型，参见 2.2.2 节中相关内容，指令形式为全弹道程控指令。仿真时的敏感元件和伺服系统也用数学模型表示。三通道全参量数字仿真流程如图 4 - 22 所示。

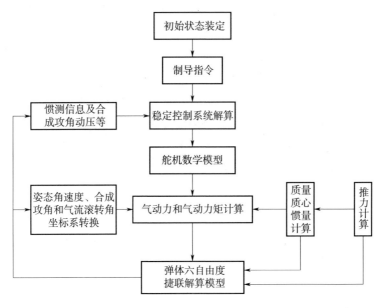

图 4 - 22　三通道全参量数字仿真流程图

三通道数字仿真的内容主要包括标称状态仿真和拉偏状态仿真，其中拉偏状态主要有质心拉偏、舵效拉偏及二者的组合拉偏，根据导弹的飞行状态可增加等效副翼干扰、初始发射扰动等仿真项目。

（3）定点半实物仿真

定点半实物仿真也称为飞行控制系统动态测试，是基于小扰动线性化弹体模型的仿真，一般舵系统和弹上计算机为实物形式，稳定控制回路计算在弹上计算机中实现，弹体运动和敏感元件为数学模型，被编制成代码存放在仿真计算机中。配以 A/D、D/A 接口，与飞行控制系统实物部分构成一个完整的试验系统，施加指令、干扰、初值等，考核特征点上飞行控制系统的快速性和稳定性指标。

同定点数字仿真相同，定点半实物仿真的内容一般包括：俯仰（偏航）通道过载响应仿真、俯仰（偏航）通道姿态响应仿真、滚动通道抑制干扰响应仿真和滚动通道姿态响应仿真，各个通道仿真时还需进行标称状态仿真、主通道增益拉偏状态仿真和弹性振荡频率拉偏状态仿真。

（4）三通道全参量半实物仿真

与三通道全参量数字仿真不同，三通道全参量半实物仿真中，舵机、弹上计算机和惯测组合可为实物，弹体模型是六自由度运动的全参量模型，参见 2.2.2 节相关内容。仿真机实现弹体数学模型解算，配以 A/D、D/A 接口，与飞行控制系统实物部分构成一个完整的试验系统，考核三通道耦合条件下，全弹道的动态特性和稳定性。三通道全参量半实物仿真的内容包括标称状态仿真与组合拉偏状态仿真，其中组合拉偏状态仿真通过对气动参数、惯测组合输出干扰、发动机推力、导弹质量质心及转动惯量进行拉偏，全面验证飞行控制系统性能。

（5）惯测组合零位和刻度因子测试

惯测组合一般由三个速率陀螺和三个加速度计组成，分别敏感导弹三个轴向（X 轴、Y 轴和 Z 轴，一般为弹体系或执行系）的角速度和加速度。

惯测组合零位包括三个速率陀螺通道零位和三个加速度计通道零位，是指敏感元件相应通道输入为零时的输出。惯测组合刻度因子包括三个速率陀螺通道刻度因子和三个加速度计通道刻度因子，是指惯测组合相应通道输出量与输入量的比值，其精度会对飞行控制系统的控制性能产生影响。因此，敏感元件零位和刻度因子测试是飞行控制系统测试不可或缺的环节。

陀螺通道零位测试方法：将惯测组合安置于转台上，调整转台旋转支架使惯测组合处于静止状态，记录此时惯测组合陀螺三个轴向输出，即可测得陀螺三个通道的零位。

陀螺通道刻度因子测试方法：将惯测组合安置于转台上，调整转台旋转支架使惯测组合的三个轴分别与转台的旋转轴重合。对于陀螺每个轴向，控制转台使其进行恒定速率的摇摆运动，记录惯测组合相应陀螺通道输出信号和转台摇摆信号，按式（4-16）计算出该通道的刻度因子

$$刻度因子 = \frac{陀螺输出峰峰值}{4\pi f A} \qquad (4-16)$$

式中　f——转台摇摆频率；

　　　A——转台摇摆单边幅值。

加速度计通道零位测试方法：将惯测组合安置于转台上，调整转台旋转支架分别使惯测组合 X 轴、Y 轴和 Z 轴处于水平方向，并保持静止状态，记录惯测组合相应加速度计轴向输出，即为加速度通道零位。

加速度计通道刻度因子测试方法：将惯测组合安置于转台上，调整转台旋转分别使惯测组合的 X 轴、Y 轴和 Z 轴处于竖直向上和竖直向下的位置，使惯测组合分别敏感 $+1\,g$，$-1\,g$ 信号，记录惯测组合加速度计输出，计算出该通道的刻度因子。

（6）舵系统零位、传递系数和最大舵偏角测试

舵系统零位指在舵指令为零的情况下，舵面实际位置与零位基准间的绝对偏角，包含机械零位和电气零位，单位为（°）。舵系统通道传递系数是指舵面偏转角度与舵指令的比值，单位为（°）/V。最大舵偏角是指舵面偏转到机械限位时的角度，分为正向和负向，单位为（°）。

舵系统电气零位的测试方法：将舵系统的舵指令输入置零，记录舵反馈输出电压信号，计算得到舵系统的电气零位。机械零位测试参照 4.1.1 节舵伺服系统的相关测试。

舵系统传递系数和最大舵偏角的测试方法：在舵指令输入端加入一个周期的三角波信号，波形如图 4-23 所示，记录此时的舵反馈电压信号，读取舵反馈信号斜率，按式（4-17）计算舵系统传递系数，在舵反馈信号曲线上读取三角波的波峰和波谷值，取反乘以舵系统传递系数，得到舵系统最大舵偏角

$$传递系数 = 舵反馈信号斜率 \times (\pm \frac{T}{4 \times U_m \times k}) \quad (4-17)$$

式中　k——舵系统机电传递系数，表示 1°舵偏角对应的反馈电压值；

　　T——三角波信号周期；

　　U_m——三角波信号单边幅值。

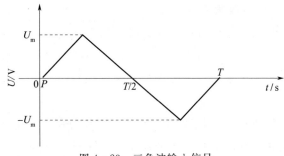

图 4-23　三角波输入信号

（7）飞行控制系统积分漂移测试

飞行控制系统积分漂移是指驾驶仪各指令通道输入为零时，由于惯测组合存在的零位误差，通过控制回路积分环节作用，会引起舵面按照一定速度进行偏转，一般用舵面漂移速度来衡量积分漂移的大小。具体测试方法如下：

将惯测组合安置于转台上，调整转台旋转支架使惯测组合 X 轴竖直向下并处于静止状态，将飞行控制系统指令通道输入置零，速

率陀螺通道和加速度计通道采集惯测组合输出，记录舵面偏转输出（舵反馈电压）信号，计算舵面漂移速度。

（8）飞行控制系统增益测试

飞行控制系统增益测试是指对飞行控制系统产品的各通道输入端（如指令输入、速率输入、加速度输入等）分别单独施加正弦形式的物理激励或数字信号激励，比较舵偏输出（舵反馈电压）的幅值大小以及相对激励信号的相位滞后，考核飞行控制系统的静态性能。飞行控制系统增益测试是完成各单机性能指标测试后，对飞行控制系统算法正确性和准确性进行验证的必要环节，通过幅值和相位滞后等指标的测试，可以对控制系统的控制参数和控制回路结构的正确性进行检查，同时也是对各单机产品构成系统后的匹配性进行检查的必要手段。测试项目主要包括俯仰、偏航、滚动指令通道测试，速率通道测试，以及俯仰、偏航加速度通道测试。舵反馈峰峰值和相对各通道指令的相位滞后作为测试结果的判读依据。

①俯仰指令通道测试

俯仰指令通道输入正弦信号，其他通道输入置零，分别记录俯仰指令信号和俯仰通道舵反馈电压，判读舵反馈峰峰值和相位滞后。

②偏航指令通道测试

偏航指令通道输入正弦信号，其他通道输入置零，分别记录偏航指令信号和偏航通道舵反馈电压，判读舵反馈峰峰值和相位滞后。

③俯仰速率通道测试

将惯测组合安置于转台上，调整转台旋转支架使惯测组合 Z 轴竖直向上（一般情况下，绕 Z 轴的转动角速度即为俯仰角速度），控制转台产生绕 Z 轴的正弦摇摆信号，并将其他通道输入置零，分别记录俯仰通道舵反馈电压和惯测组合 Z 轴陀螺输出信号，判读舵反馈峰峰值和相位滞后。

④偏航速率通道测试

将惯测组合安置于转台上，调整转台旋转支架使惯测组合 Y 轴竖直向上（一般情况下，绕 Y 轴的转动角速度即为偏航角速度），控

制转台产生绕 Y 轴的正弦摇摆信号，并将其他通道输入置零，分别记录偏航通道舵反馈电压和惯测组合 Y 轴陀螺输出信号，判读舵反馈峰峰值和相位滞后。

⑤俯仰加速度通道测试

俯仰加速度通道输入正弦信号，其他通道输入置零，分别记录俯仰加速度信号和俯仰通道舵反馈电压，判读舵反馈峰峰值和相位滞后。

⑥偏航加速度通道测试

偏航加速度通道输入正弦信号，其他通道输入置零，分别记录俯偏航速度信号和偏航通道舵反馈电压，判读舵反馈峰峰值和相位滞后。

⑦滚动速率通道测试

惯测组合安置于转台上，调整转台旋转支架使惯测组合 X 轴竖直向上（一般情况下，绕 X 轴的转动角速度即为滚动角速度），控制转台产生绕 X 轴的正弦摇摆信号，并将其他通道输入置零，分别记录滚动通道舵反馈电压和惯测组合 X 轴陀螺输出信号，判读舵反馈峰峰值和相位滞后。

⑧滚动指令通道测试

滚动指令通道输入正弦信号，其他通道输入置零，分别记录滚动指令信号和滚动通道舵反馈电压，判读舵反馈峰峰值和相位滞后。

⑨飞行控制系统极性测试

飞行控制系统的输入和输出关系必须满足系统规定的极性要求。以舵偏角为例，如规定的输入指令为正时，对应舵面为正偏转，表示正极性；反之为负偏转，对应负极性。飞行控制系统极性可根据飞行控制系统增益测试的相位滞后来判断。

4.1.3.5 其他测试项目

伺服系统是导弹稳定控制系统的执行机构。当导弹在稠密的大气层中飞行时，作用在舵面上的空气动力形成对舵面的负载，这个负载形成作用于舵轴的负载力矩，负载力矩是影响舵系统稳定性和操作性的主要因素。通过加载设备模拟随导弹飞行马赫数、高度、攻角等参量变化的舵轴负载，考核飞行控制系统在加载条件下的控制品质。加载条件下进行的半实物仿真项目，包括定点仿真、单通道全弹道仿真、三通道全参量仿真。

加载条件半实物仿真系统由伺服系统、加载设备、扭矩传感器、电源、测试计算机、模拟遥测计算机、转接盒及转接电缆等组成。测试流程如下：

1）按照要求连接测试设备，将扭杆与舵轴连接，四舵连接扭矩传感器，标定四个扭杆产生不同扭矩对应的舵指令电压；

2）参照仿真过程各舵舵偏方向，预置舵偏，使舵轴承受相应方向一定大小的扭矩。例如进行俯仰通道定点仿真时，2♯舵偏置对应负向 40 N·m 负载力矩，4♯舵偏置对应正向 40 N·m 负载力矩；进行滚动通道定点仿真时，1♯～4♯舵全部对应正向 40 N·m 负载力矩。必要时，只对个别舵轴进行扭矩加载，以考察不对称负载对飞行控制系统性能的影响。

单通道全弹道仿真和三通道全参量仿真按类似方法进行预置舵偏，为使仿真过程中舵面承受的扭矩在一定范围内变化，必要的时候需调整过载指令。

预置舵偏的实现需要修改信息处理软件和地面测试软件。具体步骤如下：在信息处理软件中对舵指令输出语句进行修改，使其上叠加指定大小的舵指令电压，对测试计算机上弹体模型解算程序中的舵反馈输入语句进行修改，DA 采集的舵反馈信号上叠加同样大小的反馈电压，再进入弹体模型进行解算，重新烧写修改后的信息处理软件。

3）其他测试流程与空载时基本一致。试验过程中观察并记录扭矩大小；试验结束后，对比空载以及不同负载条件下飞行控制系统控制品质。

4.2　试验数据处理方法

对试验数据的处理和分析也是试验的重要环节。在仿真试验过程中，接收到的遥测数据多为时间序列数据。尤其是模拟信号通常含有噪声，需要经过处理后进行分析。下面仅介绍几种常用分析方法。

4.2.1　时域分析方法

（1）求平均值

由于遥测到的数据含有噪声，经常对数据取平均值作为结果。例如在飞行控制系统综合测试中，测量舵系统零位和惯测组合零位；在飞行控制系统动态测试时，取进入稳态抖振后的过载平均值作为稳态值。平均值公式如式（4-18）所示

$$\mu = \frac{1}{N} \sum_{i=1}^{N} x_i \qquad (4-18)$$

式中　　N——数据个数；

$\quad\quad\quad x_i$—— 第 i 个点数据值；

$\quad\quad\quad \mu$——N 个数据平均值。

（2）均值滤波

均值滤波：用简单平均法求邻近元素平均值，邻域大小与平滑效果直接相关，邻域越大，平滑效果越好；但邻域过大，会使边缘信息损失越大。在毛刺较大时，通过均值滤波，能够在一定程度上剔除毛刺造成的判读误差，提高判读精度。例如在飞行控制系统增益测试中，需要判读输出模拟信号的峰峰值。由于模拟信号含噪声，如果直接利用 4.1.3.2 中峰峰值的定义进行判读，精度较差。一般采用均值滤波，消除噪声后按照定义进行判读。

（3）求离散程度

标准差是方差的算术平方根。标准差是反映一组数据离散程度

最常用的量化形式，如式（4 - 19）所示。例如在惯测组合测试中，重复测量零偏的结果一般并不相同，为了进一步衡量惯测组合的精度，在同样条件下及规定间隔时间内，多次通电过程中，测量零偏，求标准差，得到零偏重复性指标

$$\sigma = \sqrt{\frac{1}{N-1} \sum_{i=2}^{N} (x_i - \mu)^2} \qquad (4-19)$$

标准差对于不同检测项目或同一项目的不同样本缺乏可比性，有时引入变异系数指标

$$c_v = \frac{\sigma}{\mu} \times 100\% \qquad (4-20)$$

变异系数以一个相对值的形式表示数据的离散程度，例如惯测组合测试中的标度因数重复性指标，在同样条件下及规定间隔时间内，重复测量标度因数，以各次测试所得标度因数的标准偏差与其平均值之比表示（即变异系数）。

（4）最小二乘法拟合

在第 2 章中，介绍了用最小二乘法进行系统辨识，在进行试验数据分析时，也常用到最小二乘法进行线性拟合。例如在速率陀螺测试中，用最小二乘法计算标度因数，实质就是求一元线性回归方程的斜率。最小二乘法的基本原理是通过最小化误差平方和寻找数据的最佳函数匹配。

建立线性回归模型

$$y = \beta_0 + \beta_1 x_1 + \cdots + \beta_k x_k + u \qquad (4-21)$$

式中　y——因变量；

　　　x——自变量；

　　　u——随机误差项；

　　　$\beta_0, \cdots, \beta_k$——回归系数。

为保证得到最优估计，回归模型应满足：

1）随机误差项 u 是非自相关的，均值为 0，方差相同且为有限值。

2) 自变量与误差项线性无关。

3) 自变量之间线性无关。

4) 自变量是非随机的。

根据高斯－马尔可夫定理，满足以上条件的最小二乘估计，能得到最佳线性无偏估计量。

对试验数据处理时，最常用到一元线性回归，利用 n 组数据 (x_i, y_i)，由最小二乘法估计的回归系数的公式可以写成

$$\hat{\beta}_1 = \frac{n \sum\limits_{i=1}^{n} x_i y_i - \sum\limits_{i=1}^{n} x_i \sum\limits_{i=1}^{n} y_i}{n \sum\limits_{i=1}^{n} x_i^2 - \left(\sum\limits_{i=1}^{n} x_i\right)^2} \qquad (4-22)$$

$$\hat{\beta}_0 = \frac{\sum\limits_{i=1}^{n} y_i - \hat{\beta}_1 \sum\limits_{i=1}^{n} x_i}{n} \qquad (4-23)$$

本节中变量上加尖号的物理量表示估计值，右上角标加撇号表示矩阵转置。

对于多元线性回归模型，下面给出最小二乘法推导过程。

给定 n 组数据，估计的回归函数为

$$\begin{bmatrix} \hat{y}_1 \\ \hat{y}_2 \\ \vdots \\ \hat{y}_n \end{bmatrix} = \begin{bmatrix} 1 & x_{11} & x_{21} & \cdots & x_{k,1} \\ 1 & x_{12} & x_{22} & \cdots & x_{k,2} \\ 1 & \vdots & \vdots & \vdots & \vdots \\ 1 & x_{1,n-1} & x_{2,n-1} & \cdots & x_{k,n-1} \\ 1 & x_{1,n} & x_{2,n} & \cdots & x_{k,n} \end{bmatrix} \begin{bmatrix} \hat{\beta}_0 \\ \hat{\beta}_1 \\ \vdots \\ \hat{\beta}_{k-1} \\ \hat{\beta}_k \end{bmatrix} \qquad (4-24)$$

式 (4-24) 写成

$$\hat{Y} = X\hat{\beta} \qquad (4-25)$$

下面简单推导回归系数

$$\min S = (Y - \hat{Y})'(Y - \hat{Y}) = (Y - X\hat{\beta})'(Y - X\hat{\beta}) \qquad (4-26)$$
$$= Y'Y - 2\hat{\beta}'X'Y + \hat{\beta}'X'X\hat{\beta}$$

令 $\dfrac{\partial S}{\partial \hat{\beta}'} = 0$，求得

$$\hat{\boldsymbol{\beta}} = (\boldsymbol{X}'\boldsymbol{X})^{-1}\boldsymbol{X}'\boldsymbol{Y} \tag{4—27}$$

4.2.2　频域分析方法

快速傅里叶变换（FFT）可用于对试验数据的频谱分析，也可用于飞行控制系统增益测试中对输出信号峰峰值和相移的判读。快速傅里叶变换的基本原理见 2.2.1.2 节，在利用快速傅里叶变换进行试验数据处理时，需考虑算法误差的影响。

快速傅里叶变换算法误差主要包括截断效应、栅栏效应、信号混叠。

（1）截断效应：由于快速傅里叶变换分析对有限长时域信号进行变换得到的，必然存在时域上的信号截断，在频域上将造成附加频率成分。它的影响一方面是导致能量泄漏，使频谱变模糊，分辨率降低；另一方面在主谱线两边形成旁瓣，引起不同频率分量间的干扰。

（2）栅栏效应：当输入频率不是频率分辨率的整数倍时，其频谱泄漏到所有输出频率点上。就像透过栅栏看风景，只能看到频谱的一部分，这就是所谓的栅栏效应。（频率分辨率可以理解为在使用快速傅里叶变换时，在频率轴上所能得到的最小频率间隔。）

（3）信号混叠：对连续信号进行等间隔采样，如果不能满足采样定理，采样后信号的频率就会重叠，即高于采样频率一半的频率成分将被重建成低于采样频率一半的信号。

因此，在实际应用过程中，要注意以下几点：

1）输入时间序列应该是等采样间隔的。根据采样定理，要分析频率为 f 处的信息，信号采样频率至少为 $2f$。

2）进行快速傅里叶变换的时域信号长度 N 最好是整数个周期的，以使要分析的频率为频率分辨率的整数倍。

3）在实际频谱分析中，常用频谱图有三种，即线性振幅谱、对数振幅谱、自功率谱。线性振幅谱的纵坐标有明确的物理量纲，代表信号单边幅值，是最常用的。对数振幅谱中各谱线的振幅都作了对数计算，所以其纵坐标的单位是 dB。这个变换的目的是使那些振幅较低的成分相对高振幅成分得以拉高，以便观察掩盖在低幅噪声中的周期信号。自功率谱是先对测量信号作自相关卷积，目的是去掉随机干扰噪声，保留并突出周期性信号，损失了相位特征，然后再进行傅里叶变换。自功率谱图使得周期性信号更加突出。经典功率谱估计方法，还包括周期图法，直接由傅里叶变换后，取幅值平方除以 N。图 4-24 为某段信号频谱图，可见在频谱分析时，如果关注高频噪声，以对数振幅谱更为明显。

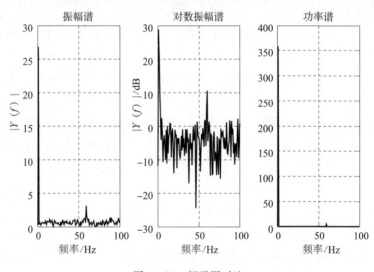

图 4-24　频谱图对比

此外，频谱图的横坐标一般为频率 f（Hz），在数据采样频率未知时，采用归一化频率 f/F_s 表示。

总之，在实际应用中，综合考虑信号分析的条件和目的，选用合适的采样频率和数据长度 N，以调节频谱分辨率，提高信号分析精度。选用合适的变量作为频谱图的纵坐标，达到特定分析目的。面对快速傅里叶变换分析结果时，应考虑截断效应、信号混叠、栅栏效应带来的影响。

4.3　环境试验

环境试验是为保证产品在规定的寿命期间，在预期的使用、运输或储存的所有环境下，保持功能可靠性而进行的活动，是将产品暴露在自然的或人工的环境条件下经受其作用，以评价产品在实际使用、在运输和储存等环境条件下的性能，并分析研究环境因素对产品的影响程度及其作用机理。受试验时间、试验工况等因素制约，环境试验中产品的测试项目不可能 100％覆盖，可根据实际情况而定，通常受环境条件影响较大的指标以及产品的关键指标应列入考核项目。

按照试验目的和性质进行划分，环境试验可分为环境应力筛选试验、环境适应性（摸底）试验、环境例行试验、环境鉴定试验。

（1）环境应力筛选试验

由于生产过程中生产条件、工艺条件、原材料、元器件总是存在某些随机波动，这将使生产出来的产品潜在存在某些缺陷，从而引起早期失效。为发现和排除产品中不良零件、元器件、工艺缺陷，剔除早期故障失效，产品必须进行环境应力筛选试验。环境应力筛选是可靠性试验的一种类型，也是产品生产过程中必须的一道工序。环境应力筛选的试验条件应合理制定，避免欠筛和过筛现象，其试验严酷度低于其他几种环境试验。

（2）环境适应性（摸底）试验

在产品初期研制阶段，应进行环境适应性（摸底）试验，用以考核设计的产品环境适应性是否满足要求，并根据试验结果合理进行设计的优化。

（3）环境例行试验

进入工程研制阶段后（含批生产），每批产品均应进行环境例行试验，通常按照相关标准或技术文件规定的比例抽取，用以考核本批次产品的设计、工艺及生产过程的合理性和稳定性，并作为该批次产品是否合格的判据之一。环境例行试验属于消耗性试验，经过环境例行试验的产品不得作为正式产品交付使用。

（4）环境鉴定试验

在产品设计定型（鉴定）阶段，应进行产品的环境鉴定试验，对产品耐受环境条件的能力进行考核鉴定，并作为产品设计定型（鉴定）的依据之一。

航天产品（如弹上设备等）应按照上述要求进行环境试验，确保产品的可靠性以及在复杂工况下的工作性能。环境试验的性能测试方法与之前介绍的常规测试方法一致，区别仅在于测试环境不同。通常，对于同一产品的不同阶段和不同装配级，环境试验的试验项目、试验条件和试验要求等是不同的。而对于不同类型产品的相同阶段和相同装配级，环境试验的试验项目、试验条件和试验要求等也是不同的。对于特定型号及装配级产品，需根据产品特点和使用要求确定相应的环境试验项目、试验条件和试验要求。以下对几种常见环境试验进行简述。

（1）低温试验

对可能在低温环境储存和工作的弹上设备应进行低温试验，包括低温储存试验和低温工作试验，具体的试验温度和试验时间按有关标准规定。

低温储存试验：在非工作状态下将试品放入温度箱，开启温度箱，当箱内温度达到指定温度后保持一段时间，在试验结束后，试品恢复到常温条件下进行性能测试，结果应能满足规定的性能指标要求。

低温工作试验：试品放入温度箱并连接好测试设备和电缆，在非工作状态下开启温度箱，达到指定温度后继续保持一段时间至温度稳定，立即对试品进行性能测试，结果应能满足性能指标要求。

（2）高温试验

对可能在高温环境储存和工作的弹上设备应进行高温试验，包括高温储存试验和高温工作试验，具体的试验温度和试验时间按有关标准规定。

高温储存试验：试品放入温度箱，在非工作状态下，开启温度箱，当箱内温度达到指定温度后，保持一段时间，试验相对湿度参照有关标准。在试验结束后，试品恢复到常温条件下进行性能测试，结果应能满足规定的性能指标要求。

高温工作试验：试品放入温度箱，连接好测试设备和电缆，在试品达到指定温度后，继续保持一段时间至温度稳定，立即进行性能测试，结果应能满足规定的性能指标要求。

（3）温度冲击

试品放入温度箱，在非工作状态下，开启温度箱，设定温度冲击条件（视产品具体情况而定），在试验结束后，恢复到常温条件下，按产品技术条件对产品进行通电检测，结果应满足规定的性能指标要求。

（4）低气压试验

低气压储存试验：将试品放入低气压箱，在非工作状态下，开启低气压箱，压力变化速度参照相关标准，箱内气压达到指定气压后保持一段时间（视具体产品而定）。试验结束后，在正常大气压力下进行性能测试，结果应能满足规定的性能指标要求。

低气压工作试验：将试品放入低气压箱，连接好测试设备与电缆，开启低气压箱，压力变化速度参照相关标准，当箱内气压达到指定气压时，对试品进行相关性能测试。

快速减压试验：可以与低气压工作试验一起运行，也可以单独运行。将试品放入低气压箱，开启低气压箱，以一定速率将箱内压力降到指定气压，在规定时间内，尽可能快地将箱内气压将到规定值，并在规定时间内保持此压力，以规定速率将箱内压力恢复到正常大气压力。

（5）加速度试验

加速度试验分为两类，性能试验和结构试验。性能试验用以验证设备功能适应加速度环境的能力，结构试验用以验证设备结构承受使用加速度环境的能力。根据试验样品的特点，有两类加速度模拟设备可供选用：离心机和直线加速度试验装置（如火箭橇）。结构试验和大多数性能试验均使用离心机。

将试品安装在离心机上，连接好测试设备和电缆，当加速度值达到规定值后，按产品技术条件对产品进行通电检测，结果应满足设计要求所规定的性能指标要求。

（6）冲击试验

对在装配、地面工作、舰面储存及工作、发射、分离过程中存在冲击环境的弹上设备应进行冲击试验。冲击试验包括运输跌落试验，工作台上的跌落试验，铁路车辆撞击试验，包装件的粗暴装卸试验，坠撞安全试验，强冲击试验，引信及引信元件的跌落试验，温度-冲击综合试验，舰船设备的冲击试验。对于弹上设备而言，强冲击试验是最常见的一种，包括导弹弹射、发动机点火、燃气舵分离、导弹再入大气及高速气动力造成的冲击试验等。

冲击设备应该满足试验对冲击脉冲波形、峰值加速度、持续时间及有关载荷等方面的要求。试验样品应直接或用安装夹具刚性地固定在试验台面上，载荷应尽可能均匀分布，作用中心尽量靠近台面中心，试验前进行冲击波形的调校，给冲击样品施加特定冲击，冲击过程中按有关标准规定对试验样品进行检测。试验结束后，进行结构和安全性检查和性能测试，结果应能满足性能指标要求。

（7）湿热试验

对可能在高温、高湿复合环境下储存和工作的弹上设备应进行湿热试验。按照试验条件和类型分类，可分为恒定湿热试验和交变湿热试验，两者实施过程相似，区别在于恒定湿热试验过程中试验温度和湿度为恒值，交变湿热试验过程中试验温度和湿度可交替变化，但需要保证温度、湿度的试验时间达到要求。试验箱应保持空气流通，工作空间的风速参照相关标准。试验箱应具有绝缘良好的接线柱或提供电缆出入的装置，以便对试验样品进行检测。除水以外，锈蚀或腐蚀污染物或其他任何物质不得引入试验箱。将试品放入湿热箱中，注意保护好给口盖及接插件，以免积水。开启湿热箱，按照温度与湿度要求控制湿热箱。当达到时间后，立即对产品进行检查，检查完毕后在湿热箱烘干、冷却，并对产品进行性能测试。

（8）振动试验

振动环境分为运输引起的振动，使用引起的振动（包含导弹挂飞、导弹飞行、舰船振动等），这里仅介绍振动台模拟振动环境的试验和公路运输试验。

振动台试验：试品安装在振动台上，连接好测试设备和电缆，开启振动台，安装指定的振动频谱（例如正弦振动、随机振动），在振动试验中，试品处于工作状态，并进行性能测试，结果应能满足设计要求所规定的性能指标要求。

公路运输试验：公路运输的环境是一种宽带振动，它是由于车体的支承、结构和路面平度的综合作用产生的。采用车辆运输，试验结束后，对试品进行外观和性能检测，结果应能满足设计要求所规定的性能指标要求。公路运输试验也可采用振动台模拟振动试验来代替，通常采用随机振动或正弦振动。

（9）霉菌试验

霉菌试验可分为两种情况。一种情况下试验样品仅进行外观检查，另一种情况要求进行性能测试，两种情况的试验周期要求不同，可参照相关标准。试验在温湿度交变循环条件下进行，指定时间段内循环一次。根据试验样品的需要，选择试验用菌种。霉菌试验在特定霉菌试验箱进行，必须由掌握微生物操作技术的人员操作。试验所用化学试剂不得低于国家标准规定的三级纯度。试验样品在受试前需要进行外观检查和性能测试，将试验样品和对照样品同时接种。试验期间，霉菌试验箱每隔一段时间换气一次，换气时间在温度循环交变时为宜，换气总量参照相关标准。试验结束后，立即检查试验样品表面霉菌生长情况，记录霉菌生长部位、覆盖面积、颜色、生长形式、生长密度和生长厚度。外观检查后，进行性能测试。

（10）盐雾试验

盐雾试验时试验有效空间内保持特定温度，试验样品承受连续喷雾的时间参照有关标准。试验前对试品进行预处理，用不产生腐蚀或不产生防护膜的溶剂清除试验样品表面的污物或临时性防护层，直至表面不挂水珠。在正常试验大气条件下进行外观检查和性能测试。试验前，试验箱需进行连续喷雾特定时间后的空载试车，当确定可保持温度试验条件时，方可投入试验样品进行试验。在特定时间内使用过的试验箱不必进行空载试车。测定盐溶液的沉降率和 pH 值，按要求将试验样品放置在试验箱内，将试验箱的温度调整到规定值，使试验样品的温度稳定一段时间后，才可喷雾。连续喷雾期间，每隔一段时间检测盐雾沉降率和 pH 值。试验结束后，试验样品在正常大气条件下放置一段时间，或者按有关标准或技术文件规定进行恢复、干燥。

（11）砂尘试验

吹尘试验：尘粒为有棱角的硅石粉，温度、相对湿度、风速、吹尘浓度及试验持续时间参照有关标准。试验前，对试验样品进行相关性能检测。将试品安装在试验箱中，控制试验箱温度和相对湿度，调节风速，调节尘粒输入量，使吹尘浓度达到规定值，保持上述条件一段时间。然后，停止输入尘粒，调节风速，使试验箱内温度升高到特定温度，升温速率参照相关标准，在规定时间内保持上述条件。保持试验箱内温度为指定值，调节风速，继续输入尘粒，使吹尘浓度达到规定值，保持上述条件一段时间。试验结束后，取出试验样品，去除尘粒，并进行外观检查和性能测试。

吹砂试验：吹砂为石英砂，温度、相对湿度、风速和试验持续时间要求参照有关标准。试验前，对试验样品进行相关性能检测。将试品安装在试验箱中，调整试验箱内温度，升温速率和相对湿度参照相关标准，并使试验样品温度稳定。调节好风速，设置吹砂浓度，保持上述条件一段时间。按有关标准规定，改变试品方向重复吹砂。当要求在吹砂试验期间试品工作时，应在试验最后一小时使试品工作，进行性能测试。试验后，取出试品并去除砂尘，进行外观检查和性能测试。

4.4　试验管理

试验是产品研制过程中重要的组成部分，贯穿产品的整个研制和生产过程。飞行控制系统及所属单机的试验主要包含验证试验、摸底试验、专项试验、仿真试验、鉴定试验等。

4.4.1　试验组织与策划

在型号研制策划过程中，针对产品的研制需求策划相关的试验项目，根据试验的性质成立试验工作组，负责组织试验工作的实施。

根据试验的要求编制试验大纲，试验大纲应通过评审方可用于指导试验的进行。试验大纲要明确试验目的、试验环境条件、试验产品技术状态、试验内容与方法、试验步骤、试验计划、试验人员岗位及分工、试验保证条件和安全措施等，具体有如下要求。

（1）试验目的

明确试验目的，如设计验证、设计定型鉴定等。

（2）试验环境条件

试验环境条件是指试验时外部环境条件，具体包括温度、气压、湿度、洁净度、电源品质、接地要求等。

（3）试验产品技术状态

试验产品技术状态是指被试产品的技术状态、批次、数量以及产品的质量要求。

（4）试验内容与方法

包括试验所包含的试验项目，以及各项目所要求的试验条件（包括温度环境、湿度环境、力学等）和试验方法，相关内容可写入试验步骤中。

（5）试验步骤

明确试验中试验项目的先后顺序，细化试验中各岗位人员操作流程和设备工作流程，保证试验有序进行。

（6）试验计划

按照试验步骤和时间要求，制定试验的计划节点。

（7）试验人员岗位及分工

在试验中根据需求设置相应的岗位，并明确相应岗位人员的分工和职责，岗位人员应掌握有关试验的操作规程并经过上岗考核；专业人员和指挥人员需掌握有关专业知识，具有处理现场试验问题的能力。

（8）试验保障条件

试验保障条件包含试验所需要的各种设备、仪器仪表等，试验设备容差应满足 GJB 150 - 86《军用设备环境试验方法》中的规定，并按照有关规定进行定期校核和检定，在使用有效期内，其检定应能追溯到国家最高计量标准，且具有合格结论。对受试产品进行性能测试的各种设备、仪器仪表应具有标定的合格证，并在检定有效期内。所有仪器的精度应优于试验条件允许精度的三分之一。

（9）安全措施

针对试验中人员安全、产品安全和设备安全制定相应的保障措施。人员安全方面要做好用电安全、液压气压系统安全、重物坠落安全，做好防止物体飞出等方面的安全防护；产品安全主要包括过电压、过载、碰撞的防护，以及电气和机械接口的防错；设备安全主要包括电气和机械接口的防错、接地、放置的安全等。

4.4.2　试验过程控制

试验过程包括试验准备阶段、执行阶段和结束阶段。

（1）试验准备阶段

对试验场地、试验产品、试验设备进行检查，应满足试验大纲的要求。试验产品的性能合格，技术状态明确；试验设备应按照有关规定进行定期校核和检定，在使用有效期内，其检定应能追溯到国家最高计量标准且具有合格结论；对参试人员进行培训，使其能够知晓岗位职责，熟练掌握试验步骤和操作规程；落实安全软硬件措施。

（2）试验执行阶段

严格按照试验大纲规定的试验步骤进行试验；及时全面地记录试验中各种信息，包含数据、曲线、音像资料、产品状态、环境条件、使用的设备、仪器仪表、工装、试验运行情况、故障处理情况及参试人员等。在试验中出现故障时应予以记录，同时分析故障的原因，属于非产品故障且对试验产品没有影响的，在排除故障后经各方认可可继续进行试验，出现产品故障时需对该质量问题进行归零，完成归零后方可继续进行试验。

（3）试验结束阶段

妥善处置设备、仪器仪表、工装、被试产品，恢复试验场地，整理试验数据和相关文件资料，为编写试验总结作准备。

4.4.3　试验总结

在试验结束后，根据试验中记录的各类数据、曲线、音像资料、产品状态、环境条件、使用的设备、仪器仪表、工装、试验运行情况、故障处理情况及参试人员等信息进行试验总结，编写试验报告，具体内容如下：

1）试验概况，包括试验目的、时间、地点、环境条件、产品状态、试验周期、设备的工作时间、维修试验、排除故障试验、测试时间、故障的统计与分析、设备的更换和返修情况等；

2）测试参数与记录波形；

3）故障现象与故障原因分析，以及故障归零情况；

4）主要性能参数的统计分析；

5）试验结论；

6）改进建议。

第5章　飞行控制系统实时仿真技术

飞行控制仿真系统是由实物产品、仿真测试计算机、仿真转台及电源和信号适配设备组成的闭环测试系统，能够有效检验飞行控制系统功能、性能指标，其原理如图 4 - 13 所示。其中实物产品包括弹上计算机、惯测组合、舵系统。仿真测试计算机可以由多台计算机组成，分别完成与用户信息交互、弹体模型解算、模拟制导指令计算机发送指令信息或者调参信息、模拟遥测设备接收遥测信息及控制飞行仿真转台等功能。飞行仿真转台用于模拟导弹姿态运动。当惯测组合模块（虚框部分）不接入飞行控制仿真系统时，通过仿真测试计算机模拟惯测组合发送敏感元件信息。信号转接适配装置用于实物产品与测试计算机之间的信号转接或者信号调理，同时方便仿真测试过程中监测信号输出。

5.1　基于 Windows 的飞行控制系统实时仿真技术

5.1.1　Windows 操作系统简介

Windows 操作系统是 Microsoft 公司于 20 世纪 80 年代推出的多任务操作系统，它具有如下特点。

（1）多任务操作系统

多任务操作系统并不将系统全部资源交给运行的应用程序，Windows 仅仅将应用程序需要的，同时系统空闲的资源交给应用程序，系统的资源主要由系统管理。同一台计算机上，在操作系统的协调下多个应用程序可以同时运行。

（2）图形交互界面

Windows 采用图形式用户界面，通过键盘、鼠标等多种方式接受用户输入，利用状态栏、任务栏等多种形式向用户显示系统信息，从而通过多种途径与用户交互。图形界面大大增加了用户和系统交互的内容，图形界面更有利于用户向计算机发送命令，克服命令难以记忆的缺点。

（3）采用事件驱动方式响应用户输入

以事件驱动方式响应用户输入是 Windows 的核心，通过事件驱动方式以实现 Windows 操作系统的多任务运行。因此如何精确地触发事件驱动成为基于 Windows 操作系统实现实时仿真首先需要解决的问题。

由于 Windows 是抢先式、多任务、基于消息传递机制的操作系统，在此平台上运行的应用程序无法实现像 DOS 下的硬件定时中断，也无法实现直接对硬件端口的访问。一般来说，要实现高精度定时，有以下两种方法：

1）使用多媒体定时器（multimedia timers）SetTimerEvent 函数来进行仿真平台的软定时，理论上时间可以精确到 1 ms，函数原型如下：

```
MMREULT   timeSetEvent {
UINT    uDelay,              //定时间隔的毫秒数
UINT    uResolution,          / *系统允许的分辨率最小值，一般可
取 1 毫秒，0 表示最高精度 * /
LPTIMECALLBACK   lpTimerProc,        //回调函数指针
DWORD    dwUser,                //用户提供的回调数据
UINT    fuEvent              //时间事件种类
};
Void CALLBACK TimerProc {        //函数名可以自己定义
UINT uID,                //事件标识
UINT uMsg,               //未用
DWORD dwUser,             //同 timerSetEvent 中的
DWORD dw1,              //未用
```

DWORD dw2 　　　　　　　　　//未用

};

2）利用通用定时器/计数器板卡，来实现平台的定时，用此方法，能更加可靠及精确地完成系统定时。以下以 ADLINK PCI - 8554 板卡为例介绍板卡的使用。

//通过设置 FTimerInterval 的值就能够实现精确定时

highCount ＝（int）（8.0e6 /（1.0 / FTimerInterval））/1000;

// FTimerInterval 为定时周期时间

CTR _ 8554 _ ClkSrc _ Config（0, 11, CK1）;

CTR _ Setup（0, 11, RATE _ GENERATOR, 1000, BIN）;

CTR _ 8554 _ ClkSrc _ Config（0, 12, COUTN _ 1）;

CTR _ Setup（0, 12, RATE _ GENERATOR, highCount, BIN）

5.1.2　Windows 仿真测试实现方法

下面以某型号飞行控制系统动态测试为例说明 Windows 仿真测试实现过程，其中用 ADLINK PCI - 8554 定时器/计数器卡进行 2.5 ms 的精确定时。

5.1.2.1　动态测试硬件组成

动态测试设备由仿真计算机、A/D 转换器、D/A 转换器、RS - 422 通信卡、DIO 卡、定时器、转接箱、设备电源、直流电源、信号适配器和配套软件组成。

（1）仿真计算机

仿真计算机用于完成弹体方程、速率陀螺、加速度表数学模型的编排，舵偏角等信号的采集，速率通道、加速度通道、指令、滚动通道信号的形成和输出，以及数据的保存。

计算机采用标准工业控制 PC 机，机箱内至少有 6 个 PCI 插槽。计算机内插有 A/D 卡、D/A 卡、RS - 422 通信卡、DIO 卡、定时器。

①A/D 转换器

A/D 转换器用于采集敏感元件输出（6 通道）、舵系统输出（4

通道)、舵系统指令（4 通道）。该仿真平台使用的 A/D 转换器为 PCI - 9111 卡，它的通道数为 16 路，分辨率为 16 位。

②D/A 转换器

D/A 转换器用于输出敏感元件模拟仿真信号（6 通道）、舵指令仿真信号（4 通道），以及判别飞行控制系统状态所要用到的俯仰、偏航和滚动三个通道的状态量。该仿真平台使用的 D/A 转换器为 PCI - 6216 卡，它的通道数为 16 路。

③RS - 422 通信卡

RS - 422 通信卡用于仿真计算机与弹上计算机之间的通信，传输飞行控制系统的输入量。

④DIO 卡

DIO 卡用于完成开关量信号的输入、输出，如控制信号的输入、电源接通等信号的输出等，要求具有 12 个以上电隔离式输入通道，以及 12 个以上继电式或电子开关式输出通道。

⑤定时器

定时器卡用于控制驾驶仪的解算周期。

（2）转接箱

转接箱用于各种信号的转接，弹上机、舵机、仿真计算机信号通过电缆与转接箱相连。各电缆信号引到后面板上，前面板为控制按钮。与产品连接的测试电缆从转接箱后面板引出。每根电缆的接口定义与产品相同。

（3）设备电源

试验台使用电源为 AC 220 V±10％，50 Hz。

（4）直流电源

直流电源为产品专用电源，提供驾驶仪舵系统电源，弹上机、信号适配器电源，通过转接箱供给各部分。产品电源有 27 V 和 56 V 两种；其中 27 V 电源为 22～35 V 可调，技术要求如表 5 - 1 所示。

表 5 - 1　27 V 直流电源技术要求

	电压/V	电压稳定度/%	最大电流/A	备注
弹上机	+27	±15	≥2	具有短路保护
舵机	+27	±15	≥2	具有短路保护
敏感元件	+27	±15	≥6	具有短路保护

实验台自备电源指标如表 5 - 2 所示。

表 5 - 2　实验台自备电源指标

电压/V	电压稳定度/%	最大电流/A	备注
±15	±2	≥1	数字显示输出电压，波段开关切换；输出为航空插头；具有短路保护
+5	±2	≥2	数字显示输出电压，波段开关切换；输出为航空插头；具有短路保护
+12	±2	≥6	数字显示输出电压，波段开关切换；输出为航空插头；具有短路保护

（5）信号适配器

信号适配器用于完成各种信号的放大、衰减或转接等功能，路数满足试验系统要求。信号适配器安装于转接箱内。

5.1.2.2　软件运行平台

由于系统要求具有一定的实时控制能力和简明方便的人机界面，软件平台以 Windows XP 为操作系统，选用 C++ Builder 环境语言和 C 语言开发环境作为开发工具，采用定时中断来实现软件的实时性。软件运行平台能够实时采集驾驶仪的输入信号、输出信号、中间信号，并将数据处理结果实时显示在界面上，能够按要求格式将测试结果保存并打印报表。

5.1.3　Windows 仿真测试软件简介

仿真软件分为两部分：主控计算机软件（简称主控软件）和驾驶仪数学模型信息处理软件（简称信息处理软件）。

　　主控计算机软件用于控制试验过程，执行弹体模型、IMU 模型和气动计算，提供与操作员之间的人机接口，负责试验数据的预处理和后处理。

　　信息处理软件用于从主控软件获取试验参数，提供驾驶仪数字控制解算所需的控制指令，以及简单模拟数字控制软件运行所需的软件环境。

5.1.3.1　主控软件体系结构

　　主控软件包括了板卡驱动程序、设备驱动程序类库、业务逻辑类集、UI 类集。

　　板卡驱动程序提供了底层硬件驱动的接口，负责计算机与板卡之间的通信。设备驱动程序类库是完成某一特定板卡控制与上层软件之间接口的软件程序类集，它负责把应用程序给出的指令转换成板卡的驱动指令并进行相应的操作，是基于板卡驱动程序之上并与业务逻辑类集进行通信的中间层，是更为规范的类集。设备驱动程序类库贯彻了面向对象的信息隐蔽和职责分工原则，封装了设备控制板卡的品种、驱动方法；业务逻辑类集提供仿真测试业务过程的实现，与设备驱动程序类库交互，进行仿真测试解算，同时提供各种数据分析、处理、存储等功能；UI 类集是用户和业务逻辑类集之间的接口，提供友好的用户操作界面。这样，板卡驱动程序、设备驱动程序类库、业务逻辑类集、UI 类集自下而上构成了测试系统的软件体系结构，如图 5-1 所示。

5.1.3.2　主控软件仿真流程

　　主控软件实现与操作者的交互，完成测试过程的主调度，完成弹体模型、敏感元件模型的模拟，完成与弹上计算机之间的通信，完成数据的输入与采集，是软件部分的核心。

　　图 5-2 为主控软件主流程图。图 5-3 为主控软件中定时处理函数的流程图。

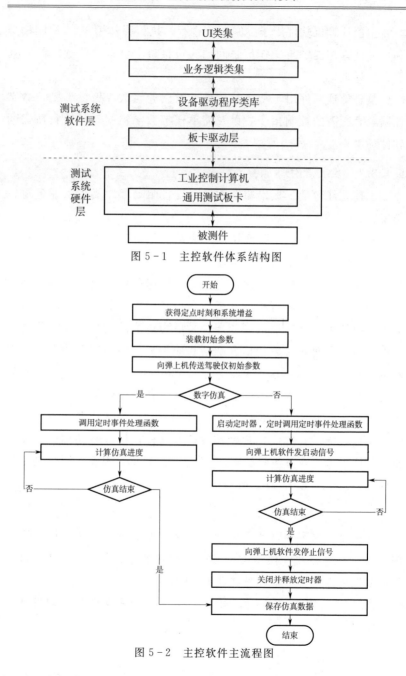

图 5-1　主控软件体系结构图

图 5-2　主控软件主流程图

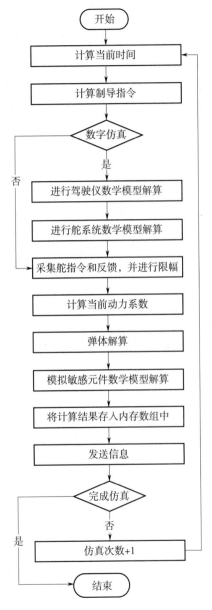

图 5-3　主控软件定时处理函数流程图

5.1.3.3　主控软件的设计

在飞行控制系统设计阶段，需不断地对其中的模型参数及实现算法等方面进行修改，以达到要求。为了缩短飞行控制系统的设计时间，方便快捷地修改代码成为系统软件必须具有的功能。另外，随着同类型的测试系统越来越多，设计出一套复用性高的测试软件也成为该套软件的设计目标，而可复用面向对象的软件设计模式很好地满足这二点需求。

设计模型是可复用面向对象软件设计的基础，能够帮助设计者做出有利于系统复用的选择，避免设计损害系统复用性。通过提供一个显式类和对象作用关系以及它们之间潜在联系的说明规范，提高已有系统的文档管理和系统维护的有效性，使设计者更加方便地复用成功的设计和体系结构。以下举例说明主控软件的体系结构，图 5 - 4 为主控软件的总类图。

（1）定时器线程类模块的设计

定时器线程类模块的设计中引入了 C++ Builder 独有的线程类 TThread 的概念，TThread 是所有其他线程类的父类。它封装了线程的建立、管理等多种线程常用功能。在仿真过程中，为了防止意外情况（仿真出错或拉偏倍数高导致执行机构剧烈运动）的出现，界面上设置了急停按扭，用于保护产品及设备的安全。如果不使用多线程技术，程序在进行计算处理时没有界面响应性，或界面响应性极差。而采用多线程的技术后，把计算任务放到子线程中，程序的界面响应性能将大大提高。

在 C++ Builder 中使用多线程对象 TThread 的步骤如下：

1）定义 TThread 的子类，子类继承了父类 TThread 中的多线程支持成员函数，子类必须重载 TThread 的 Execute（）成员函数，在子类的 Execute（）函数中提供线程对象执行的代码；子类可以有自定义的构造函数，如果子类在构造函数中申请了资源，必须提供析构函数释放资源。

2）用自定义的 TThread 的子类声明线程对象，用对象的成员函

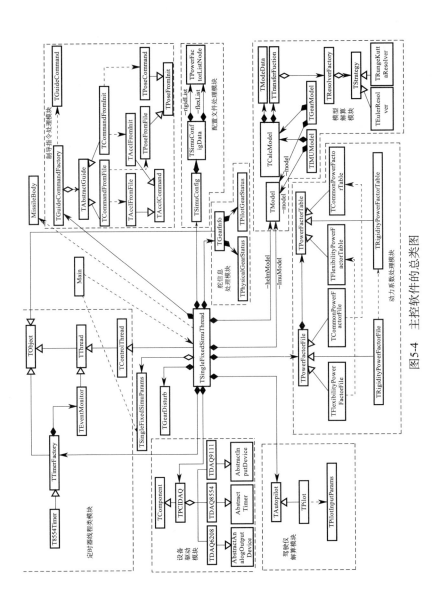

图5-4 主控软件的总类图

数控制线程的状态。

以下是仿真过程控制类 TSingleFixedSimuThread 的定义代码：

```
class TSingleFixedSimuThread：public TControlThread
{
Protected：
        void _ fastcall Execute ()；
    public：
        _ fastcall TSingleFixedSimuThread (bool CreateSuspend-
ed)；
}；
class TControlThread ：public TThread
{
    Protected：
        bool stopped；
        void _ fastcall Execute ()；
    public：
        _ fastcall TControlThread (bool CreateSuspended)；
        bool _ fastcall isStopped ()；
}；
```

以下是类实现代码，可以看到构造函数的布尔量形参传给 TThread 的构造函数。TThread 的构造函数，只有一个布尔量形参，所以子类的构造函数必须显示调用父类的带参数的构造函数。如果实参的值为 false，线程对象生成后处于可运行状态；若实参的值为 true，则线程对象生成后处于挂起状态，必须调用 Resume () 方法才能使线程对象切换到可运行状态。线程的任务处理代码调用添加在 Execute () 方法中，当处在可运行状态的线程被调度成运行状态时，这个方法中的代码就会被顺序执行，当这些代码执行完毕后线程对象处于僵死状态。

```
_ fastcall TSingleFixedSimuThread ：：TSingleFixedSimuThread
```

```
(bool CreateSuspended)
    : TControlThread(CreateSuspended)
{

}
_ fastcall TControlThread: : TControlThread (bool CreateSuspend-
ed)
    : TThread(CreateSuspended)
{
    stopped = false;
}
void _ fastcall TSingleFixedSimuThread: : Execute ()
{
    //- - - - Place thread code here - - - -
    //启动、设置 8554 定时器，并设置定时事件处理程序
        ……
    //关闭定时器
        ……
stopped = true;
}
void _ fastcall TControlThread: : Execute ()
{
    //- Place thread code here -
    stopped = true;
}
    客户端为:
TSingleSimuThread  * simuThread;
void _ fastcall SpeedButton1Click (TObject  * Sender)
{
```

```
    simuThread ->Resume ();
}
```

（2）模型解算模块的设计

由于模型中存在很多微分方程的运算，而算法却不唯一，可以是欧拉和龙格-库塔法等。软件针对这种情况采用了设计模式的一种——策略模式，策略模式是对算法的包装，是把使用算法的责任和算法本身分割开，委派给不同的对象管理。这样运算方法可以动态地在开发包几种算法中选择一种。这个模式涉及到三个角色：

1）环境角色：即为图 5-5 中的环境类 TResolverFactory，持有一个 TStrategyModel 的引用。

2）抽象策略角色：即为图 5-5 中的抽象类 TStrategyModel，此角色给出所有具体策略类所需的接口。

3）具体策略角色：即为图 5-5 中的龙格-库塔实现类 TRungeKuttaResolver 和欧拉实现类 TEulerResolver，实现了具体的算法。

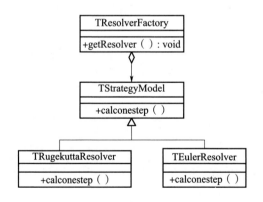

图 5-5　模型解算模块的结构图

```
//欧拉实现类
class TEulerResolver：TStrategyModel
{
    //欧拉实现方法
```

```
    public void calcOneStep ();
    {
    }
}
//环境类
class TResolverFactory
{
    TStrategyModel StrategyModel;
    public TResolverFactory (TStrategyModel StrategyModel)
    //通过构造方法，传入具体的算法实现方法
    {
        this. StrategyModel = StrategyModel;
    }
    public void getResolver ()
    {
        StrategyModel. calcOneStep ();
        //根据实现方法选择龙格库塔还是欧拉
    }
}
```

　　从类总图中可以看出客户端为：

```
void TTransferFunction ()
{
    TResolverFactory ResolverFactory;
    ResolverFactory =new ResolverFactory (new TRungeKuttaRe-
solver ());
    ResolverFactory. getResolver ();
    //根据龙格库塔法进行微分方程的解算
    ResolverFactory = new ResolverFactory (new TEulerResolver
());
```

ResolverFactory. getResolver ();

//根据欧拉法进行微分方程的解算

}

以上程序可以看出，在客户端只要实例化不同的算法策略，就可以进行不同的算法解算，如需添加新的算法时，只需添加具体策略角色，在客户端实例化即可。使用这种模式可以方便地进行算法的切换及增加，避免了多重条件转移语句的使用，修改时可以不必接触到复杂的算法内部数据。

（3）设备驱动模块的设计

软件采用 A/D、D/A、定时器 8554 等板卡作为外围辅助接口进行通信，而外部板卡种类繁多，为了降低系统的复杂性，使仿真测试过程与板卡之间的相互依赖关系达到最小，提高设备驱动模块的独立性和可移植性，系统引用了外观模式。图 5 - 6 中，外观类 TPCIDAQ 承担了与各个板卡打交道的任务，而测试过程控制类 TSingleFixedSimuThread 只需要与外观对象 TPCIDAQ 通信即可。它使测试过程与板卡之间的关系变得简单和易于管理。当外部板卡发生变化时，只需要开发 TPCIDAQ 与具体板卡之间的交互，了解 TPCIDAQ 的接口，测试过程控制类 TSingleFixedSimuThread 直接调用这些接口即可，无须修改整个代码结构，简化了系统在不同平台之间的移植过程。

从图 5 - 6 中可以清楚地看出整个模式的工作流程。

以下通过代码来具体说明外观模式的设计。由于如今板卡种类繁多，能够实现 A/D、D/A、定时器功能的板卡不只一种，所以代码中设计了 DA 抽象父类 AbstractAna0ogOutputDevice、AD 抽象父类 AbstractAnalogInputDevice、定时器抽象父类 AbstractTimer，以便以后板卡的扩展或更新。

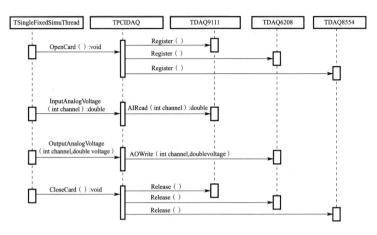

图 5 - 6　设备驱动模块的时序图

```
//外观类
class TDAQFacade
{
    /*该类中需列出所有子系统的各类操作，进行组合，以备外界
操作*/
    AbstractAnalogOutputDevice dacCard;
    AbstractTimer timerCard;
    AbstractAnalogInputDevice adcCard;
    Public TDAQFacade()    //实例化相应的板卡实现方法
    {
        dacCard = new TDAQ6208();
        adcCard = new TDAQ9111();
        timerCard = new TDAQ8554();
    }
    public void openCard()
    {
        dacCard. register();
```

```
            timerCard. register ();
            adcCard. register ();
        }
        public void closeCard ()
        {
            dacCard. Release ();
            timerCard. Release ();
            adcCard. Release ();
        }
        public double inputAnalogVoltage (int channel)
        {
            return adcCard. AIRead (int channel);
        }
        public ontputAnalogVoltage (int channel, double volt)
        {
            dacCard. AOWrite (int channel, double volt);
        }
}
//DA 操作类
class TDAQ6208 : public AbstractAnalogOutputDevice
{
    void register ()
    {
    }
    void Release ()
    {
    }
    AOWrite (int channel, double volt)
    {
```

```
    }
}
//AD 操作类，该类中罗列该板卡的具体操作
class TDAQ9111 ：public AbstractAnalogInputDevice
{
    void register ()
    {
    }
    void Release ()
    {
    }
    double AIRead (int channel)
    {
    }
}
/* 定时器 8554 操作类，该类中罗列该板卡的具体操作，跟 DA 同
理，设计了抽象父类 AbstractTimer */
class TDAQ8554 ：public AbstractTimer
{
    void register ()
    {
    }
    void Release ()
    {
    }
    startTimer ()
    {
    }
}
```

（4）指令生成模块的设计

从图 5-7 可以看出，制导指令生成模块使用了抽象工厂模式。制导指令分为姿态指令和过载指令，另外生成指令的方式包括从文件读取和装定初始指令。

根据这种情况，软件运用了抽象工厂模式与策略模式组合的方式，抽象工厂模式的定义是提供一个创建一系列相关或相互依赖对象的接口，而无须指定它们具体的类。如图 5-7 所示，类 TGuide-CommandFactory 里面包含了实例化指令生成的方式，决定指令生成策略。类 TAbstractGuide 是抽象工厂接口，里面包含了所有的产品创建的抽象方法。TCommandFromFile 和 TCommandFromInit 为具体的工厂，创建具有特定实现的产品对象，当增加新的指令生成方式时，应增加一个具体的工厂。TAcclCommand 和 TPoseCommand 是抽象产品，它们分别有两种不同的指令生成方法，即文件读取和装定初始指令方式。TAcclFromFile、TAcclFromInit、TPoseFromFile、TPoseFromInit 是对两个抽象产品的具体分类的实现。运用这种模式，使得交换、增加指令生成形式变得方便，只需在 TGuideCommandFactory 中增加相应的策略，增加具体工厂创建具有特定实现的产品对象。

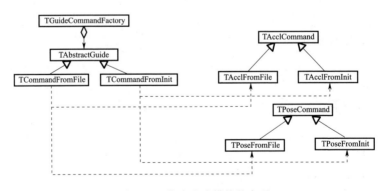

图 5-7　指令生成模块的实现

以下为各个类的实现：

```
{
    //实现过载指令读取初始值的算法
    getAcclCommand（）；
}
class TPoseFormFile ：TPoseCommand
{
    //实现从文件中读取姿态指令的算法
    getPoseCommand（）；
}
class TPoseFormInit ：TPoseCommand
{
    //实现姿态指令读取初始值的算法
    getPoseCommand（）；
}
//客户端代码
calcGuideCommand
{
    TGuideCommandFactory　GuideCommandFactory　=　new
TGuideCommandFactory（"从文件读取"）；

    TGuideCommandFactory　GuideCommandFactory　=　new
TGuideCommandFactory（"读取初始值"）；

    TAcclCommand　getAcclCommand　=　GuideCommandFacto-
ry. acclCommand（）；
    TPoseCommand　getPoseCommand　=　GuideCommandFacto-
ry. poseCommand（）；
}
```

5.1.3.4　信息处理软件的仿真流程

信息处理软件提供控制算法的软件运行平台，包含对飞行控制系统的调用。输入由主控计算机给出，输出为给舵机的四个舵指令。

图 5 - 8 为信息处理软件的主流程图，图 5 - 9 为信息处理软件的定时处理函数的流程图。

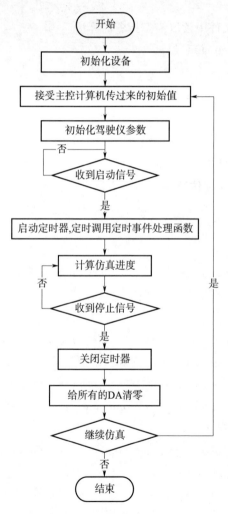

图 5 - 8　信息处理软件主流程

5.2　基于 VxWorks 的飞行控制系统实时仿真技术

5.2.1　VxWorks 操作系统简介

VxWorks 是美国 Wind River（风河）公司推出的一款运行在目标机上的高性能、可裁剪的嵌入式实时操作系统，具有高可靠性和强实时性。VxWorks 是一种功能强大而且比较复杂的操作系统，具有进程管理、存储管理、设备管理、文件系统管理网络协议及系统应用等功能。VxWorks 占用很小的内存空间，并可高度剪裁，最小占用空间为 8 kbyte，保证了系统能以较高的效率运行。

VxWorks 可支持多种不同体系结构的 32 位 CPU，包括 X86 系列、Motorola 公司的 68k、PowerPC、MIPS、ARM、Intel 公司的 i960、Hitachi 公司的 SH 等。

VxWorks 实时操作系统具有如下特点。

（1）高性能的微内核设计

处于 VxWorks 嵌入式实时操作系统核心的是高性能的微内核 wind。这个微内核支持所有的实时特征：快速任务切换、中断支持、抢占式和时间片轮转调度等。微内核设计减少了系统开销，从而保证了对外部事件的快速、确定的反应。

运行环境也提供了有效的任务间通信机制，允许独立的任务在实时系统中与其行动相协调。开发者在开发应用程序时可以使用多种方法：用于简单数据共享的共享内存，用于单 CPU 的多任务间信息交换的消息队列和管道、套接口，用于网络通信的远程过程调用，用于处理异常事件的信号等。为了控制关键的系统资源，提供了三种信号灯：二进制、计数、有优先级继承特性的互斥信号灯。

（2）可裁剪的运行软件

VxWorks 之所以设计为具有可裁剪性，是为了使开发者能够根据自己的应用程序需要，而不是根据操作系统的需要，来分配稀少的内存资源。从需要几个 kbyte 字节内存的深层嵌入式设计到需要更多操作系统功能的复杂高端实时系统，开发者也许需要从 100 多个不同的选项中进行选择，以产生上百种的配置方式。许多独立的模块都是在开发时要使用，而在产品中却不再使用。

　　而且，这些子系统本身也是可裁剪的，这样就允许开发者为最广泛的应用程序进行更为优化的 VxWorks 运行环境配置。例如，如果应用程序不需要某些功能模块，就可以将它移出 ANSI C 运行库；如果应用程序不需要某些特定的内核同步对象，这些对象也可以忽略。还有，TCP、UDP、套接口和标准 Berkeley 服务也可以根据需要将之移出或移入网络协议栈。

　　（3）综合的网络工具

　　VxWorks 是第一个支持工业标准 TCP/IP 的实时操作系统。创新的传统伴随着 VxWorks TCP/IP 协议栈，它支持最新的 Berkeley 网络特性，包括：

　　1）IP，IGMP，CIDR，TCP，UDP，ARP；

　　2）RIP v. 1/v. 2；

　　3）Standard Berkeley sockets and zbufs；

　　4）NFS client and server，ONC，RPC；

　　5）Point - to - Point Protocol；

　　6）BOOTP，DNS，DHCP，TFTP；

　　7）FTP，rlogin，telnet，rsh。

　　（4）兼容 POSIX 1003.1b 标准

　　VxWorks 支持 POSIX 1003.1b 的规定和 1003.1 中有关基本系统调用的规定，包括：过程初始化、文件与目录、I/O 初始化、语言服务、目录处理；而且 VxWorks 还支持 POSIX 1003.1b 的实时扩展，主要包括：异步 I/O、记数信号量、消息队列、信号、内存管理和调度控制。

　　（5）平台移植性好

　　WindRiver 还提供现成的一整套的商业和分析板。VxWorks 开放的设计具有高度的可移植性，并且支持几乎所有的处理器，这样，应用程序就可以在不同的体系结构之间毫不费力地移植。

（6）方便地移植到用户硬件上

能否将操作系统和应用程序以一种合适的方式进行移植是嵌入式软件开发方面的关键。如果事先就考虑了操作系统和应用程序代码的可移植性，那么这个过程就会变得非常容易。这需要明确划分低级的依赖于硬件的代码，以及高级的应用程序和操作系统代码，这样，移植时只需要改变整个依赖于硬件的低级代码，而不需要改变操作系统和应用程序。

依赖于硬件的这一层称为板极支持包（board support package，BSP）。板极支持包是运行 VxWorks 任何目标板都需要的。BSP Developer's Kit 使开发者很容易地在用户硬件上使用 VxWorks；如果使用商业硬件，WindRiver 提供了 2 000 个板极支持包。当为用户板开发板极支持包时，开发者可以获得大量的标准设备驱动程序，这些程序对应于所有的目标体系。

（7）操作系统选件

操作系统选件产品为开发者提供了意想不到的特性和操作系统扩展。这些选件主要包括：

1）板极支持包开发工具（BSP Developer's Kit）；

2）支持图形应用程序；

3）支持虚拟内存管理 VxVMI；

4）支持多处理的 VxMP、VxDCOM 和 VxFusion。

5.2.2　VxWorks 仿真测试实现方法

实现 VxWorks 仿真测试，需要了解 VxWorks 程序开发调试方式。首先介绍 VxWorks 操作系统的启动方式，然后介绍应用程序开发调试环境，最后介绍 VxWorks 仿真测试实现方法。

5.2.2.1　VxWorks 启动方式

VxWorks 启动方式分为下载型和 ROM 型两种方式。

下载型启动方式：bootrom 引导程序＋VxWorks 内核映像（操作系统本身）。该种模式下，目标系统中仅驻留 bootrom 引导程序，VxWorks 内核映像需要通过串行接口或者网口下载。bootrom 引导程序预先烧入目标系统 ROM 或者 FLASH 中，目标系统上电启动时首先跳转到 ROM 或者 FLASH 起始地址处运行 bootrom 引导程序，该引导程序进行必要的初始化，如串口、网口等，为下载 VxWorks 内核映像作准备，然后再通过串口或者网口下载 VxWorks 内核映像到目标系统 RAM 中。

ROM 型启动方式：VxWorks 内核映像直接从 ROM 启动。VxWorks 映像预先烧入目标系统，无 bootrom 引导程序存在。

上述两种启动方式适用于不同的应用需求，下载型启动方式适用于产品研制开发阶段，此时 BSP 由于产品研制的某些不确定性因素而经常变更，因此，产品开发时根据不同的需求下载不同的 VxWorks 内核映像。ROM 型启动方式适用于产品研制状态相对固定的阶段，此时，VxWorks 内核映像相对稳定，不需要频繁变更，可以将 VxWorks 内核映像固化到目标系统 ROM 中。

5.2.2.2　VxWorks 应用系统开发环境

Tornado 是实时操作系统 VxWorks 的开发平台，它包括一套完整的面向嵌入式系统的开发和调试工具，集成了编辑器、编译器、调试器于一体的高度集成的窗口环境，给嵌入式系统开发人员提供了一个不受目标机资源限制的超级开发和调试环境。Tornado 开发系统包含三个高度集成的部分：运行在目标机上的高性能、可裁剪的实时操作系统 VxWorks；运行在主机的强有力的交叉开发工具和实用程序，可对目标机上的应用程序进行跟踪和调试；连接主机和目标机的多种通信方式，如：以太网、串口线、ICE 或 ROM 仿真器等。Tornado 环境采用主机-目标机交叉开发模型，应用程序在主机的 Windows 环境下编译链接生成可执行文件，下载到目标机，通过主机上的目标服务器（Target Server）与目标机上的目标代理程序（Target Agent）的通信完成对应用程序的调测、分析。Tornado 集成开发环境运行机制如图 5-11 所示。

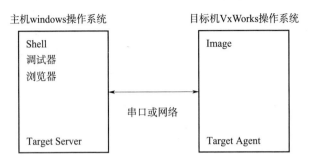

图 5-11　Tornado 集成开发环境运行机制

　　利用 Tornado 集成开发环境可以对 VxWorks 应用程序进行编辑、编译及调试，并最终生成 Downloadable 型工程（生成的映像文件不包括 VxWorks 内核，一般为 .out 格式文件，所以不能在目标板上自动运行。它要求目标板上要有固化的 bootrom 通过网络或串口下载 VxWorks 内核到目标板，并建立相关的运行环境。然后通过宿主机上的 Target Server 下载到目标机上运行。所以它一般用在工程调试阶段或者 bootable 型工程（经编译后生成的映像文件已经包括了 VxWorks 内核，可直接在目标板上完成自启动、装入内核并运行应用程序，一般用于产品状态相对固定的阶段），用于仿真测试。

　　Tornado 集成开发环境可以对工程中的每个文件进行编辑，如图 5-12 所示。

　　Tornado 集成开发环境的集成编译环境如图 5-13 所示。

　　通过使用 Tornado 集成开发环境可以设置断点，监测变量值、变量地址及函数调用情况等，调试界面如图 5-14 所示。

　　Tornado 集成开发环境可以生成 Downloadable 型工程或者 bootable 型工程，如图 5-15 所示。

　　Tornado 集成开发环境可以生成调试程序所必需的 Bootrom 程序，如图 5-16 所示。

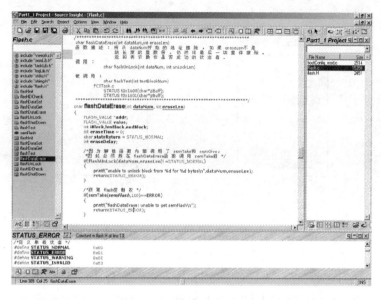

图 5-12　Tornado 集成开发环境的程序编辑功能

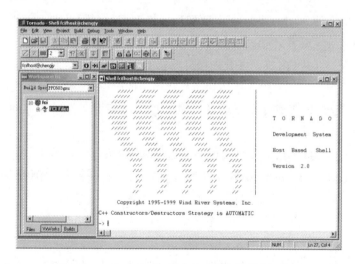

图 5-13　Tornado 集成开发环境的集成编译环境

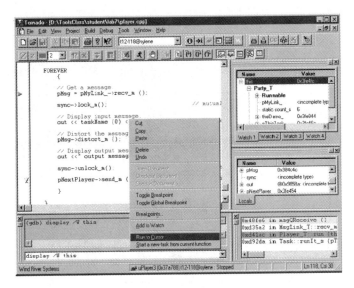

图 5 - 14　Tornado 集成开发环境的调试界面

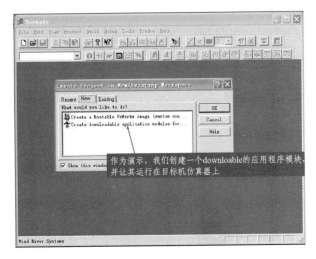

图 5 - 15　Tornado 集成开发环境生成工程情况

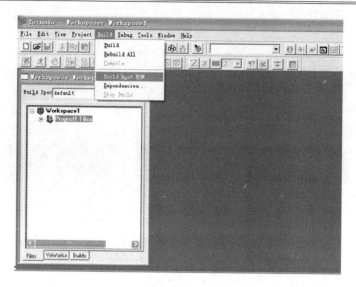

图 5 - 16　Tornado 集成开发环境可以生成 bootrom

5.2.2.3　仿真测试实现方法

基于 VxWorks 的仿真测试系统一般为主控机-目标机结构。基于 VxWorks 的飞行控制系统仿真测试系统原理框图如图 5 - 17 所示。

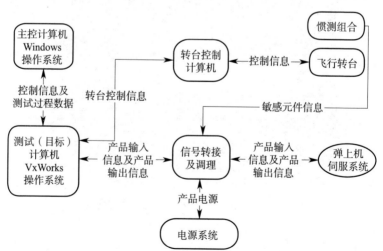

图 5 - 17　基于 VxWorks 操作系统的飞行控制系统仿真测试系统原理框图

基于 VxWorks 操作系统的飞行控制系统仿真测试系统由主控计算机、测试（目标）计算机、信号转接及调理设备和电源系统组成。

主控计算机用于人机交互、控制测试流程、实时绘图、保存及回显测试数据、测试（目标）计算机程序和开发调试等功能（主控程序），采用传统的 Windows 操作系统，由于没有实时性要求，主控计算机采用普通的商用电脑或者笔记本电脑均可。测试（目标）计算机用于实现弹体模型解算、串行数据通信、模拟量数据采集及测试过程数据上传等功能（仿真程序），这些任务实时性要求高，采用 VxWorks 实时操作系统。飞行控制系统数字解算周期定时由定时器板卡产生，同时测试（目标）计算机采用 PXI 总线规范提高硬件可靠性，配备串行通信板卡、模拟数据采集板卡、模拟数据输出板卡、定时器计数器板卡及开关量输入输出板卡等板卡，生成产品输入信息及采集产品输出信息。主控程序接收用户输入信息，形成控制信息发送给测试（目标）计算机上的实时仿真程序，实时仿真程序按照主控程序要求启动电源系统给产品供电，生成测试信息（模拟指令信息、模拟惯测组合信息等），并发送给实物产品（惯测组合在回路时还要发送转台控制信息给转台控制计算机），同时采集产品输出信息，并转发给主控程序用于测试信息显示及测试结果计算。仿真程序一旦接收到主控程序的停止信息时，即停止当前测试，关闭电源系统。

由于主控计算机为 Windows 操作系统，这里不深入讨论基于 Windows 的主控程序开发，着重讨论基于 VxWorks 的仿真程序的开发。

在产品研制初期，仿真程序会随着产品功能变更而变更，此时仿真程序的开发方法为：

1）在主控计算机上通过 Tornado 环境将经过配置的 bootrom 引导程序烧入目标机 ROM 或者 FLASH，用于引导 VxWorks 内核映像；

2）通过串行接口或者网络将 VxWorks 内核映像下载到目标机；

3）利用 Tornado 环境生成 Downloadable 型工程，并下载到目标机；

4）在主控计算机上通过 Tornado 环境调试，跟踪 Downloadable 型工程，即调试仿真程序。

在产品技术状态相对确定的阶段，同样可以采用上述的 Downloadable 下载方式，也可采用下述方法：

利用 Tornado 环境生成 bootable 型工程，将 bootable 型工程编译、链接后生成的 .hex 映像文件烧入目标机，.hex 映像文件已经包括了 VxWorks 内核，可直接在目标机上完成自启动、装入内核并运行应用程序等功能。

Core Duo L2400 1.66 GHz 系统中，中断响应时间为 10 μs 以内，任务切换时间为 10 μs 以内。

5.2.2.4　基于 VxWorks 操作系统应用实例

以某型号飞行控制系统仿真平台为例，阐述 VxWorks 实时仿真系统的工作机制，构成框图如图 5-18 所示。该平台采用主控机-测

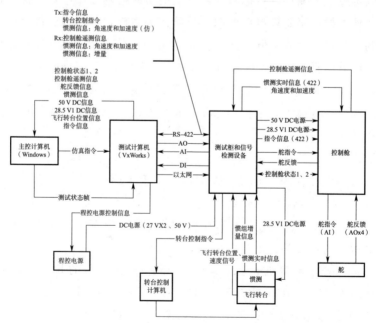

图 5-18　飞行控制系统仿真平台实物构成框图

试（目标）机结构，主控计算机运行 Windows XP 操作系统，用于开发并运行主控程序，实现用户交互、实验过程管理等功能。目标机运行 VxWorks 实时操作系统，生成 2.5 ms 精确定时，接收主控计算机发送的测试命令，并完成相应实时仿真任务，将测试过程数据回传给主控计算机。配套设备有信号转接箱、信号处理箱、供电电源、飞行转台。测试项目包括系统自检、惯测组合特性分析、舵系统测试、驾驶仪静态测试、驾驶仪动态测试及控制舱静态测试。

（1）飞行控制系统仿真平台功能图

飞行控制系统仿真平台实现的功能如图 5 - 19 所示。

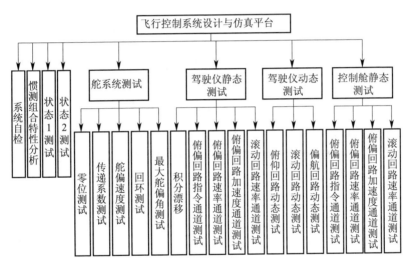

图 5 - 19　飞行控制系统仿真平台功能图

（2）飞行控制系统仿真平台硬件组成

①主控计算机

个人电脑：酷睿 2、2 G 内存、500 G 硬盘；100 M/1 000 M 以太网；Windows XP Professional。

②测试计算机

CL11 LHB00101：Core Duo L2400 1.6 GHz、1 GB DDR2、1 GB compact flash；定制的 VxWorks 6.x 镜像；反射内存卡 PMC -

5565PIORC-110000；模拟量输出卡 CPCI-6216V；串口卡 MIC-3612/3；开关量 IO 卡 CPCI-7248；模拟量输入卡 PXI-2205；计数器/时钟卡 AcPC482。

③信号处理单元

完成大功率电源的电平调理，驱动电源通断。

④信号转接箱

仿真测试设备与用户设备的信号接口匹配，同时引出需要关注的测试端子。

⑤电源转接箱

电源转接及紧急停止按钮。

⑥小功率电源

N6774A＋6701A：为控制舱及惯测提供电源。

⑦大功率电源

EA-PS8080-340：为舵系统提供电源。

⑧飞行转台

飞行转台用于模拟弹体角运动，惯测组合安装在飞行转台上，敏感输出相应的角速度。

（3）飞行控制系统仿真平台软件组成

飞行控制系统仿真平台软件构成如图 5-20 所示。

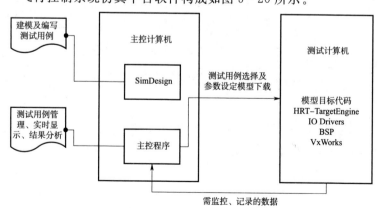

图 5-20 仿真平台软件构成

①VxWorks 镜像

针对飞行控制系统仿真平台定制的 VxWorks 镜像，包括测试用例运行环境、I/O 模块库、异步模块库、计时模块库、网络通信库等。

定制的 VxWorks 镜像为测试用例的运行提供了运行环境，包括 VxWorks 的一些基本操作。

②目标支持模块 HRT – TargetEngine

目标机支持模块 HRT – TargetEngine，运行于 VxWorks 操作系统之上的仿真引擎。

HRT – TargetEngine 功能包括：

1）多连接管理：支持多台监控终端通过以太网连接目标机，自动监测连接状态并更新目标机状态；

2）多启动方式：支持目标机启动后进入空闲状态，等待主机加载模型，也支持目标机启动后自动加载模型，直接进入运行状态；

3）提供命令响应服务，接收主机控制消息并响应；

4）提供 FTP 文件传输服务；

5）提供数据存储服务；

6）提供数据组播服务、参数更新服务；

7）集成硬件驱动库，实现板卡的即插即用；

8）集成经过裁剪的操作系统映像。

③C 程序开发软件 SimDesign

SimDesign 是针对定制的 VxWorks 镜像开发测试用例的工具，提供 C/C++语言的建模环境，用户仅需将模型代码添加到框架代码的接口函数中，并配置运行环境，即可通过 SimDesign 软件生成目标计算机中周期运行的模型代码。对于 Simulink 模型，可以用 MATLAB 内置的 ert.tlc 进行编译，然后将其生成的源文件导入到 SimDesign。

SimDesign 将 VxWorks 底层函数进行封装，在此开发工具下新建的工程，即包含一些常用的接口。

（a）HwaMdlInitialize 函数

fmiStatus HwaMdlInitialize（）

函数说明：

执行模型的初始化工作，模型调度模块在模型开始运行前调用该函数，用户可以将模型变量的初始化工作放在此函数中实现。

返回值：

fmiOK：模型初始化成功，退出后进入仿真周期；

其他值：模型初始化失败，退出仿真。

参数：

无。

（b）HwaMdlTerminate 函数

void HwaMdlTerminate（）

函数说明：

执行模型的清理工作，模型调度模块在模型停止后仿真结束前调用该函数。

返回值：

无。

参数：

无。

（c）HwaMdlOutputs 函数

void HwaMdlOutputs（unsigned long ulTid, unsigned long ul-Rate, unsigned long ulStepSize, long long llTickCount）；

函数说明：

模型调度模块每个 Tid 步长调用该函数一次，模型实现函数，执行模型的计算工作。用户可以将模型计算工作放在该函数中实现，并向该函数传入仿真计算步长（即周期解算步长）。

返回值：

无。

参数：

```
        int i = 0;
        semTimeout = semBCreate (SEM _ Q _ FIFO, SEM _
EMPTY);
    if (NULL == semTimeout)
    {
        printf ("%s (Line:%d): Create Sem Failed! \ n", _
FUNCTION _ , _ LINE _ );
        return;
    }
    while (runflag==0)
     {
    printf (" \ i am the test task, clock rate:%d \ n", sy-
sClkRateGet ());
    taskDelay (sysClkRateGet ());
    }
    for (; i<10; i++)
     {
        semTake (semTimeout, 60 * 5); //超时 5 秒钟
        printf (" \ i am the test task, timeout:%d \ n", i);
    }
    printf (" test task exit \ n");
}
taskId = taskSpawn (" Test",              //任务名
                TASK _ PRI,               //优先级
                0,                        //任务选项
                TASK _ STACK _ SIZE,      //任务堆栈
                (FUNCPTR) taskTest,       //函数入口
                i,                        //arg1
                0,                        //arg2
```

```
                0,                           //arg3
                0,                           //arg4
                0,                           //arg5
                0,                           //arg6
                0,                           //arg7
                0,                           //arg8
                0,                           //arg9
                0);                          //arg10
    if (taskId = = ERROR)
        {
            printf ("%s (Line:%d): Task Create Failed! \ n", _
FUNCTION _ , _ LINE _ );
            return ERROR;
        }
```

（b）任务间通信

VxWorks 任务间通信主要包括信号量、信号机制、消息队列、管道通信、网络 socket 通信。

信号量的主要用途是互斥和同步；信号机制用于通知一个任务某个事件的发生，类似于中断；消息队列内核为一个结构数组，适用于任务间传递较多信息；管道相比消息队列提供一种更为流畅的任务间信息传递机制，可以像文件那样进行读写，是一种流式消息机制；网络 socket 通信是一种特殊的任务间通信机制，用于联网的任何两台计算机上的两个任务。

（c）定时

VxWorks 提供 IEEE 的 POSIX 1003.1b 标准定时器接口。使用这种定时器机制，在指定的时间间隔后，任务向自身发信号。定时器建立在时钟和信号之上。程序可以创建、设置和删除一个定时器。当定时器到达期限，将向任务发送默认的信号（SIGALRM）。

使用 timer 的一般流程

/＊ 创建定时器 ＊/

if（timer＿create（CLOCK＿REALTIME，0，&mytimer）＝
＝ERROR）

return（ERROR）；

/＊ 用户程序与定时器相连 ＊/

if（timer＿connect（mytimer，（VOIDFUNCPTR）my＿han-
dler，0）＝＝ERROR）

return（ERROR）；

/＊ 设置定时器值 ＊/

if（timer＿settime（mytimer，0，&value，0）＝＝ERROR）

return（ERROR）；

/＊ 一段延时 ＊/

○○○○○○

/＊ 删除定时器 ＊/

if（timer＿delete（mytimer）＝＝ERROR）

return（ERROR）；

④主控测试程序

1）用户管理：对登录飞行控制系统设计与仿真系统的用户进行
管理，包括添加用户、删除用户、密码管理；

2）权限管理：根据登录的用户权限，对其操作进行审核，仅允
许被许可的操作；

3）测试用例管理：对飞行控制系统设计与仿真系统的所有测试
用例进行管理，包括新建测试用例，对测试用例的测试状态帧进行
配置和装定，保存修改好的测试用例，以及打开既有的测试用例；

4）测试用例执行管理：下载指定的测试用例到测试计算机，并
通过相应的指令命令测试计算机加载和执行测试用例；

5）过程数据监控：对指定的试验过程数据进行监视，监视形式
可以是数值形式，也可以是曲线形式；同时也可以根据需要对必要
的测试状态参数进行在线调整；

6）记录测试数据：在试验过程中，根据配置，记录指定的试验过程数据；

7）结果分析及报告生成：试验结束后，根据试验过程数据进行分析，得出试验结果，并生成试验报告；

8）分析试验数据：试验结束后，对记录下来的试验数据进行离线分析，可以以数值形式查看数据的全部历史过程，也可以以曲线的形式查看数据的变化规律和趋势。

（4）测试模块的实现

以控制舱静态测试模块为例，对其实现进行说明。控制舱静态测试的测试流程如图 5 - 21 所示。

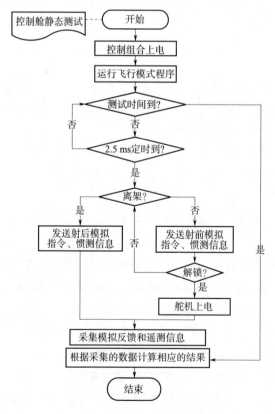

图 5 - 21　控制舱静态测试流程图

1）用 SimDesign 创建可运行在目标机的 . out 文件及模型信息
. smi 文件。

在 SimDesign 下创建新工程 ControlCab _ Static _ Test，新建后
的 工 程 默 认 有 HwaMdlFmi. cpp、HwaSimMRI. cpp、Exter-
nalDef. h、HwaMdlDefine. h、ControlCab _ Static _ Test. mdf 及
ControlCab _ Static _ Test. smi 文件。

HwaMdlFmi. cpp 为 SimDesign 自 动 生 成 文 件，HwaSim-
MRI. cpp 为流程实现文件，HwaMdlDefine. h 中定义传入测试的参
数，ExternalDef. h 中定义测试过程中实时监视的参数，在 Control-
Cab _ Static _ Test. smi 设置相关接口变量，如图 5 - 22 所示，类型
中显示参数的为输入变量，类型中显示为变量的为输出变量，即实
时监视的变量。

C变量名	数据类型	名称	类型	采样率
Power_Scram	char	急停	参数	1倍
Set_Power_Rudder_Voltage	double	控制舵舵机电压设置	参数	1倍
Set_Power_Rudder_Current	double	控制舵舵机电流设置	参数	1倍
Set_Power_ControlCab_V...	double	控制舱电压设置	参数	1倍
Set_Power_ControlCab_C...	double	控制舱电流设置	参数	1倍
Current_ControlCab_Rud...	double	控制舵舵机输出电流	变量	1倍
Current_ControlCab_Pow...	double	控制舱输出电流	变量	1倍
g_SystemTestMode.fixTime	double	测试模式-定点时间	参数	1倍
g_SystemTestMode.time	double	测试模式-二脉冲点火时刻	参数	1倍
g_SystemTestMode.state1	unsigned short	测试模式-导弹状态1	参数	1倍
g_SystemTestMode.state2	unsigned short	测试模式-导弹状态2	参数	1倍
g_SystemTestMode.reserv1	unsigned short	测试模式-16,17 保留位	参数	1倍
g_SystemTestMode.reserv2	unsigned short	测试模式-18,19 保留位	参数	1倍
Current_ControlCab_Rud...	double	控制舵舵机输出电压	变量	1倍
Current_ControlCab_Pow...	double	控制舱输出电压	变量	1倍
g_Telemeter_Real_Data...	double	遥测-x1轴角速度	变量	1倍
g_Telemeter_Real_Data...	double	遥测-y1轴角速度	变量	1倍
g_Telemeter_Real_Data...	double	遥测-z1轴角速度	变量	1倍
g_Telemeter_Real_Data...	double	遥测-x1轴加速度	变量	1倍
g_Telemeter_Real_Data...	double	遥测-y1轴加速度	变量	1倍
g_Telemeter_Real_Data...	double	遥测-z1轴加速度	变量	1倍
g_Telemeter_Real_Data...	double	遥测-俯仰积分器输出	变量	1倍
g_Telemeter_Real_Data...	double	遥测-偏航积分器输出	变量	1倍
g_Telemeter_Real_Data...	double	遥测-1舵指令	变量	1倍
g_Telemeter_Real_Data...	double	遥测-2舵指令	变量	1倍
g_Telemeter_Real_Data...	double	遥测-3舵指令	变量	1倍
g_Telemeter_Real_Data...	double	遥测-4舵指令	变量	1倍
g_Telemeter_Real_Data...	double	遥测-1舵误差	变量	1倍
g_Telemeter_Real_Data...	double	遥测-2舵误差	变量	1倍
g_Telemeter_Real_Data...	double	遥测-3舵误差	变量	1倍
g_Telemeter_Real_Data...	double	遥测-4舵误差	变量	1倍
g_Telemeter_Real_Data...	double	遥测-动压	变量	1倍
g_Telemeter_Real_Data...	double	遥测-合成攻角	变量	1倍

图 5 - 22　ControlCab _ Static _ Test. smi 中定义的接口变量

在工程中添加其他相关文件，如串口收发、数据解析等。

在工程属性中可修改 .out 文件运行的环境，定时时钟源，定时步长等信息，如图 5 - 23 所示。

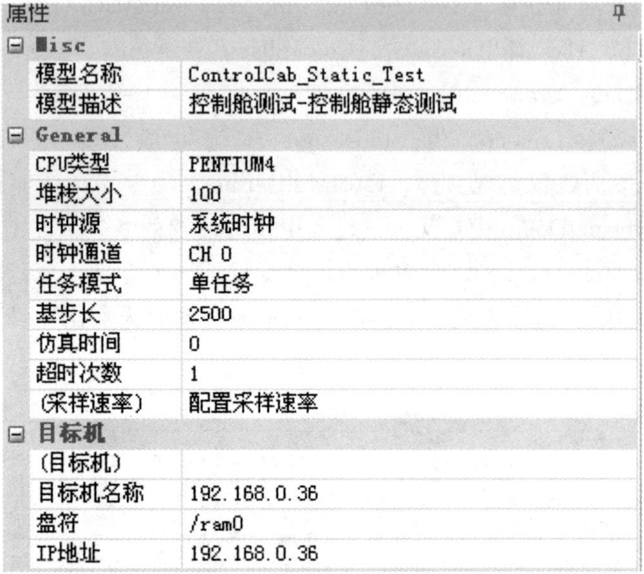

属性	
Misc	
模型名称	ControlCab_Static_Test
模型描述	控制舱测试-控制舱静态测试
General	
CPU类型	PENTIUM4
堆栈大小	100
时钟源	系统时钟
时钟通道	CH 0
任务模式	单任务
基步长	2500
仿真时间	0
超时次数	1
(采样速率)	配置采样速率
目标机	
(目标机)	
目标机名称	192.168.0.36
盘符	/ram0
IP地址	192.168.0.36

图 5 - 23　ControlCab _ Static _ Test. smi 中属性配置

主流程的实现代码如下：

```
void HwaMdlOutputs (unsigned long ulTid, unsigned long ulRate,
unsigned long ulStepSize, double dTime)
    {
      if (g _ bFirstTime)
        {
            semGive (syncSem);
/ * 释放同步信号量，遥测接收及舵反馈采集在另一优先级较低的任务中实现 * /
            g _ bFirstTime=FALSE;
      }
```

```
switch (ulRate)
{
case 1: / * 1 倍定时步长，即 2.5 ms * /
    {


/ * * * * * * * * * * * 检查急停 * * * * * * * * * * /
        / * 判断急停开关是否按下，如果按下停止电源输
出，并停止仿真 * /
        if (Power _ Scram==1)
        {
        / * * * * * * * 关闭软件电源开关 * * * * * * * /
        if (Hwa _ Power _ Switch (SOFTWARE _ PWOER _
SWITCH _ OFF)! =OK)
            {
            printf ("%s (Line:%d): Hwa _ Power _ Switch re-
turn ERROR! \ n", _ _ FUNCTION _ _ , _ _ LINE _ _ );
            }
        printf (" \ nPower Scram \ nStop Power Supply \
n");

        HwaStopModel (); / * 请求停止模型仿真 * /
        return;
        }
        if (dTime>dStop _ Time)
        {
            printf (" \ ntime up, finish simulate \ n");
            HwaStopModel (); / * 请求停止模型仿真 * /
```

```
                    return;
                }
        / * 发送仿惯组数据 * /
        if (g _ bNeedSendIMUData! ＝0)
        / * 判断是否发送惯测数据 * /
                {
                cnt1＋＋;
                SendIMURealtimeFrame（0 , CONTROL _ SIM
_ IMU _ TX _ SIO _ CHANNEL）;
                }

        if（g _ bNeedRudderPower! ＝0 && dTime＞1.0）
                {
                static BOOL bfirstTime1＝TRUE;
                if（bfirstTime1）
                        {
                        Hwa _ PowerSupply _ Turnon（POWER _ EA
_ TYPE，0）;

                        bfirstTime1＝FALSE;
                        }
                / * 解锁时间后 0.7 秒电源上电 * /
            if（dTime＞（Unlock _ Time＋0.7））
        {
                        ♯if 0
        / * 由于电源采集回路断开，不需要验证 50 V 电源 * /
```

```
        if （ (g _ bNeedRudderPower! ＝0) && (Current _ Control-
Cab _ Rudder _ Power _ Voltage＞ (Set _ Power _ Rudder _ Voltage
＋15) | | Current _ ControlCab _ Rudder _ Power _ Voltage＜ (Set
_ Power _ Rudder _ Voltage－30)))
            {
        printf (" ControlCab Rudder Power Voltage :％f Invalid! \
n"，Current _ ControlCab _ Rudder _ Power _ Voltage);
                HwaStopModel (); / ＊请求停止模型仿真 ＊ /
                    return;
                    }
                    ♯endif
            }
        }
        / ＊到达解锁时间 ＊ /
        if (dTime＞Unlock _ Time)
        {
            g _ CMD _ Real _ Parameter. discrete. bit
Field. lock＝2;
            }
        / ＊离架时间前发射前指令，否则发送发射后指令 ＊ /
            if (dTime＜Leave _ Time)
            {
                SendCommandFrame （0，CONTROL _
CMD _ TX _ SIO _ CHANNEL); / ＊发射前指令 ＊ /
            }
                else
```

```
                {
                    static BOOL bfirstTime2＝TRUE；
                    if（bfirstTime2）
                    {
                        g _ Send _ IMU _ Realtime _ Frame
_ SeqNo＝0；/＊惯组通信报文流水号置零＊/
                        g _ Send _ ControlCab _ CMD _
Frame _ SeqNo＝0；/＊控制舱指令报文流水号置零＊/
                        bfirstTime2＝FALSE；
                    }
                /＊舵机如果上电，检查电源电压是否合法＊/
                    Create _ Nx _ Data（dTime）；
                    /＊随时间产生波形＊/
                    CreateWave（dTime）；
                    g _ CMD _ Real _ Parameter. discrete.
bitField. state＝2；
                        /＊控制舱指令—导弹已离架＊/
                        SendCommandFrame（1，CONTROL _
CMD _ TX _ SIO _ CHANNEL）；/＊发射后指令＊/
                }
            /＊＊＊＊＊＊检查电源输出是否满足测试＊＊＊＊＊＊/
                if（Hwa _ Is _ Power _ Vaild（）！＝TRUE）
                {
                    printf（" （Line：%d）：Hwa _ Is _ Pow-
er _ Vaild return FALSE！\ n"，_ _LINE _ _）；
```

HwaStopModel（）；/＊请求停止模型仿真＊/

return；

　　　}

/＊计算数字舵反馈 公式 数字舵反馈＝－100
＊（舵偏差/510＋舵指令/95.3）＊/

Digital _ Rudder1 _ Feedback＝－100 ＊（g _ Telemeter _ Real _
Data. rudder1Error/510＋g _ Telemeter _ Real _ Data. rudder1Cmd/
95.3）；

Digital _ Rudder2 _ Feedback＝－100 ＊（g _ Telemeter _ Real _
Data. rudder2Error/510＋g _ Telemeter _ Real _ Data. rudder2Cmd/
95.3）；

Digital _ Rudder3 _ Feedback＝－100 ＊（g _ Telemeter _ Real _
Data. rudder3Error/510＋g _ Telemeter _ Real _ Data. rudder3Cmd/
95.3）；

Digital _ Rudder4 _ Feedback＝－100 ＊（g _ Telemeter _ Real
_ Data. rudder4Error/510＋g _ Telemetr _ Real _ Data. rudder4Cmd/
95.3）；

　　　　　}

break；

　　　}

}

2）在主控程序中实现参数修改、实时监控、下载测试用例及结
果判读的功能。

参数修改如图 5 - 24 所示，实时监控界面如图 5 - 25 所示。

主控程序可根据配置文件中调用的 . out 和 . smi 文件下载指定
的测试用例到测试计算机，并通过相应的指令命令测试计算机加载
和执行测试用例。

测试项目	俯仰回路测试	
控制舱舵机电压设置	50.00	V
控制舱舵机限流设置	60.00	A
控制舱电压设置	27.00	V
控制舱限流设置	3.00	A
仿真时间	6.00	s
批次号	1	
弹道号	1	
测试模式-定点时间	30.00	s
攻角	6	
测试模式-flag1	1	
测试模式-flag2	0	
▶ 俯偏初始化-主通道增益拉偏	1.00	
滚转角	0	
测试模式-二脉冲点火时刻	7.10	s
测试模式-16,17 保留位	0.00	s
测试模式-18,19 保留位	0.00	

图 5-24　参数修改

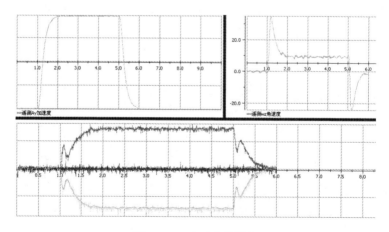

图 5-25　实时监控界面

5.3　基于 RTX 的飞行控制系统实时仿真技术

5.3.1　RTX 操作系统简介

　　RTX（real time extension）是 Ardence 公司推出的一款实时操作系统，它是 Windows 系统的实时扩展，实现了确定性的实时线程调度、实时环境与原始 Windows 环境之间的进程间通信机制，以及其他只在特定的实时操作系统中才有的对 Windows 系统的扩展特性。一般 Windows 程序都是在用户模式下运行的，即 Win32 Subsystem（Ring 3），而 RTX 可以直接与 HAL 硬件链路层沟通，是在内核模式下运行的（Ring 0），称为 Real‑time Subsystem。RTX 架构的程序不会受 Windows 其他程序的干扰，且直接与硬件沟通可以获得硬件的直接反馈，实现它的实时性。RTX 架构如图 5‑26 所示。

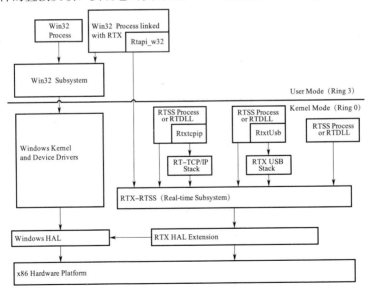

图 5‑26　RTX 构架

由于 RTX 是 Windows 操作系统的实时扩展,因此可在原有 Windows 系统上直接实施安装,Windows Vista、Windows XP Professional、Windows Server 2003 及 Windows 2000 等版本操作系统均支持该实时扩展。Standard PC 、ACPI PC、MPS Multiprocessor PC、ACPI Uniprocessor PC 、ACPI Multiprocessor PC 及 ACPI X86 – based PC 等架构的 PC 支持 RTX 实时操作系统,即 RTX 实时操作系统支持单核或者多核处理器。

RTX 具有以下特点:

1)多任务性;

2)依然可以便捷地在 Windows 环境上开发;

3)程序与程序之间的沟通机制与 W32 程序相同,如 Event, Semaphore,Shared Memory,Mutex 等;

4)与 W32 应用程序使用相同的硬件,使用相同的 OS,因此可以并存,并同时执行在 WindowsOS 环境下;

5)W32 应用程序不能直接驱动/读取外部的 I/O,必须要通过 Windows 的驱动程序,或者系统供应商提供的函数库;RTX 程序像 DOS 一样,直接以 I/O 驱动的方式驱动 I/O,经由 RTX – RTSS Sub—system Kernel 到达硬件抽象层,而不是通过 Windows NT Device Driver 来驱动;

6)RTX – RTSS Kernel 中执行的程序,都具备比 W32 程序还高的优先权,因此不会受到 W32 程序加载的影响;

7)Real – time Time – Deterministic Timer 可以设定最小的时间间隔为 10 μs,又不会影响 W32 程序的运行,特别是在影像处理上;

8)RTX 在 Windows 系统内部使用 Real Time Interrupt。

5.3.2 RTX 仿真测试实现方法

实现 RTX 仿真测试,需要了解 RTX 程序开发调试方式。下面首先介绍 RTX 操作系统的启动方式,然后介绍应用程序开发调试环境,最后介绍 RTX 仿真测试实现方法。

5.3.2.1　RTX 启动方式

具有多核处理器的计算机在 Windows 系统的引导界面中有 MP Dedicated 和 MP Shared 两种运行模式用于引导 RTX 操作系统。MP Dedicated 模式预留一个处理器处理 RTX 实时进程，其他处理器处理 Windows 进程。MP Shared 模式一个处理器既处理 RTX 实时进程，同时还处理 Windows 进程，其他处理器处理 Windows 进程。用户可以根据不同的需求选择合适的 RTX 运行模式。单核处理器的计算机同一个处理器既处理 RTX 实时进程，同时又处理 Windows 进程。在具有多核处理器的系统中无论选择何种运行模式，实施策略对用户来说是透明的，均由操作系统自身完成。

5.3.2.2　RTX 应用系统开发环境

Visual Studio 集成开发环境支持 RTX 应用程序（一般扩展名为 RTSS，Real-Time Subsystem）开发调试。Microsoft Visual Studio 2008、Visual Studio 2005、Visual Studio .NET 2003 及 Visual C++ 6.0 均支持 RTX 应用程序开发调试。

5.3.2.3　仿真测试实现方法

基于 RTX 的仿真测试系统逻辑上为主控机－目标机结构，物理上主控机－目标机可以是一台计算机，也可以是两台计算机。基于 RTX 的飞行控制系统仿真测试系统原理框图（一台计算机实现主控机－目标机结构）如图 5－27 所示。

基于 RTX 操作系统的飞行控制系统仿真测试系统由测试计算机、信号转接及调理设备、电源系统等组成。

主控程序用于实现人机交互，控制测试流程，实时绘图，保存及回显测试数据等功能，运行于 Windows 操作系统。仿真程序用于实现弹体模型解算、串行数据通信、模拟量数据采集及测试过程数据上传等功能，这些任务实时性要求高，运行于 RTX 实时操作系统，飞行控制系统数字解算周期由 RTX 操作系统生成。对于一台计算机实现测试任务的系统来说，测试计算机选用 PXI 总线规范，配

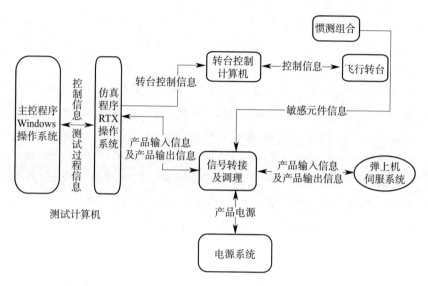

图 5 - 27　基于 RTX 的飞行控制系统仿真测试系统原理框图

备串行通信板卡、模拟量采集板卡、模拟量输出板卡及开关量输入输出板卡。主控程序接收用户输入信息，形成控制信息发送给实时仿真程序。实时仿真程序接收到主控程序的开始命令后，启动电源给产品供电，生成测试信息（模拟指令信息、模拟惯测组合信息等）发送给实物产品（静态测试时还要发送转台控制信息给转台控制计算机），同时采集产品输出信息，并转发给主控程序用于测试信息显示及测试结果计算，仿真程序一旦接收到主控程序的停止信息时，即停止当前测试，关闭电源系统。

使用集成开发环境 Visual Studio 对实时仿真程序进行开发调试，RTX 的应用程序 RTSS 运行于 RTX 子系统上，通过调用 RTX 运行库完成实时任务。而运行于 Windows 上的主控程序与运行于 RTX 上的仿真程序通过数据共享区来实现数据信息交互，如图 5 - 28 所示。RTX 操作系统中断响应时间小于 10 μs，任务切换时间小于 10 μs。

5.3.2.4　基于 RTX 操作系统应用实例

以某型号导弹控制舱性能综合测试系统为例，阐述 RTX 实时仿

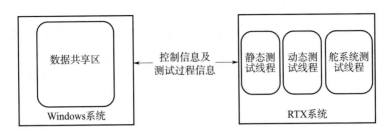

图5-28　Windows系统与RTX系统数据信息交互图

真系统的工作机制，构成框图如图5-29所示。控制舱性能综合测试系统采用主控机－测试（目标）机结构，但物理上主控机与测试机为一台计算机，主控程序运行于Windows操作系统，实现用户交互、试验过程管理等功能。目标程序（仿真程序）运行于RTX实时操作系统，生成飞行控制系统数字解算周期的精确定时，接收主控程序发送的测试命令，完成相应实时仿真任务，将测试过程数据回传给主控程序。配套设备有供电和信号检测设备、供电电源等。

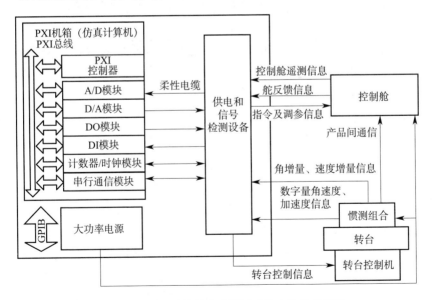

图5-29　控制舱性能综合测试系统实物构成框图

5.3.2.4.1 测试项目

测试项目包括系统自检、舵系统测试、驾驶仪静态测试、驾驶仪动态测试及控制舱静态测试，如图 5 - 30 所示。

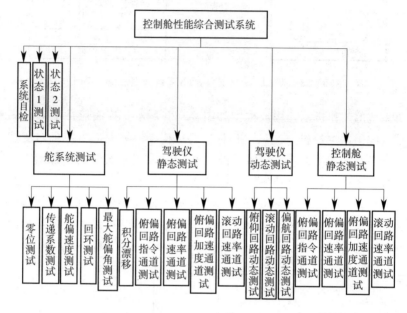

图 5 - 30　测试项目

5.3.2.4.2 测试执行过程

执行测试时，首先启动 Win32 子系统主控程序，进入测试主界面，如图 5 - 31 所示。图中左侧为测试项目选择面板，选择控制舱滚动速率通道测试，主控程序自动启动仿真程序。

用户与主控程序的测试任务交互，测试信息既可以在如图 5 - 32 所示的参数设置界面中输入，也可以通过读取配置文件来获取，通过共享内存将测试信息传递给仿真程序。

仿真程序按照主控程序要求生成控制舱输入信息，并接收控制舱输出信息，同时将测试过程数据回传给主控程序，主控程序实时绘制曲线，显示在如图 5 - 31 所示的右上方的窗口中。

主控程序停止仿真测试程序，计算并输出测试结果信息，显示

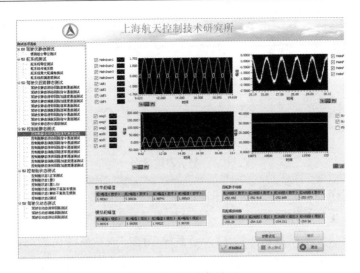

图 5 - 31　测试主界面

在图 5 - 31 所示的右下方区域中，同时把遥测数据以及测试结果保存为文件，格式如图 5 - 33 所示。

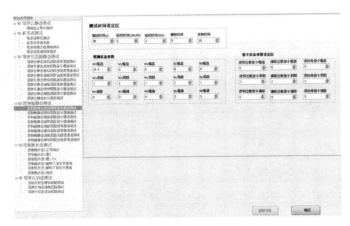

图 5 - 32　测试参数设置界面

5.3.2.4.3　测试系统开发

测试系统软件构成如图 5 - 34 所示。软件系统主要由 Win32 子

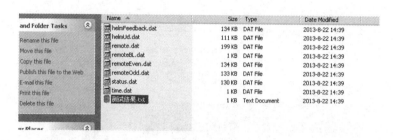

图 5-33　测试数据

系统程序和 RTX 子系统程序两部分组成。Win32 子系统程序完成本系统中主控程序的功能，负责人机交互、控制测试流程、实时绘图、保存及回显测试数据等；RTX 子系统程序完成本系统仿真程序的功能，负责模型解算，驱动硬件，完成与控制舱、惯测组合的信息交互等。下面以控制舱滚动速率通道测试为例，说明具体的测试开发流程。

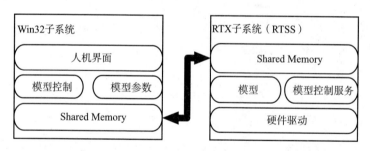

图 5-34　测试系统软件构成

（1）开发软件概述

仿真系统平台采用 Windows XP 操作系统平台，采用 RTX 的版本为 8.1.2。仿真系统各功能模块开发工具为：人机交互软件采用 LabView 开发；实时系统部分开发环境采用 Visual Studio 2008。

①LabView

LabView 是一种图形化编程语言的开发环境。它最大的特点是能够保证应用程序的实时响应只运行在物理内存中；另一特点是并行特性，多线程数据采集任务的编写和执行更加容易和有效。Lab-View 不但在程序界面设计时采用了与其他高级语言类似的图形化方式，更重要的是在编写程序代码、实现程序功能时使用的也是图形化的操作方式。LabView 拥有丰富的工具包，尤其是针对测控、仿真等领域，这些工具包往往可以为编程者提供其所需的大部分功能。

　　LabView 的源代码文件采用 VI 作为后缀名，一个 VI 由两个窗口组成：前面板和程序框图。前面板是程序与用户交互使用的界面，可以在这里输入参数，并观察程序运行的结果。程序框图是用户编写程序代码的地方。在前面板中，LabView 提供了丰富的控件供用户调用，可以比较方便地设计人机交互界面。在程序框图中，程序逻辑的实现也是通过图形化方式，由连线和节点组成，程序的基本执行顺序由连线来控制。图 5-35 为程序框图，图 5-36 为与之对应的前面板。

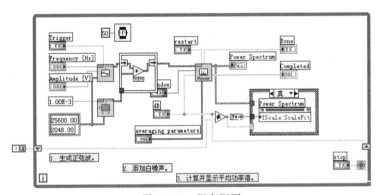

图 5-35　程序框图

　　②RTX 应用程序开发

　　安装 RTX 后，在 Visual Studio 工程类型中新增了 RTX Application、RTX Device Driver 和 RTX Network Driver 三种类型。开发 RTX 应用程序过程：选择文件—＞新建—＞工程，选择 RTX Application，如图 5-37 所示。根据 RTX 应用程序向导，设置工程的类型，如果选择了 Provide a program framework，如图 5-38 所示，会有 RTX 代码段添加进项目中，有以下几种：

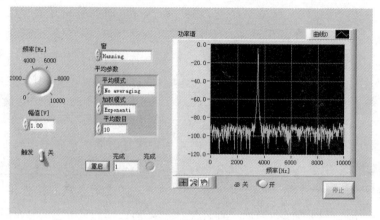

图 5-36　前面板

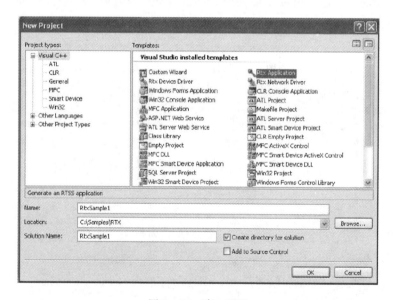

图 5-37　建立项目

1）Event server thread：创建一个子线程函数框架，包括一个命名的事件和一个子线程，设置线程的优先级、恢复/暂停线程，用户必须提供子线程函数代码，事件名称和异常代码。

2）Periodic timer thread：创建一个周期性定时器框架。用户必

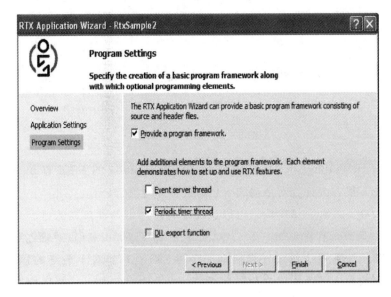

图 5 - 38　RTX 应用程序向导

须提供定时器生命时间，周期定时函数代码和异常代码。

3）DLL exported function：创建一个生成 RTDLL 的代码框架，此选项只有在指定程序类型 RTDLL 才有效。

RTX API 基于 Win32，使得开发者可以借鉴 Win32 经验、基础代码和开发工具以加速硬实时程序的开发。Win32 和 RTSS 程序都支持全部的 RTX API，但是有不同的响应时间和性能特点。RTX 支持 Win32 API 的一个子集，并附加了一个特殊的实时函数集，即 RTAPI（实时 API）。RTAPI 函数在函数名的最前面都有标识"Rt"，一些 RTAPI 函数只是在标识头方面与 Win32 不同，而有一些则是 RTX 所特有的，如中断管理函数。因此编写 RTX 程序，需要包含头文件"rtapi. h"。活动解决方案配置 RTSSDebug \ RTSS-Release 任选其一，如图 5 - 39 所示，编译生成 . rtss 可执行文件。

Visual Studio Debugger Add - in 可以调试 RTSS 应用。因为 RTSS 应用运行在 Ring 0，所以也可以使用内核调试工具，如 Mi-

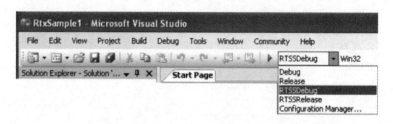

图 5-39　解决方案配置

crosoft Windbg。RTX SDK 包含了一个 Windbg 的 RTX Debugger
数据扩展，允许查看活动的 RTSS 进程和对象。

　　在开发和测试阶段，可以从命令行使用带各种参数的命令来运
行一个 rtss 程序，如图 5-40 所示。或者在 Windows 资源管理器中
双击 RTSS 可执行文件来启动一个 RTSS 程序。对于最终的程序，
可以设置 RTSS 程序为开机自启动，或者从一个 Win32 程序中启动
RTSS 进程（调用 RtCreateProcess）。

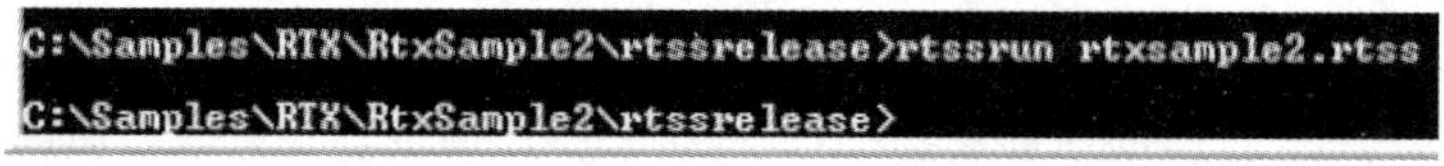

```
C:\Samples\RTX\RtxSample2\rtssrelease>rtssrun rtxsample2.rtss
C:\Samples\RTX\RtxSample2\rtssrelease>
```

图 5-40　命令行形式

　　当需要中止一个 RTSS 进程时，有以下几种方法：

1）进程中调用 ExitProcess 函数；

2）在命令行中运行 rtsskill 命令；

3）用户通过 RTSS Task Manager。

（2）Win32 子系统程序

Win32 子系统程序完成本系统中主控程序的功能，因此也称为
主控程序，通过用户输入的信息程序自动生成转台控制信息帧，通
过用户输入的信息封装成测试状态帧发送给 RTX 子系统程序；向
RTX 子系统程序发送测试终止命令，保存和回显测试数据，计算测
试结果。采用 LabView 和 C 混合编程模式，LabView 实现程序界面
控制，C 语言实现主控程序与仿真程序的数据交互及控制功能。主

控程序软件架构如图 5 - 41 所示。

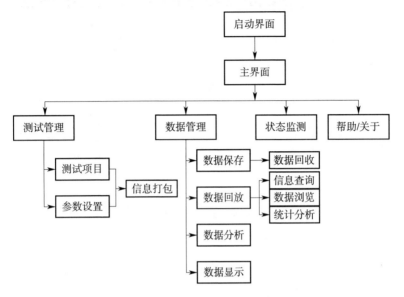

图 5 - 41　Win32 子系统程序软件架构

①主控程序实现

使用 LabView 可以比较快捷地实现人机界面，包括测试项目选择、参数设置、数据显示、数据保存和数据回放等功能，根据不同的测试项目配置不同的显示窗口。控制舱滚动速率通道测试的界面如图 5 - 31 所示。

主控程序向仿真程序发送测试指令是通过调用 DLL 文件实现的。在 LabView 中，经常会遇到需要使用 DLL 的情况，比如在程序中使用到某个以 DLL 方式提供的第三方的驱动程序或算法；再比如，在一个大项目的开发中，出于效率和开发人员喜好等因素的考虑，可能使用 C 语言实现软件的某一部分。通过"互连接口→库与可执行程序→调用库函数"节点来调用 DLL 中的函数，如图 5 - 42 所示，对调用库函数节点进行配置，输入调用的库名、函数名、参数等，实现函数的调用。

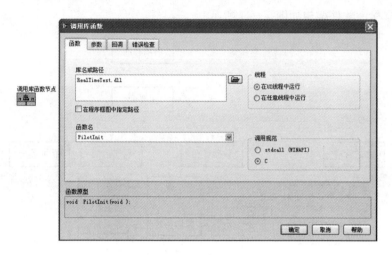

图 5-42　调用库函数节点

主控机的数据分析功能使用 MathScript 实现，可以利用已有 m 语言数据分析代码，提高开发的效率。MathScript 具有和 MATLAB 相似的语法和函数，熟悉 MATLAB 编程的工程师可以毫不费力地进行 MathScript 编程。可在 MathScript 窗口或 MathScript 节点中使用 MathScript 处理脚本。创建 MathScript 时，必须使用该脚本支持的数据类型。插入"结构→MathScript 节点"，MathScript 节点内部相当于一个文本编辑器。通过工具条中的文本操作按钮，可以直接在节点中输入程序代码，也可以通过其他编辑器复杂粘贴已经存在的代码，如图 5-43 所示。

②主控程序对实时进程的任务调度

主控程序负责整个半实物仿真测控软件的监控，包括对实时进程的任务调度，同时包括任务的开始及终止。主控程序启动实时进程的 RTX 函数如下所示：

RtCreateProcess（"D：\ rtss \ test. rtss"，NULL，NULL，NULL，1，1，NULL，NULL，NULL，&rtssInfo）；

其中函数参数 D：\ rtss \ test. rtss，表征了 RTSS 进程所在的文件夹及 RTSS 进程的名称。\ 符号中第一个为转义符，第二个则是文件夹地址表征符。

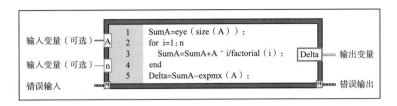

图 5 - 43　MathScript 节点

　　在 LabView 中可以使用"执行系统命令",通过命令行的形式来启动和终止实时进程。"执行系统命令"相当于 Windows 操作系统的"运行"功能,可以直接启动其他应用程序和命令行命令。有时候用 API 函数难以实现的系统调用,用 DOS 命令却能轻松实现,如图 5 - 44 所示即可以实现启动实时进程的功能。RTSS 进程启动后,首先打开在 Windows 进程中创建的同名事件体和共享内存,然后从共享内存区读入参数进行初始化操作。接着创建 Timer 循环体完成周期性的实时解算任务,每个周期将数据写入共享内存供 Windows 进程读取。同时为了在 Windows 下控制 RTSS 进程,创建并挂起一个同步线程用来接收 Windows 的控制命令。

图 5 - 44　执行系统命令

（3）RTX 子系统程序

　　RTX 子系统程序完成本系统仿真程序的功能,因此也称为仿真程序,主要负责模型解算,硬件驱动,完成与控制舱、惯测组合的信息交互等。仿真程序软件架构如图 5 - 45 所示。

①RTX 子系统程序流程

　　控制舱滚动速率通道测试流程在 RTX 子系统中实现,测试流程如图 5 - 46 所示。硬件初始化完成 RTX 下各板卡的驱动,通过共享

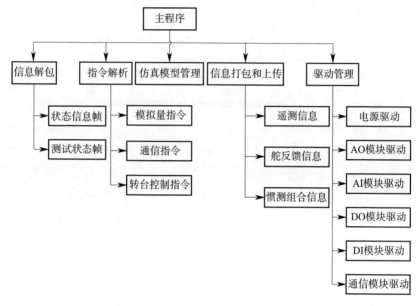

图 5 - 45　仿真程序软件架构

内存获取主控程序发送的测试状态帧，并通过串口向控制舱发送测试模式信息。测试的主要流程在 2.5 ms 定时中断中完成，包括通过串口发送指令和惯测信息，串口接收遥测信息，AD 板卡采集舵反馈信息。大部分流程均与在 Visual Studio 下开发 Win32 程序类似。下面着重介绍 RTX 下的硬件驱动开发和定时功能实现。

　　②硬件驱动开发

　　本系统需对电源、AO、AI、DI、DO 等模块开发在 RTX 下的驱动。RTX 的驱动结构如图 5 - 47 所示。OS Bus Generic IO Interface 调用 RTX DDK 中的相关函数，获取 PXI 的配置空间，将 PXI 的寄存器空间映射到驱动程序可以直接访问的内存地址空间；Board Specific Register Level API 根据不同板卡的寄存器映射表，完成对板卡的 RLP（register level program）；Driver API 通过调用 Board Specific Register Level API 完成对硬件资源的操作，Driver API 以 RTDLL 的形式发布，这样 RTX 子系统的应用程序 RTSS 可以通过

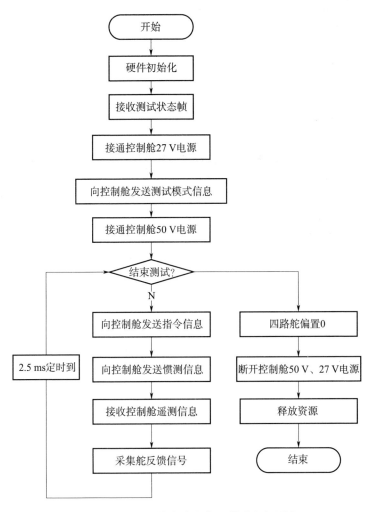

图 5 - 46 控制舱滚动速率通道测试流程图

加载调用 RTDLL 中 API 完成对硬件资源的操作。

本系统使用的每一个模块都有相应的驱动程序，从而使得可以使用程序控制硬件模块完成相应的动作。在本系统中，模拟信号输入/输出模块、数字信号输入/输出模块是通过查询的方式响应硬件事件，422 通信模块通过中断的方式响应硬件事件。

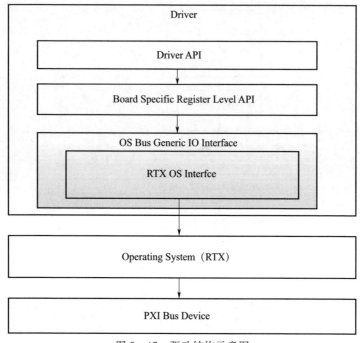

图 5 - 47　驱动结构示意图

③定时功能实现

RTX 子系统程序中，每个测试项目的主要测试流程，如模型解算、数据交互等，均在定时器回调函数中完成，定时器的精度对测试流程的正确性至关重要。

RTX 时钟由实时 HAL 扩展提供的服务进行更新。RTX 时钟与实时 HAL 扩展定时器服务进行同步。RTX 时钟既不与 Windows 系统时钟也不与电池备份日时间时钟（the battery - backed time - of - day clock）进行同步。2.5 ms 仿真周期是由 RTX 系统时钟 CLOCK _ 2 实现的。CLOCK _ 2 由实时 HAL 扩展提供，分辨率为 1 us。此时钟上的定时器可以被设置为 100，200，500，或 1 000 μs。开发或者运行仿真程序前，首先在 RTX 属性中配置 RTX 基准时钟（该基准时钟为应用程序定时周期的最小分辨率），然后在应用程序中配置应用程序定时周期，即仿真程序定时周期，再执行仿真程序。配置

RTX 基准时钟如图 5 - 48 所示。

（a）步骤 1　　　　　　　　　（b）步骤 2

图 5 - 48　修改 RTX 基准时钟步骤

将 HAL timer period 设置为适应当前计算机系统的值即可（如 in-tel 酷睿四核可设为 1 μs）。为了验证系统的时间抖动，在本系统的硬件环境下，在 RTX 中建 2.5 ms 的定时器，在中断服务程序中翻转 NI 6733（AO 卡）的输出，这样 NI6733 会输出 200 Hz 的方波，用 NI 6358 多功能卡的定时器测量方波的脉宽（定时器时钟源 80 MHz，稳定度 50×10^{-6}），在 20 min 内脉宽的最大值为 2.51 ms，最小值为 2.49 ms，所以可以认为本系统最大的时间抖动在 10 μs 左右。

在 RTX 仿真程序中配置仿真周期的代码如下：

```
LARGE _ INTEGER time,
time. QuadPart = 25000;          //定时周期设置为 2.5ms
//创建定时器
if (! (hCommTimer =
    RtCreateTimer (NULL,          // security
    0,                            // stack size - 0 uses default
    CommTimerHandler,             // timer handler
    &gContext,                    // NULL context (argument
                                          to handler)
```

```
    RT _ PRIORITY _ MAX,        // priority
    CLOCK _ 2)))                // RTX HAL timer
{
    printf (" exit!");
    ExitProcess (1);
}
```

//启动定时器

```
if (! RtSetTimerRelative ( hCommTimer, &time, &time))
{
    printf (" exited! \ t");
    ExitProcess (1);
}
```

模型计算、数据交互是在定时器回调函数中完成的，代码如下：

```
void RTFCNDCL CommTimerHandler (PVOID context)
{
    input (modelInData); //接收模型输入信息
    //模型计算
    calcModel ();
    //输出模型输出信息
    output (modelOutData);
}
```

（4）上下位机通信

主控程序与仿真程序交互图如图 5 - 49 所示。主控程序需要向仿真程序发送测试项目信息和控制信息，仿真程序要将产品输出信息回送给主控程序。

主控程序与仿真程序的数据交互功能由 C 语言实现，将 C 代码封装成 .dll 文件，即可被 LabView 调用，数据交互的代码如下：

Context gContext；//定义程序上下文对象，用于保存上下文信息

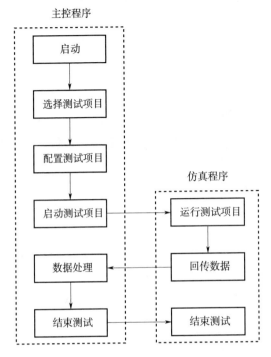

图 5 - 49　主控程序与仿真程序交互图

//定义数据队列，本质是打开名称为 T2H 和 H2T 的共享内存

Queue<PARANODE> qT2H（T2H，1000）；

//仿真程序到主控程序的数据队列

Queue<PARANODE> qH2T（H2T，1000）；

//主控程序到仿真程序的数据队列

PARANODE para；　　　　　　　　//保存测试相关参数

para. commond ＝ 1；

para. delayTime ＝ 5000；

printf（" Press any key to start... \ n"）；

getchar（）；

qH2T. Add（para）；　　　　　　//发送开始测试命令

printf（" Press any key to stop... \ n"）；

```
getchar ();
para. commond = 9;  //stop
qH2T. Add (para);              //发送停止测试命令
…… ……
```

数据交互的 Queue 队列采用共享内存模式实现。共享内存机制是 RTX 技术提供的用于实时进程与非实时进程之间信息沟通与通信的重要手段，共享内存机制的实现也是半实物仿真程序开发成功与否的关键所在。RTSS 共享内存对象允许在包括 RTSS 进程和 Win32 进程在内的多个进程之间共享块数据。为了做到这一点，每个进程中的一个线程必须拥有其自己的唯一 RTSS 共享内存对象的进程相关句柄，并且它自己的进程相关指针指向一个地址，这个地址是映射的虚拟地址储存的地方。这些句柄和指针可以通过调用 RtCreate-SharedMemory 或 RtOpenSharedMemory 来获取。共享内存结构如图 5 - 50 所示。

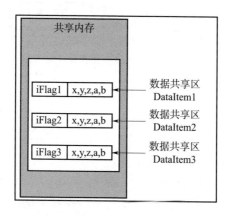

图 5 - 50　共享内存结构

系统软件的两个进程采用查询和修改标识符 iFlag1、iFlag2、iFlag3 的值的变化来对共享内存数据区进行操作。例如，当 iFlag1 为 1 时 Win32 进程可以访问该数据，当 iFlag1 为 0 时 RTX 进程可以访问该数据。对于标识符的保护，采用互斥量的方式进行，如图

5-51所示，当相关线程要访问共享内存区及修改操作标识位时候，相关线程需首先查询互斥信息量是否被其他进程所占有，如果发现其互斥信息量被占有，则一直等待，直到其他线程释放了互斥信息量，该线程才能获取互斥量，并有权对共享区域操作及对标识位的修改，这样就保证了标识位和共享区的安全性，防止竞争的情况出现。

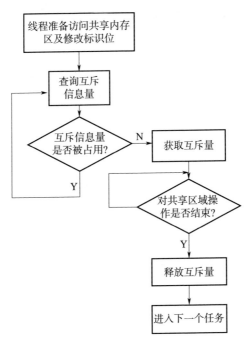

图 5-51　互斥量方式的实现

　　互斥量实现常用的 API 为 RtCreateMutex 和 RtOpenMutex。实现代码如下：

template<class T>

Queue < T >:: Queue (LPCTSTR queueName, int Max-QueueSize)

{// Create an empty queue whose capacity is MaxQueueSize.

```
        int t _ MaxSize = MaxQueueSize + 1;
        int * param;
        HANDLE hsm;
        hsm = RtOpenSharedMemory (PAGE _ READWRITE,
FALSE, queueName, (void * *) &param);

        if (NULL! =hsm)
        {
          front = &param [0];
          rear = &param [1];
          MaxSize = &param [2];
          Size = &param [3];
          queue = (T *) (param+4);
          m _ hsm = hsm;
              m _ mutex = RtOpenMutex ( NULL, NULL,
queueName);
          }
        else
          {
              m _ hsm = RtCreateSharedMemory (PAGE _ READ-
WRITE, 0,
                sizeof (T) * t _ MaxSize+4 * sizeof (int),
                queueName,
                (void * *) &param);
          m _ mutex = RtCreateMutex (
                        NULL,
                        // default security attributes
                        FALSE,
                        // initially not owned
```

```
                              queueName);
                              // unnamed mutex
       param [0] = param [1] = param [3] = 0;
       param [2] = t _ MaxSize;
       front = &param [0];
       rear = &param [1];
       MaxSize = &param [2];
       Size = &param [3];
       queue = (T * ) (param+4);
   }
}
template<class T>
int Queue<T>:: Add (const T& x)
{// Add x to the rear of the queue. Throw
// NoMem exception if the queue is full.
   //if (IsFull ()) throw NoMem ();
   RtWaitForSingleObject (m _ mutex, INFINITE);
   if ( ( ( ( * rear) + 1) % ( * MaxSize) == * front) ? 1 :
0)
     {
        RtReleaseMutex (m _ mutex);
        return 1;
     }
   else
     {
        * rear = ( * rear + 1) % ( * MaxSize);
        queue [ * rear] = x;
        ( * Size) ++;
        RtReleaseMutex (m _ mutex);
```

```
        return 0;
    }    }
```

数据类型 PARANODE 用于保存测试相关参数，其数据格式如下：

```
typedef struct
{
    int commond;                    //测试模式
    int status;
    unsigned int delayTime;         //测试延迟时间 单位 ms
    unsigned int stopTime;          //测试终止时间 单位 ms
    …此处省略部分代码
    unsigned char paramsGuan [PARAMSIZEGUAN];
    //惯测设备参数
    unsigned char paramsCtrl [PARAMSIZECTRL];
    //控制舱设备参数 包括舵、驾驶仪
    unsigned char paramsZhuan [PARAMSIZEZHUAN];
    //转台设备参数
    unsigned char paramsYao [PARAMSIZEYAO];
    //遥测参数
} PARANODE;
```

第6章　飞行控制系统模拟仿真技术

6.1　飞行控制系统模拟仿真技术概述

现代战争对新一代防空导弹的飞行空域、速度、机动能力等性能提出了新的要求，导弹的弹体特性和控制方案相比已研制出的导弹存在较大差异。为满足高机动、快速攻击、精确制导等作战要求，新一代防空导弹普遍采用大攻角飞行、直接力/气动力复合控制、推力矢量控制等技术手段。导弹大攻角飞行引起的气动非线性特性，低空大机动引起的舵面复杂负载特性，直气复合等新型控制方式引起的对象特性变化不仅增加了飞行控制系统设计的难度，同时也对飞行控制系统的仿真技术提出了新的要求，主要表现在以下几点：

1）需进行三通道非线性实时半实物仿真验证。

针对高超机动大攻角飞行时导弹三通道存在严重交耦，飞行控制系统的设计验证必须摆脱传统单通道定点仿真验证模式，实施复杂飞行环境下的三通道非线性实时半实物仿真试验验证，从而全面、真实地考核飞行控制系统性能品质。

2）仿真系统需真实反映伺服系统负载工况环境。

针对导弹大空域高超声速飞行所面临的复杂负载环境，以及电动舵系统负载刚度偏软的实际产品特性，飞行控制系统半实物仿真试验必须在舵机伺服加载状态下进行，从而验证复杂负载工况的飞控系统性能。

3）需进行直接力/气动力复合控制技术地面试验验证。

直接力/气动力复合控制技术作为新一代防空导弹关键技术之一，其控制效果对导弹制导精度存在重大影响，因此建立直气复合控制地面仿真验证平台已成为必要。

4）能够直观、形象地显示导弹飞行仿真过程。

新的仿真技术需要为研究人员和使用人员提供一个逼真的虚拟现实环境，使研究更切合实际。通过可视化的模型，直观、形象地显示仿真过程中导弹的飞行姿态、位置等动态信息及与目标间的相对运动关系，为飞行控制系统提供新的仿真验证手段。

模拟飞行仿真技术是在新的需求下提出的一种仿真技术，它通过建设一套导弹综合环境模拟试验系统，在不进行飞行试验的前提下，模拟导弹发射和飞行环境，检验控制系统是否达到设计性能，并为进一步改进和完善设计提供依据。

模拟飞行仿真系统验证平台原理框图如图 6-1 所示。系统主要包括总控系统、飞行动力学仿真计算机、实时网络、直接侧向力装置模拟设备、飞行仿真转台、复杂负载模拟器、电源系统等设备。

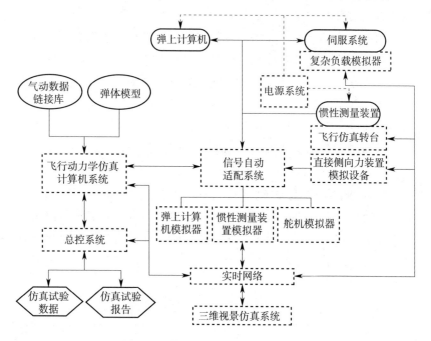

图 6-1　模拟飞行仿真系统组成框图

　　总控系统控制整个平台各设备运行，例如复杂负载模拟器、直接侧向力装置模拟设备、飞行仿真转台以及飞行动力学仿真计算机系统等。电源系统可为各个设备和单机产品提供所需电源，实时网络实现各个设备之间的实时信息交换。

　　总控系统在发出仿真开始命令后控制各设备运行，惯测组合敏感到飞行仿真转台的转动角速度，并将信息发送给弹上计算机；弹上计算机同时接收来自飞行动力学仿真计算机的过载/姿态控制指令和弹体运动信息进行驾驶仪算法解算，并将解算出的伺服系统控制指令发送给舵机或直接侧向力装置模拟设备；舵机在负载力矩作用下操控舵面偏转；飞行动力学仿真计算机接收直接侧向力信息及舵面偏转信息完成导弹动力学与运动学解算，并将解算出的弹体运动信息发送给飞行仿真转台和复杂负载模拟器的控制设备，控制其运行，形成一个闭环仿真控制回路。仿真结果一方面被转化为图像在三维视景仿真系统上实时显示，另一方面由总控系统上的专用计算机进行数据记录与分析，并判断仿真试验结果。

　　在仿真时，可采用弹上计算机模拟器、惯测组合模拟器以及舵机模拟器分别代替弹上计算机、惯性测量元件和舵机实物，通过信号自动适配系统接入仿真系统。

　　（1）复杂负载模拟器

　　复杂负载模拟器的主要任务是接收指令，快速、准确地复现导弹在飞行过程中受到的舵面气动力矩载荷，并实时施加在受控运动的舵机上，用以模拟导弹飞行过程中作用在舵面上的铰链力矩。导弹在飞行过程中，空气舵面不仅受到气动扭矩作用，同时还受到气动弯矩作用，复杂负载模拟器能在实验室条件下同时实现扭矩加载和弯矩加载，用于模拟导弹在空中飞行时舵面所受的各种载荷，从而检测舵机驱动系统的技术性能指标。

　　复杂负载模拟器不仅具有扭矩加载和弯矩加载功能，还具有从接收指令的形式方面独立加载和随动加载功能。模拟器接收加载控制器输出的正弦、方波、三角波和随机加载等信号，在量程范围内，加载幅值和频率任选，用于单独考核舵机的加载性能；在驾驶仪回路仿真时，模拟器接收仿真机指令，实时有效地给舵机加载，加载梯度能随指令变化，用于考核舵机作为执行机构在控制回路中的功能和性能。

复杂负载模拟器还具有高低温环境模拟功能。飞行控制系统在高低温环境条件下性能发生较大改变，因此必须进行高低温环境的考核，以检验其性能指标的稳定性。温度环境模拟设备主要是高低温箱。

（2）飞行仿真转台

飞行仿真转台是导弹飞行控制系统半实物仿真试验平台的重要组成部分，其主要功能是作为飞行控制半实物仿真系统闭合回路中的一个环节，接收由仿真计算机解算出来的弹体姿态角速度信号，控制三个运动框架沿着三个轴按照给定的角速度进行偏转，从而模拟导弹飞行过程中姿态角速度的变化，为惯测组合提供更真实的输入。

（3）直接侧向力装置模拟设备

作为飞行控制系统的执行机构之一，直接侧向力装置的动态特性、推力特性等性能将会对飞行控制系统的稳定性和响应快速性产生影响。为了充分验证飞行控制系统的性能，提高半实物仿真试验的置信度，半实物仿真中需将直接侧向力装置串入仿真回路中。直接侧向力装置模拟设备用于模拟直接力发动机点火控制，以及发动机接受点火指令之后产生的推力信号，可用于姿控/轨控直气复合控制系统半实物仿真试验。

（4）飞行动力学仿真计算机

飞行动力学仿真计算机主要完成导弹弹体方程模型解算以及数据的采集，为导弹飞行动力学仿真提供高实时性、高可靠性的运行环境。仿真计算机通过实时网络、信号适配系统与飞行仿真转台、复杂负载模拟器、直接侧向力装置模拟设备等设备进行信息通信，完成飞行控制系统闭环仿真。

（5）弹上机、惯测、舵机模拟器

仿真系统支持弹上计算机、惯测组合和舵机等弹上真实设备的硬件在回路仿真。在不具备弹上真实设备时，可采用模拟器实现原型样机功能，进行算法设计及验证。弹上设备模拟器与实际设备具有一致接口，能够相互替换。试验过程中，能够利用试验监控软件的在线调参功能，人为向预置的故障模型发送指令，模拟器进行相应的故障模拟。

（6）三维视景仿真系统

在飞行控制仿真试验中，三维视景仿真系统能够对导弹在虚拟地形中的飞行进行演示，展示导弹的运行状态，通过仿真机输出的导弹姿态角速度、过载、速度、高度等信息，视景仿真系统形成直观的、形象的导弹飞行状态和位置等信息，充分验证导弹姿态的准确性，以及在飞行过程中的稳定性。

6.2　分布式实时仿真技术

分布式实时仿真（distributed real time simulation）是指运用计算机网络协议将分布于不同节点的仿真模拟设备和真实产品联结起来，构成一个大范围的仿真环境。在这个环境下，分布于各节点的仿真设备和真实产品可进行信息的实时交互共享，具有分布性、交互性、仿真性、实时性和集成性的特点，能够模拟导弹真实飞行环境，提供可替换的虚拟和实物部件模块，实现数字仿真到半实物仿真的快速过渡。分布式实时仿真技术具有以下优点：

1）构建与弹上控制系统电气接口、功能一致的运行环境，有效考核控制系统性能；

2）解决复杂仿真系统节点扩充、分系统相互连接带来的困难；

3）为仿真系统模型解算、数据采集等提供实时、准确的运行平台。

6.2.1 高层体系结构分布式仿真架构

高层体系结构（high level architecture，HLA）是一个可重用的用于建立基于分布式仿真部件的软件构架，它支持由不同仿真部件组成的复杂仿真。高层体系结构本身并不是软件应用，而是一个构架和功能集，可以帮助设计和运行仿真应用。高层体系结构的提出，主要是解决计算机仿真领域里的软件可重用性和互操作性问题，以使仿真软件的开发应用进入标准化、规范化阶段，而这与当前计算机软件领域强调的开放化、标准化的总体趋势是一致的。

高层体系结构借鉴了一些开放式的标准体系的特点，引入了分层的概念。可以将一个复杂的仿真看成一些层次上的部件总和。最低层是系统模型部件，这可以是一个数学模型，一个离散事件队列模型，或是基于规则的模型等。在这基础上是软件层，根据系统模型开发出相应软件来实现仿真。软件层又可进一步细分。各层之间都有相应的接口规范，这样，当其中某一个层次的部件发生变化后，并不会影响其他各层部件。

高层体系结构主要由联邦规则（Federation Rules）、接口规范说明（Interface Specification）及对象模型模板（Object Model Template，OMT）3 个部分组成。

（1）联邦规则集

联邦规则保证了联邦中的仿真的正确接口，同时描述了仿真和联邦成员的各自作用。

在最顶层，高层体系结构包括 10 个高层体系结构规则。联邦或联邦成员为了与 HLA 兼容，必须遵守这些规则。高层体系结构规则共分成两组，其中 5 个同联邦相关，另 5 个同联邦成员相关，其规则如下：

1）联邦必须有一个联邦对象模型（federation object model，FOM），其文档必须与对象模型模板一致；

2）高层体系结构中的所有对象必须体现在联邦成员中，而不是在运行支持系统（RTI）中；

3）在联邦运行时，所有联邦成员中联邦对象模型的数据交换必须通过运行支持系统；

4）在联邦运行时，联邦成员同运行支持系统的相互作用必须遵循 HLA 的接口规范说明；

5）在联邦运行时，对象的一个实例的属性，在任何时候只属于一个联邦成员；

6）联邦成员必须有一个仿真对象模型（simulation object model，SOM），其文档必须与对象模型模板一致；

7）联邦成员必须能更新或影响在仿真对象模型中的对象的任何属性，并能根据仿真对象模型的说明，向外发送信息或接收外部信息；

8）在联邦运行时，联邦成员根据仿真对象模型的说明，能够动态地转移或接收所拥有的属性；

9）联邦成员能根据仿真对象模型的说明，在它们提交更新对象的属性时改变条件；

10）联邦成员能通过某种方式管理本地时间，使它们能协同联邦中的其他成员，进行数据交换。

联邦规则为创建一个联邦制定了一个通用规则，包括文档要求、对象表示、数据交换、交互需求及属性管理。联邦成员规则解决了单个联邦成员的问题，包括文档要求，控制和改变对象属性及时间管理，对于特定的 HLA 仿真，这些规则是相当重要的。

（2）接口规范说明

接口规范说明定义了运行支持系统的标准，要求每个联邦成员必须提供反馈功能。

运行支持系统是遵循接口规范的一个软件，但其本身并不是规范的组成部分。它提供了支持 HLA 仿真必须的软件服务。运行支持系统可能存在着不同的版本，但主要的版本是由 DMSO 提供的。

运行支持系统是一种为 HLA 仿真系统提供通用服务的系统软

件，它是 HLA 接口规范说明的软件实现，支持可移植性和互操作性的构架基础。运行支持系统提供了联邦运行所必需的各种服务。它采取了层次化的结构，将仿真部件和通信部件独立开来，从而改进了以前的仿真标准（如 DIS 与 ALSP）。运行支持系统提供了各种服务来支持联邦的创建和终止，联邦对象间的声明和管理，以及联邦时间管理，同时为联邦成员的逻辑组提供了高效的通信。

（3）对象模型模板

对象模型模板提供了代码重用的通用方法，建立了 3 类重要模型的格式，包括联邦对象模型、仿真对象模型与管理对象模型（management object model，MOM）。

可重用性和互操作性要求一个联邦成员管理的所有对象和交互必须对外部是可见的，这就需要对这些对象和交互的详细说明必须有一个通用的格式。对象模型模板提供了建立高层体系结构对象模型的通用框架。对象模型模板定义了联邦对象模型、仿真对象模型和管理对象模型。每一个联邦都有其联邦对象模型，包括一些可共享的信息，如对象和交互。联邦对象模型还要考虑一些联邦成员内部的问题，如数据编码方案。每一个联邦成员都有其仿真对象模型，它描述了一个联邦成员的重要特征，提供了能供外部使用的对象和交互，其重点是在联邦成员内部的操作。管理对象模型是全局定义的，它提供了管理一个联邦所需的对象和交互。高层体系结构将数据和构架独立开来，这样，由对象模型模板定义的对象和交互无须修改，就能集成到高层体系结构应用中。

6.2.2 实时通信网络

飞行控制仿真系统通常是一个分布式的硬件在回路的实时仿真系统，它要求能够真实模拟导弹飞行环境，同时飞行控制仿真中有大量的数据需要计算，需要高速传输，如果仿真系统环境达不到完全同步（甚至 1 帧的时间滞后），那么仿真任务就可能失败，控制系统就不能得到充分的验证。为了满足实时数据交互需求，仿真系统的子系统间需要通过实时通信设备联接在一起，因此，网络通信对飞行控制仿真系统是至关重要的，子系统间的数据传输要满足以下要求：

1) 传输时间延迟要求，即低数据等待时间，使应用到应用 (Application - to - Application) 的时间最短；

2) 数据传输高可预见性要求，一个应用程序所需的数据必须在指定的或可预见的时间内准时获得，并且在系统运行的整个期间都必须做到这一点；

3) I/O 处理透明性要求，实时系统是 CPU 敏感的，要求 CPU 尽量用于执行应用模块而不要过度分担 I/O 处理的任务，这意味着与 I/O 相关的处理需要放在主机 CPU 以外独立进行。

以下分别介绍几种分布式实时通信技术。

6.2.2.1　物理共享内存总线

物理共享内存总线技术的主要特征是采用高速并行内存总线，所有联网的计算机都通过该总线访问一个公共的内存模块，进行数据交换。

物理共享内存总线除了能够提供高速的数据通信外，还具有如下一些优点：数据通信所需的软件开销小，软件开发的难度和成本低，系统重配置和差错恢复快捷易行等。但物理共享内存总线架构也存在着致命的缺点，制约了它的应用，如：内存总线存在使用权争夺问题，在大通信量传输时严重影响到数据交换速度；计算机之间的物理距离受限制，可联接的计算机数量很有限，并且只能使用单一硬件厂商的产品。

6.2.2.2　消息传递网络

消息传递网络即一般意义上的局域网，最常见的是以太网。在局域网中，所有的计算机通过通信链路传递消息包。局域网克服了许多物理共享内存总线架构的局限性，具有可以支持不同厂商硬件系统的集成、大量计算机系统的互联和计算机系统的远距离联接等特点，并且成本比较低廉，这些特点是很多分布式仿真应用所必需的。然而，局域网同样也具有自身的局限性，是实时仿真所不能容忍的，其中包括：数据通信速度比物理共享内存方式慢，软件开销大，I/O 操作缺乏透明性，无法为分布式实时系统提供和维持同步，差错恢复和系统重配置既困难又耗费时间等。实时系统所要求的确定性对于基于 OSI 七层协议模型兼容网络是不可能做到的。OSI 协议是为支持多种最终用户应用的接口标准而制定的，为满足广泛的客户需求，性能和易用性被牺牲掉了。建立在物理层和数据链路层之上的 OSI 协议往往是用软件的形式实现的，这意味着要增加网络系统在消息路由处理和数据编码/解码方面的开销，即便是简单的网络，也会因为网络介质访问控制算法的关系，影响到数据传输的可预知性。

6.2.2.3　广播内存网络

复制共享内存网络不使用 ISO/OSI 协议模型，不再需要附着冗长的和非确定性的协议信息；设计者不用考虑 I/O 问题，没有非确定性的软件处理过程，使用起来极其简单。按照网络节点间的拓扑联接形式，复制共享内存网络可分为反射内存网络和广播内存（broadcast memory）网络。它们的工作原理和功能基本相同，只是在性能指标、拓扑结构和计算机总线支持上有一些差异。

广播内存网络采用星型拓扑结构，节点发送的数据通过中继器 HUB 广播到所有其他节点，如图 6-2 所示。同反射内存网络相比，

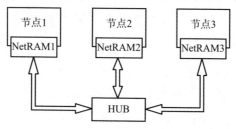

图 6-2　广播内存网络示意图

广播内存网络的每个节点可同时接收到数据，总时延与节点数无关，再加上其具有能够同时发送数据的能力，对保持内存同步、降低编程难度带来了很多好处。

典型的广播内存网络产品有 SBS 公司的 BMRTNet，它能够支持 PCI、VME 等多种总线系统。

6.2.2.4 反射内存网络

反射内存网络（RFM）基于环状/星状、高速复制的共享内存网络，如图 6 - 3 所示。它支持不同总线结构的多计算机系统，并且可以使用不同的操作系统来共享高速、稳定速率和实时数据。反射内存网络可广泛用于各种领域，例如实时的飞行仿真器、核电站仿真器、电信、高速过程控制（轧钢厂和制铝厂）、高速测试和测量以及军事系统。

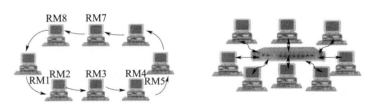

图 6 - 3 反射内存网络示意图

反射内存网络产品的网络提供许多超出标准网络的特性。诸如双端反射内存网络、高速数据传输，以及软件透明之类的特性使得反射内存网络产品的网络简单易用，并可为多计算机连接提供强大有力的解决方案。与那些需要为附加的软件开发时间、测试、维护、文档以及额外的 CPU 要求提供开销的传统的连接方法相比，反射内存网络产品的网络提供了性价比极为优越的高性能的选择。

反射内存实际上是作为双端内存来工作的。本地主机对它的反射内存地址空间进行写操作，该地址空间是本地内存的一个端口。反射内存网络板自动地将这个新的数据从它的另一个端口传出去，这个端口是连接在环状体系结构的网络上的光纤，工作速率为 2.125

G bit/s。网络中的下一个反射内存网络板接收到这个新的数据，其本地内存将在 400 ns 之内被更新。

网络通信对飞行仿真系统是至关重要的。对于分布式实时仿真应用来说，传统的 Ethernet 网络无法满足实时性的要求，反射内存网络是较好的解决方案，其在传输延迟、分布机制、可靠性和带宽等方面是传统网络技术无法比拟的。反射内存的优点：

1）高速、高带宽的数据传输，支持远距离物理独立；

2）低延迟的数据传输，要使飞行仿真环境接近真实世界，必须保证实时操作，增强真实感；

3）与操作系统和处理器无关；

4）零软件开销，降低了系统网络部分的开发成本和时间开销；

5）支持各厂商不同的计算机系统，满足了跨平台的要求；

6）系统具有很好的扩展性，降低了总体开发维护成本；

7）快速的系统重配置和快速错误恢复。

典型的反射内存网络产品有 VMIC 公司的 VMIVME－55××系列、VMIPCI－55××系列和 Systran 公司为分布式实时计算应用通信开发的 SCRAMNet＋网络等。

6. 2. 3　总控系统

总控系统是分布式实时仿真系统的主要操作平台，监控整个仿真试验的运行过程以及控制各个设备运行。由主控计算机、总控管理软件、数据分析系统等组成，总控系统能够覆盖到从仿真建模分析、试验设计、试验过程监控、数据采集，到针对仿真试验数据的模型校核验证、系统误差分析和可信度评估整个半实物仿真试验流程。

总控系统主要功能包括：

1）模型下载模块：将用户指定模型通过以太网下载到仿真计算机；

2）仿真自检模块：执行对中心仿真计算机的检查功能；

　　3）仿真控制模块：控制中心仿真计算机运算的启动与停止；

　　4）数据监视模块：按中心仿真计算机时钟对数据进行轮询监视；

　　5）虚拟仪表模块：实时在线显示仿真数据曲线；

　　6）状态监视模块：实时监视中心仿真计算机的状态；

　　7）异常处理模块：对中心仿真计算机出现的异常进行报告和处理；

　　8）工程管理模块：对仿真的模型、监控仪表界面、仿真设备、网络环境进行设置管理；

　　9）总控管理软件：实现对参与仿真的各试验设备的控制，以及试验过程中和试验后的数据回放。

　　管理软件界面友好，用户可在试验进行前，根据试验需求定义采集数据的内容。试验进行过程中和试验完成后，用户可以调出历史试验数据，选择关注的数据内容，设定回放速率，进行数据回放分析，以便对试验结果进行排故。总控管理软件主要包含以下模块：

　　1）仿真综合管理模块：对飞行动力学仿真计算机、弹上计算机模拟器、惯测组合模拟器及舵系统模拟器进行模型下载管理和试验仿真过程监控；

　　2）仿真模拟设备控制模块：用于飞行控制转台、直接侧向力装置模拟设备和复杂负载模拟器等仿真设备的控制和数据监视。

　　试验过程中，飞行动力学仿真机解算模型、飞行仿真转台等仿真设备运行，以及部件产品之间通信会产生大量的试验数据，这些数据中包含着试验的结果信息。为了保证这些数据的有效采集和存储，具体定义了数据采集和处理系统。

　　数据采集及处理系统组成结构如图 6 - 4 所示，组成和功能如下：

　　1）数据采集子系统：由采集服务程序、操作系统和数据采集计算机硬件组成，负责对试验数据进行多路高速采集，通过以太网发送给数据库服务进行数据存储；

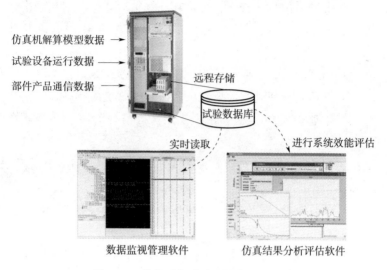

仿真机解算模型数据 →

试验设备运行数据 →

部件产品通信数据 →

远程存储

试验数据库

实时读取　　　　　　进行系统效能评估

数据监视管理软件　　　仿真结果分析评估软件

图 6-4　数据采集及处理系统组成结构

2）存储数据库子系统：由 MySQL 关系数据库、服务器操作系统和计算机硬件组成，负责对历次试验数据进行数据库管理，并与厂内信息化网络接轨以便于访问；

3）数据监控管理软件，由数据设置、管理、查询、显示、回放模块组成，通过以太网访问存储数据库子系统，可以实现对试验过程中的在线数据监视和试验后的数据回放。

数据采集和处理系统作为实验室的主要数据采集、存储和管理系统，其主要数据来源包括：

1）通过光纤反射内存网络采集飞行器动力学仿真计算机解算模型变量数据和飞行仿真转台等设备运行数据；

2）通过弹上总线接口或非总线的三通接口采集制导控制系统产品地面试验过程中的通信数据；

3）通过 RS422 接口接收弹载计算机传输给弹载记录装置的遥测数据。

采用同一系统同时采集这些不同来源的数据，可以将采集的试验数据统一在一个时间轴上，便于分析、比对和排故。另外，靶试数据也是通过弹上遥测装置采集的飞行数据，与地面半实物仿真试验记录遥测数据来源一致，可以存储在数据库中，作为模型校核与验证的数据样本。最后采用 MATLAB＋java 混合编程方式，基于 MATLAB 进行二次开发，充分利用 MATLAB 各种成熟控制、信号算法工具箱和基于 java 语言进行商业软件界面的优秀性，自动生成试验报告。

数据采集和处理系统的应用流程如下：

1）通过试验数据实时采集设备的 I/O 接口和网络接口连接产品及设备的总线接口或非总信号三通接口，对仿真试验数据进行多路高速采集；

2）采集到的数据通过以太网连接数据库服务器进行远程数据存储；

3）仿真试验过程中，可以通过数据监控管理软件在线查看存储数据流；

4）试验完成后，可以通过数据监控管理软件对数据库中历次试验数据进行回放显示和分析。

6.2.4　信号自动适配

飞行控制系统的仿真验证是一个从数字仿真到实物仿真逐渐过渡的过程，在数字仿真时，伺服系统、惯测组合、弹上计算机等可由专门的模拟器来实现，各模拟装置组合在一起形成一个完全模拟的验证环境；半实物仿真时，控制系统实物产品接入到仿真环境中形成一个真实的验证环境，来验证飞控系统控制算法。由此可见，实际的仿真过程中涉及将模拟器过渡到实物产品的过程，所以需要由专门的适配设备自动完成过渡过程。

信号自动适配系统是保证弹上各个分系统及其部件与试验验证环境实现系统级电气重构的主要设备，其主要功能是实现各个分系统之间及分系统和弹体之间的总线、数字开关量、模拟信号量的配线构型连接，完成实物产品间的信号传递和匹配，以适应不同试验对设备连接关系的需求。基于信号自动适配系统，可通过软件的操控，自动实现实物到模拟器的切换。信号自动适配系统拓扑结构如图 6-5 所示。

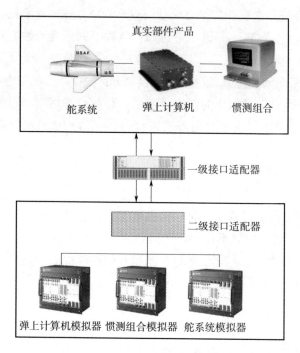

图 6-5　多级接口适配器

信号自动适配系统采用高带宽继电器实现方案，通过软件设置，自动控制开关矩阵的线路切换，进而实现相应系统配线构型。具体组成包括：

1）信号配线适配箱：由若干有源信号调理板、无源布线板组成，用于各个分系统和弹体间的信号电平调理；

2）高密度开关矩阵控制卡：安装在配线控制计算机中，采用双刀单掷电磁型继电器实现，由自动配线软件根据用户构型设置进行切换操作；

3）自动配线管理软件和配线控制计算机：用户可在试验前通过

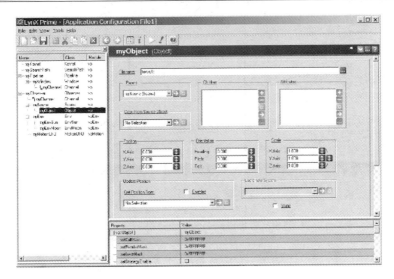

图 6-8　Vega Prime 图形界面

Vega Prime 包括了 VSG 提供的所有功能，并在易用性和效率上作了相应的改进。在为仿真和可视化应用提供的各种低成本商业开发软件中，VSG 具有最强大的功能，它为仿真、训练和可视化等高级三维应用开发人员提供了最佳的可扩展基础。VSG 具有最大限度的高效性、优化性和可定制性，可以在 VSG 基础上快速高效地开发出满足需要的仿真应用程序。VSG 是开发三维应用程序的最佳基础。

视景运行管理软件基于 Vega Prime 来实现。Vega Prime 在提供高级仿真功能的同时还具有简单易用的优点，使用户能快速准确地开发出合乎要求的视景仿真应用程序。利用 Vega Prime 开发的流程如图 6-9 所示。

视景运行管理软件可以通过反射内存网络读取导弹位置、姿态和其他参数设置，通过 Vega Prime 调用视景数据库，实现视景环境处理和显示。

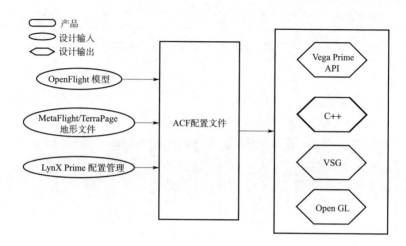

图 6 - 9　Vega Prime 开发流程图

6.3.4　图形工作站

在计算处理系统中选用三维模型生成软件平台，需要强大的计算机硬件平台支撑，该硬件平台可以选择性能强大的图形工作站。图形工作站是进行专业图形处理的高性能计算机，是人机交互系统的主要组成部分。在应用 Terra Vista、Creator Pro 和 Vega Prime进行高复杂度的三维模型的开发过程中，拥有高处理能力和高可靠性的图形工作站将大大提高开发效率。同时，图形工作站为投影系统提供了输出，并承担部分三维显示控制工作，是三维视景模型开发与三维显示输出之间的桥梁。

6.3.5　投影系统

投影系统的用途是将计算处理系统输出的视频信号以大屏幕高分辨率的形式投影显示出来，通过立体画面的运用使得导弹设计数据及仿真过程得以直观、生动地呈现。投影系统通过对计算处理系统的数据进行处理后，可以以多种形式显示给测试人员。投影系统如图 6 - 10 所示。

图 6 - 10　投影系统

投影系统主要功能包括：多屏图像无缝拼接，屏幕及画面是一个整体，无拼缝。画面可整屏显示，也可分屏显示，全屏范围内显示无非线性失真效果，整个屏幕亮度均匀，无暗角或亮角等现象，画面稳定无闪烁；能在大屏幕上同时显示多路 RGB 实时图像、视频实时图像，视频、RGB 信号可以开窗方式显示，窗口可任意缩放、漫游、拖拽、切换显示，具备图像漫游、缩放等显示功能，画面的移动不以屏为界，且任意 1 路信号都可以打满屏；大屏幕上的各种应用窗口（如计算机窗口、网络 RGB 窗口、视频窗口）可任意同图片文字窗口叠加显示，并且可任意缩放和移动。多屏图像多路信号的显示功能能够使测试人员根据需要，选择同时观察全弹任意部分运动情况，例如同时观察导弹整体和某一舵面偏转情况，用来分析该舵面对全弹运动的影响。

投影系统的建立需要一套强大的、高性能的硬件支撑，主要包括投影机、幕，以及必要的外围设备，用于输出图形并产生逼真的效果，满足飞行仿真等投影需求。具体的投影系统包括立体投影机、投影屏幕、多屏拼接控制器、RGB 切换矩阵及其他一些辅助设备。大屏幕显示系统支持单屏、跨屏以及整屏显示，实现图像窗口的缩放、移动、漫游等功能，支持多路 RGB 画面和视频画面的实时显示。

6.4　机弹分离模拟仿真试验

　　载机发射空空导弹时，导弹在离开载机的过程中，与载机之间会产生强烈气动干扰，使导弹处于复杂的载机干扰流场中，对导弹的分离姿态和分离轨迹产生较大的影响。

　　空空导弹的分离方式包括导轨发射和弹射发射。采用导轨发射时，导弹在架上点火并沿导轨快速向前滑动，在强气动干扰区内导弹由于受到导轨的约束，弹体姿态不会产生改变，当离轨时导弹位置已经靠近载机头部，且具有较大的前向速度，受载机的气动干扰强度和作用时间均比较小。与导轨发射不同，采用弹射方式发射导弹时，弹射后导弹尚处于载机的强干扰区内，弹体姿态受气动干扰影响产生明显变化，存在与载机或其他外挂物发生碰撞的危险。

　　空空导弹机弹分离安全是必须保证的重要设计内容，尤其是现代导弹普遍采用放宽静稳定性的设计，发射初始为静不稳定状态，增加了分离过程中的姿态变化，给发射安全带来不确定性，因此完成设计后还应采取仿真试验手段，验证导弹发射后离开载机过程中导弹与载机的相对位置和姿态变化情况，为导弹发射安全性设计提供证明。机弹分离安全性分析除了数值模拟，还可以通过风洞试验进行验证。

　　机弹分离风洞试验有投放模型试验和捕获轨迹试验等。投放模型试验多用于炸弹、副油箱、鱼雷和挂架等的投放和导弹应急投放，捕获轨迹试验适用于引入姿态控制的静不稳定空空导弹。

6.4.1　投放模型试验

　　（1）试验目的

　　投放模型试验的目的在于测量导弹离开载机初始阶段的运动姿态和轨迹，研究载机在各种迎角、侧滑角 Ma 数、高度、导弹外形及其悬挂在载机上的位置及姿态等参数对投放轨迹的影响，从而确定安全投放的参数范围。

（2）试验原理

从因次分析知，对于常规测力测压试验，只要模型的几何外形与实物相似，风洞气流的 Ma 数和 Re 数与实物相等，那么作用在模型上的气动力系数与实物相同。但是，对于导弹投放轨迹试验，模型与实物必须动力相似，即不仅要考虑作用在导弹上的气动力，还必须考虑导弹对作用力的惯性响应，也即必须考虑重力（Fr 数）的影响。

风洞模型试验要同时满足 Fr、Re、Ma 数与载机的相同是不可能的，只能做到部分模拟。对于低速风洞投放试验，只要模型的 Fr 数与实物相同，即可保证模型投放后的运动轨迹与实物基本相同；高速风洞投放试验是在保证模型的 Ma 数与实物相同的条件下，根据不同情况采用重模型法或轻模型法。

（3）试验装置

投放模型试验的装置包括模型、支架（支杆）、投放机构、防护装置及记录设备等。

1）由于要求模型的运动轨迹与实物的相同，故投放模型除了与实物几何相似外，模型的质量、重心位置和转动惯量都应满足动力相似的要求。对于常规的低速风洞来说，模拟载机在不同高度投放所需的模型质量是不同的；对于高速风洞一般可以通过改变风洞气流总压从而改变气流密度的方法，用同一质量的模型来模拟不同高度的投放情况。

2）在低速投放试验中，通常吊挂安装载机模型，模型通过支杆与风洞上壁相连；在高速投放试验中，载机模型一般安装在单臂支架上。

3）对投放机构的基本要求是：悬挂模型牢固可靠，在投放时模型能迅速投出。导弹的投放方式一般分为自由投放和弹射投放。

4）为了防止投放模型的损坏以及投放模型打坏风洞，通常采用防护网。

5）投放过程是一个瞬时动态过程。低速风洞投放试验，过程通常为 0.2～0.3 s；高速风洞试验，过程只有几十毫秒。要准确地摄取导弹分离轨迹，目前多采用高速摄影和多次曝光摄影两种方法。

（4）试验方法

投放模型试验分为两种：重模型法和轻模型法。

①重模型法

重模型法在导弹自由投放时，运动是与实物严格相似的，其缺点是模型重、短周期俯仰振动阻尼不足。由于最关心的是靠近载机附近干扰流场中的运动情况，模型处于干扰流场中的时间与俯仰振动的周期相比是一个小量，因此阻尼不足基本不影响试验的目的。另外重模型法需要的模型比重必须很大，有些情况无法满足模型的质量要求。

重模型法模拟投放轨迹较为准确，故应用较为广泛，特别适用无弹射的模型自由投放试验。

②轻模型法

轻模型法除了垂直加速度不足外，其余全部运动都与实物严格相似，模型有正确的弹射运动和俯仰振动。可以通过给载机施加一定的向上运动的加速度，将模型置于外加磁场和加大模型的弹射力等方法克服轻模型法垂直加速度不足的问题。

轻模型法一般用于有初始弹射的导弹投放试验。

（5）评价标准

导弹投放轨迹品质的标准可分为安全投放与不安全投放两类。

安全投放类中又分为以下 3 类：

1）优良。导弹投放后，与载机各个方向的距离都是增加的，没有呈现明显的俯仰、偏航、滚转及横向运动。

2）满意。导弹与载机各个方向的距离都增加；导弹呈现小的俯仰、偏航、滚转及横向运动。

3）可接受。导弹呈现俯仰、偏航、滚转及横向运动，与载机之间的距离增加缓慢。

不安全投放类中又分以下 2 类：

1）不好。导弹呈现俯仰、偏航、滚转及横向运动，与载机的某个方向的距离缩小，与载机贴近。

2）危险。导弹碰撞到载机某个部件或离不开挂架。

6.4.2　捕获轨迹试验

捕获轨迹试验（captive trajectory testing）又叫可控轨迹试验，简称 CTS。它是一种先进的测量导弹投放轨迹的试验方法，将风洞模型试验与流体动力学计算（CFD）有机地结合在一起，吹风试验后立即可获得导弹投放轨迹及其姿态，以及导弹在载机干扰流场内各测点的气动力和力矩。不要求模型与实物的动力相似，通过计算机软件的数据文件十分方便地改变模型质量、重心、转动惯量、弹射力等参数，故这种方法已被广泛用于测量导弹投放轨迹。

（1）试验目的

捕获轨迹试验的目的与投放模型试验一致。

（2）试验原理

捕获轨迹试验只要求模型的几何外形与实物相似，风洞气流的 Ma 数和 Re 数与实物相等，则作用在模型上的气动力系数与实物相同。

（3）试验装置

捕获轨迹试验的装置包括模型、支架、六分量天平、六自由度运动机构及控制计算机等。

1）导弹模型只需与实物几何相似，不需动力相似，因此模型设计、加工都比较容易。模型设计应使其质量最小，模型的重心尽量与天平的测量中心接近，这样可基本消除模型运动时，模型/天平上作用的动态载荷。

2）低速风洞载机模型一般通过前、后支杆吊挂在风洞试验段的上壁；高速风洞试验，载机模型一般通过尾支杆安装在单臂支架上。

3）导弹模型通过尾支杆六分量天平连接在六自由度运动机构

上，六分量天平可以测量导弹所受的气动力与气动力矩。

4）六自由度运动机构是由电子计算机控制的机电一体化装置，它为支撑在它上面的导弹模型提供俯仰、偏航、滚转三个回转运动和轴向、侧向、铅垂向三个直线移动，具有较大的运动范围，较高的精度和承载能力。六自由度机构上装有安全装置，当机构运动超过所允许的范围时，即时停止 CTS 电机的转动。

5）控制计算机通过接收气动数据及导弹质量、质心、转动惯量等参数求解飞行动力学和运动学方程，推算出下一时刻导弹模型相对载机的位置和姿态。

（4）试验方法

首先使载机模型位于某一要求的姿态，并在给定的导弹分离时的初始位置下，由六分量天平测得导弹的气动力，将此气动力连同导弹的质量、重心及转动惯量等代入飞行力学运动方程，计算机即可计算出 Δt 时间后导弹下一个运动位置的姿态，于是六自由度机构将导弹移动到下一个位置。计算机根据导弹新位置的坐标和姿态计算出作用在模型上的力和力矩，并与六分量天平的测值进行比较，若两者数据一致（在所要求的精度内），则该值为轨迹上一点的气动系数值，该点即为轨迹上的一点；若计算出的气动力和测量值不一致，则必须缩短步长（一般取 $\Delta t/2$），在此位置再进行上述比较，直至计算值与测量值一致为止。这样循环做下去，直到获得导弹整个轨迹数据。

如果导弹在离开载机后起控，则需要在计算程序中引入控制律。与无控制律 CTS 试验不同的是，在飞行动力学方程中，空气动力除了由六分量天平直接测得导弹在载机干扰流场内的气动力和力矩外，还要叠加由导弹控制律解算的舵偏对应的附加操纵力和力矩。引入附加操纵力和力矩之后，导弹与载机分离后的位置和姿态会有所改变，导弹分离轨迹品质会得到改善。

（5）评价标准

捕获轨迹试验的评价标准与投放模型试验一致。

参 考 文 献

[1]　程云龙，等．防空导弹飞行控制系统设计［M］．北京：宇航出版
　　　社，1993.

[2]　钱杏芳，张鸿端，林瑞雄．导弹飞行力学［M］．北京：北京理工大学出
　　　版社，2011.

[3]　裴润，宋申民．自动控制原理［M］．哈尔滨：哈尔滨工业大学出版
　　　社，2006.

[4]　胡寿松．自动控制原理［M］．北京：科学出版社，2002.

[5]　高钟毓．惯性导航系统技术［M］．北京：清华大学出版社，2012.

[6]　邓正隆．惯性技术［M］．哈尔滨：哈尔滨工业大学出版社，2006.

[7]　Ogata K 著．现代控制工程（第四版）［M］．北京：电子工业出版
　　　社，2003.

[8]　Schildt H，Guntle G. Borland C＋＋ Builder：The Complete Reference
　　　［M］．北京：机械工业出版社，2002.

[9]　徐丽娜．数字控制——建模与分析、设计与实现［M］．北京：科学出版
　　　社，2006.

[10]　方崇志．过程辨识［M］．北京：清华大学出版社，1987.

[11]　吴广玉．系统辨识与自适应控制［M］．哈尔滨：哈尔滨工业大
　　　学，1984.

[12]　王广雄，何朕．控制系统设计［M］．北京：清华大学出版社，2008.

[13]　薛定宇，陈阳泉．基于 MATLAB/Simulink 的系统仿真技术与应用
　　　［M］．北京：清华大学出版社，2002.

[14]　李颖，朱伯立，张威. Simulink 动态系统建模与仿真基础［M］．西安：
　　　西安电子科技大学出版社，2004.

[15]　黄永安，马路，刘慧敏．MATLAB7.0/Simulink6.0 建模仿真开发与高
　　　级工程应用［M］．北京：清华大学出版社，2005.

[16]　吴子牛．计算流体力学基本原理［M］．北京：科学出版社，2001.

[17]　苏金明，阮沈勇．Matlab6.1实用指南（上册）［M］．北京：电子工业出版社，2002.

[18]　麦中凡．C＋＋程序设计语言教程［M］．北京：北京航空航天大学出版社，1995.

[19]　刘兴堂．导弹制导控制系统分析、设计与仿真［M］．西安：西北工业大学出版社，2006.

[20]　程杰．大话设计模式［M］．北京：清华大学出版社，2007.

[21]　徐士良．常用算法程序集（C语言描述）［M］．北京：清华大学出版社，2004.

[22]　刘锐宁，梁水，李伟明，等．学通 Visual C＋＋的24堂课［M］．北京：清华大学出版社，2011.

[23]　Designing and simulating a missile guidance system using Matlab and Simulink．Matlab7.0 Help.

[24]　刘刚，王志强，房建成．永磁无刷直流电机控制技术与应用［M］．北京：机械工业出版社，2008.

[25]　秦继荣，沈安俊．现代直流控制技术及其系统设计［M］．北京：机械工业出版社，2002.

[26]　夏长亮．无刷直流电机控制系统［M］．北京：科学出版社，2009.

[27]　梅晓榕．自动控制原件及线路［M］．哈尔滨：哈尔滨工业大学出版社，2001.

[28]　秦文甫．基于DSP的数字化舵机系统设计与实现［D］．北京：清华大学，2004.

[29]　Q/Fd629－2001 飞行控制系统半实物仿真试验规范［S］.

[30]　QJ 2686－94 地（舰）空导弹模态试验规程［S］.

[31]　GJB 2706－96 结构模态试验方法［S］.

[32]　GJB 669－89 速率陀螺试验方法［S］.

[33]　GJB1195A－2008 速率陀螺通用规范［S］.

[34]　QJ1079A－2004 陀螺主要精度指标和测试方法［S］.

[35]　GJB2426A－2004 光纤陀螺测试方法［S］.

[36]　GJB150.1－86 军用设备环境试验方法总则［S］.

[37]　GJB150.2－86 军用设备环境试验方法－低气压（高度）试验［S］.

[38]　GJB150.9－86 军用设备环境试验方法－湿热试验［S］.

[39] GJB150.10－86 军用设备环境试验方法－霉菌试验 [S].

[40] GJB150.11－86 军用设备环境试验方法－盐雾试验 [S].

[41] GJB150.12－86 军用设备环境试验方法－砂尘试验 [S].

[42] GJB150.15－86 军用设备环境试验方法－加速度试验 [S].

[43] GJB150.16－86 军用设备环境试验方法－振动试验 [S].

[44] GJB150.18－86 军用设备环境试验方法－冲击试验 [S].

[45] 郭齐胜，董志明，单家元，等. 系统仿真 [M]. 北京：国防工业出版社，2008.

[46] 单家元，孟秀云，丁艳. 半实物仿真 [M]. 北京：国防工业出版社，2008.

[47] 郭齐胜. 分布交互仿真及其军事应用 [M]. 北京：国防工业出版社，2003.

[48] 孙勇成，孙凌，周献中，等. 分布式实时仿真系统的实时性验证 [J]. 系统仿真学报，2005，17（7）：1553－1559.

[49] 张红朴. 实时分布仿真环境下的视景仿真技术研究 [D]. 西安：西北工业大学，2006.

[50] 王东木. 导弹控制系统仿真技术 [J]. 系统仿真学报，2001，13（1）：89－91.